Christiane Brandes-Visbeck | Susanne Thielecke

Fit für New Work

Christiane Brandes-Visbeck | Susanne Thielecke

Fit für New Work

Wie man in der neuen Arbeitswelt erfolgreich
besteht – Businessmodelle, Work-Life-Balance,
Co-Working & Co.

REDLINE | VERLAG

Bibliografische Information der Deutschen Nationalbibliothek:
Die Deutsche Nationalbibliothek verzeichnet diese Publikation in der Deutschen National-
bibliografie; detaillierte bibliografische Daten sind im Internet über **http://d-nb.de** abrufbar.

Für Fragen und Anregungen:
lektorat@redline-verlag.de

1. Auflage 2018

© 2018 by Redline Verlag, ein Imprint der Münchner Verlagsgruppe GmbH,
Nymphenburger Straße 86
D-80636 München
Tel.: 089 651285-0
Fax: 089 652096

© der Originalausgabe

Lektorat: Christiane Otto, München
Umschlaggestaltung: Marc-Torben Fischer, München
Umschlagabbildung: shutterstock.com/g-stockstudio
Satz: ZeroSoft, Timisoara
Druck: GGP Media GmbH, Pößneck
Printed in Germany

ISBN Print 978-3-86881-724-9
ISBN E-Book (PDF) 978-3-96267-058-0
ISBN E-Book (EPUB, Mobi) 978-3-96267-059-7

Weitere Informationen zum Verlag finden Sie unter

www.redline-verlag.de

Beachten Sie auch unsere weiteren Imprints unter
www.m-vg.de

Inhalt

Über dieses Buch

Unsere Welt ändert sich. Das ist an sich nichts Neues. Neu ist das Tempo. Digitalisierung, Globalisierung und Pluralismus haben eine Veränderungsdynamik zur Folge, bei der manch einem schwindelig wird. Und sie wird noch schneller werden. Schon jetzt hat die technologische Entwicklung künstliche Intelligenz, Roboter, 3-D-Drucker, Netzwerkökonomie und datenbasierte Entscheidungen ermöglicht. Sie ist Treiber völlig neuer Arbeitswelten, für die es kaum Vorbilder und Standards gibt. Nichts scheint mehr vorhersehbar oder planbar zu sein. Was gestern unmöglich erschien, ist heute normal. Und morgen überholt.

Dabei ruft die Digitalisierung unseres Lebens und Arbeitens auch in der Wirtschaft nachhaltig Veränderungen hervor. So werden Leistungen zunehmend losgelöst von festen Produktionsstätten erbracht, was einen umfassenden Paradigmenwechsel in der Ökonomie nach sich zieht. Smart Factories (virtuelle Abbilder realer Fabriken), Smart Products (technische Objekte, die mithilfe von Software und Internetverbindung Daten speichern und weitergeben können) oder Smart Services (Dienstleistungsangebote, die mithilfe von Smart Products durchgeführt werden) sind Beispiele dafür, dass virtuelles Arbeiten längst nicht auf die Entwicklung von Apps reduziert ist. Es betrifft alle Branchen und jede Form der Bereitstellung von Produkten und Dienstleistungen. In vielen Feldern braucht es keine Massenproduktion mehr, Kundenbedürfnisse können zunehmend individuell erfüllt werden. Damit steigt die Kundenzentrierung in nie da gewesener Dimension. Maximale Transparenz, Individualisierung in Echtzeit und wachsender, unvorhersehbarer Wettbewerb machen es Käufern leicht, sich immer wieder neu zu orientieren – eine große Herausforderung für Unternehmen, da nun Kundenbindungsmaßnahmen notwendig sind, die auf Content basieren und weit über das reine Produkt-marketing hinausgehen. So entstehen immer neue Geschäfts-modelle, die zu Zeiten der Industriegesellschaft weder notwen-dig noch denkbar waren. Ein Begriff, der sich dafür international und industrieübergreifend etabliert hat, ist die sogenannte VUKA-Welt (englisch VUCA). Volatil, unsicher, komplex und ambivalent – so wird das digital geprägte Arbeitsumfeld beschrieben, in dem Ökonomie heute stattfindet und das es prägt.

Sharing Economy als Folge und Treiber digital geprägter Prozesse

In einer VUKA-Welt entstehen Geschäftsmodelle, deren Mecha-nismen durch herkömmliche Managementmethoden nicht mehr steuerbar sind. Die sogenannte Sharing Economy etwa, also das gemeinsame Nutzen ansonsten brachliegender Ressourcen, ist Folge und Treiber digital geprägter Prozesse zugleich. Durch Netz-werke auf sozialen Medien, das Cloud-Computing (das Speichern und gemeinsame Bearbeiten von Daten auf externen Rechnern) und in entsprechenden Dateninfrastrukturen zwischen Menschen und Maschinen können Unternehmen sowie ihre Produkte und Dienstleistungen mittels selbstlernender, künstlicher Intelligen-zen direkt mit den Kunden kommunizieren. Dadurch wiederum können individuelle Präferenzen passgenau ermittelt und bedient werden, was einerseits eine neue Anspruchshaltung beim Kunden und andererseits eine immer schnellere und flexiblere Bereitstel-lung von Produkten und Dienstleistungen jenseits von Fach- oder Branchenerfahrung nach sich zieht. Und jetzt kommen noch die Innovationen, die das Internet of Things mit sich bringt ...

Nicht jeder sieht darin eine strahlende Zukunft. Zu ungewiss scheint es, in welchen Bereichen, in welchem Ausmaß und in wel-cher Form der Mensch der Technik weichen muss. Immer mehr Leute fragen sich, ob ausreichend viele neue Berufsfelder entste-hen, und wenn nicht, wovon die Menschen leben werden, wenn die Arbeitswelt sie nicht mehr braucht. Andere begreifen diesen Wandel als Chance. Sie sehen nie da gewesene Möglichkeiten des Wachstums und der Entwicklung in eine neue, höhere Menschheitsstufe. Für die Arbeitswelt bedeutet die zunehmende Veränderungsdynamik vor allem eines: Von Menschen geführte Prozesse rücken vielerorts in den Hintergrund, gleichzeitig rücken die kreativen und emotionalen Fähigkeiten des Menschen in den Fokus. Denn unabhängig davon, ob diese rasante Entwicklung Spaß macht oder Angst erzeugt – oder beides –, erfordert die zunehmende Vernetzung der Welt und damit der Umgang mit Menschen und Maschinen, mit denen man wenig vertraut ist, Wissen über menschliche Motive und grundmenschliches Verhalten. Der digitale Wandel erfordert die Bereitschaft, permanent dazuzulernen, schnelle Entscheidungsprozesse und Freude am Experimentieren. Neben aktuellem technologischen Know-how benötigen wir Empathie und Leidenschaft, Intuition und Kreativität, Flexibilität und Offenheit – und vor allem Mut.

Leidenschaft und Kreativität lassen sich nicht mehr verleugnen

Diese Eigenschaften spielten schon vor der Digitalisierung eine wichtige Rolle. Aber sie standen in den letzten Jahrzehnten nicht im Vordergrund. In den klassischen, auf Effizienz getrimmten und durch das Qualitätsmanagement gesteuerten Strukturen sind sie maximal Helfer, um nachhaltigen Erfolg zu generieren, oft aber auch Blockierer. Etwas wagen, das vom bewährten Prozess abweicht? Das ist in der klassischen Arbeitswelt meist nicht erwünscht. Ein Risiko eingehen, dessen Folgen nicht bekannt sind? Bloß nicht! Hierarchien ignorieren und Wissen teilen? Das ist gefährlich! Emotionen an Funktionen knüpfen? Nur, wenn es sich nicht vermeiden lässt.

In der aktuellen und künftigen Arbeitswelt sind diese Sichtweisen überholt. Wenn Veränderungen anstehen, benötigen wir

Menschen, die mutig vorangehen, als Vorbild und Treiber zugleich. Die zeigen, dass es sich lohnt, Veränderungen zu gestalten. Dass auch und gerade in einer digitalen, globalen und diversen Arbeitswelt mit neuen, digital geprägten Technologien, Prozessen und Produkten der Mensch im Mittelpunkt stehen sollte. Dass radikale Kundenzentrierung, schneller und relevanter Wissenszuwachs sowie Beziehungsmanagement essenziell sind und jenseits von Funktionen und Hierarchien besser funktionieren. Alle diese Erkenntnisse erfordern neue Strukturen, neue Methoden, neue Rollen und neue Haltungen – eben New Work.

Im diesem Buch geben wir Tipps und Antworten für alle, die die Mechanismen von New Work verstehen und für sich nutzen wollen, ganz egal, wer und wie sie sind und in welchem Kontext sie aktuell arbeiten. Natürlich haben wir uns gefragt, wer uns dazu berechtigt hat, hier als Expertinnen aufzutreten.

Wir begeben uns auf eine Reise

Wenn wir ein Buch über New Work schreiben wollen, dann sollten wir das – ehrlicherweise – auch mit der Haltung von New Workern tun. Denn wer sagt, dass unsere Sicht auf das Thema die richtige ist? Sie ist eine mögliche Sicht auf diese eben beschriebene VUKA-Welt. Wem steht hier die Deutungshoheit zu?

Eine interessante Perspektive auf New Work hat Microsoft-CEO Satya Nadella entwickelt, der vom *Time Magazine* zu einem der einflussreichsten Menschen unseres Zeitalters gekürt wurde. In einem Interview mit *Business Insider* beschreibt Nadella den Bestseller *Selbstbild* der Stanford-Psychologin Carol Dweck als eine Inspiration für die Kultur, die er bei Microsoft aufbauen möchte. Er berichtet, dass er das Buch nicht im Business- oder Arbeitskontext gelesen habe, sondern im Zusammenhang mit der Erziehung seiner Kinder. Er beschreibt, wie die Autorin das Kinder von Kindern erlebt hat: »Eines ist ein ›Ich weiß alles‹ – und ein anderes ist ein ›Ich lerne alles<-Kind. Das >Ich lerne alles<-Kind wird immer besser zu-rechtkommen als das >Ich weiß alles<-Kind, selbst wenn Letzteres möglicherweise mit seinen angeborenen Fähigkeiten einen besseren Start haben sollte.« Auf den Business-Kontext übersetzt, so Nadel-la, bedeute dies, dass diese Beobachtungen nicht nur für Jungen und Mädchen in der Schule, sondern auch für CEOs wie ihn selber oder für Organisationen wie Microsoft gelten müssten.[1]

Dies könnte sich als soziologische Aussage auf alle Menschen dieser Welt beziehen. Um in der VUKA-Welt zurechtzukommen, müssten wir uns von einer Kultur, in der (einflussreiche) Menschen behaup-ten, sie wüssten alles über diese Welt, zu einer Kultur entwickeln, in der (einflussreiche) Menschen sagen: »Wir wollen alles lernen.« Dieser Blick auf die Welt, diese Lebenseinstellung ist aus unserer Sicht ein bedeutendes Merkmal von New Work. New Worker ha-ben genug von Menschen, die ständig die Welt erklären, ohne Alt-hergebrachtes oder sich selbst zu hinterfragen. Ein Begriff, der sich seit einigen Jahren in diesem Zusammenhang etabliert, ist #mans-plaining. Er besagt, dass (einflussreiche) »alte, weiße Männer« da-von ausgehen, dass sie anderen (zumeist Frauen) die Welt erklären müssen oder dürfen. Natürlich ist der Begriff provozierend, da nicht alle Männer, die älter und weiß sind, sich so verhalten. Er soll nur versinnbildlichen, dass eine dozierende Haltung, fern von Intros-pektion und Selbstkritik – und egal, von wem sie vorgetragen wird – nicht zur positiven Gestaltung der gemeinsamen Zukunft animiert. Und dass alleiniges Zurückgreifen auf Wissen von früher nicht zu ei-ner offenen, neugierigen Haltung gegenüber einer sich verändern-den Welt passt. Bei New Work geht es nicht um Veränderung um der Veränderung willen. Doch wer sagt, die alte Ordnung habe sich doch bewährt und man solle die Dinge möglichst belassen, wie sie sind, hat es in der VUKA-Welt schwer. Denn die will nicht darauf hören. Sie ist unartig wie ein schlecht erzogenes Kind und macht einfach, was sie will!

Für das Überleben in der digitalen Revolution benötigen wir ein anderes Mindset, andere Haltungen und Methoden. Eine davon ist, dass wir Menschen uns gemeinsam in die Zukunft begeben und dabei unterwegs miteinander und voneinander lernen. Denn aus der New-Work-Perspektive, die Nadella so schön auf den Punkt gebracht hat, sind wir Menschen alle Lernende. Wir sind Reisende von der bekannten Welt in die unbekannte, neue Welt. Wir sind auf einer großen Lernreise. Am besten gemeinsam.

Das Bild von einer gemeinsamen Lernreise, die häufig auch Learning Journey genannt wird, hat uns inspiriert. Wir wagen – ganz im Sinne von New Work – mit diesem Buch ein Experiment. Bevor wir Autorinnen angefangen haben zu schreiben, haben wir uns gefragt, wer wohl unsere Leser sein werden, und was sie von unserem Buch erwarten. Bei der Antwort haben wir unsere potenziellen Leser nicht wie sonst üblich in Zielgruppen oder Sinus-Milieus geclustert, sondern als Mitreisende mit unterschiedlichem Lernverhalten:

Es wird Leser geben, die gern Geschichten lesen. Die am liebsten über einprägsames Storytelling lernen. Weil sie über Anekdoten und persönliche Geschichten der Protagonisten einen emotionalen Bezug zum neuen Wissen entwickeln können.

Andere möchten vielleicht schnell und übersichtlich Fakten präsentiert bekommen. Diese sollen ohne Schnick und Schnack das benötigte Wissen auf den Punkt enthalten. Ganz effektiv. Zack.

Und wieder andere Menschen lernen, wenn sie das, was sie gelesen haben, gedanklich auf das eigene Leben übertragen und dadurch das neue Wissen reflektieren. Um daraus wiederum neue persönliche Denkweisen und Handlungen abzuleiten. Nur zu!

Doch dann kamen uns Zweifel: Wie können wir mit einem Ein-Kanal-Medium, wie ein Buch es ist, diesen unterschiedlichen Bedürfnissen gerecht werden? Geht das überhaupt?

Wir haben es einfach gemacht.

Da Innovationen, ständiges Dazulernen und die Anerkennung von Vielfalt besondere Merkmale von New Work darstellen, versuchen wir mit diesem Buch, jeder der genannten Lesegewohnheiten und jedem der genannten Lernbedürfnisse gerecht zu werden. In der Hoffnung, dass wir Sie alle mitnehmen auf unserer Lernreise zu New Work.

Aufbau des vorliegenden Buches

Weil es uns am Herzen liegt, ganz unterschiedliche Menschen, die sich für New Work interessieren, mitzunehmen, haben wir uns für folgende Struktur entschieden:

Jedes Kapitel handelt von einem wichtigen Aspekt von New Work:

➤ Kapitel 1: New Work – wie finde ich einen Zugang dazu?

➤ Kapitel 2: Coworking

➤ Kapitel 3: Mindset

➤ Kapitel 4: Methoden

➤ Kapitel 5: Netzwerken

➤ Kapitel 6: Leadership

➤ Kapitel 7: Geschäftsmodelle

Jedes unserer Kapitel besteht aus zwei Modulen:

➤ Modul 1: Die Geschichte eines New-Work-Protagonisten von seiner Reise in eine neue Arbeitswelt

> ➤ Modul 2: Infoboxen, die wichtige Begriffe aus dem New Work-Kontext erklären und Wissenswertes vermitteln, danach ein paar Journaling-Fragen zur Reflexion und Literaturtipps.

Lassen Sie uns kurz erklären, was wir unter diesen Modulen verstehen.

Modul I: Porträts

Weil das New Work so vielfältige Facetten aufzeigt und jeder, mit dem wir im Vorfeld über das Thema gesprochen haben, darunter etwas anderes versteht, haben wir uns entschieden, Menschen vorzustellen, die New Work leben. Wir haben bewusst ganz unterschiedliche Gesprächspartner ausgesucht. Was sie eint, ist, dass sie alle schon länger im New-Work-Kontext unterwegs sind und davon angetrieben werden, sich selbst zu verwirklichen und ihre persönlichen Ziele zu verfolgen. Und das mit viel Leidenschaft und großem Erfolg.

Für jedes Kapitel unseres Buches haben wir eine Person angesprochen, die aus unserer Sicht prototypisch für das jeweilige Merkmal steht. Er oder sie lädt uns in seine oder ihre Arbeitswelt ein und nimmt uns mit auf die persönliche Reise von der bekannten Arbeitswelt in die neue Arbeitswelt. Diese Erzählform, die Sie vielleicht aus einem anderen Kontext kennen, nennen Filmschaffende und Kommunikatoren »Heldenreise« oder englisch »Quest«. Heldenreisen beschreiben, wie ein »Held«, also ein Protagonist, von einer ihm bekannten Welt in eine ihm unbekannte Welt geht. So eine Reise ist mit vielen Überraschungen, Unwägbarkeiten und Gefahren verbunden. Der Held muss sehr mutig sein, wenn er das Bekannte gegen das Unbekannte eintauschen will. Hilfreich sind dabei ein möglichst gutes Equipment und wenn man für bestimmte Wegstrecken Gefährten findet.

Bei so einer Heldenreise gibt es eine Schwelle, die diese beiden Welten voneinander trennt. Sie ist oft die größte Hürde, die Helden meist nur deshalb überschreiten, weil sie es müssen. Doch im Verlaufe ihrer Geschichte erleben sie so viele besondere Abenteuer, dass sich dieses unfassbar schöne Gefühl einstellt: die Freude daran, zu neuen Ufern unterwegs zu sein. Das Glück zu wissen, dass es sich gelohnt hat, die allererste Schwelle zu überschreiten. Dass es sich gut anfühlt, die eigene Komfortzone zu verlassen, weil das Neue es wert ist.

Keiner unserer Protagonisten konnte vorab genau wissen, worauf er oder sie sich mit der Entscheidung für die neue digitalisierte Welt einließ. Sie hatten Befürchtungen, durchlebten Phasen der Unsicherheit oder des Zweifelns. Aber sie stellen sich den Herausforderungen. An dieser Stelle möchten wir uns bei Daniel Barke, Tobias Kremkau, Svenja Hofert, Andreas Ollmann und David Cummins, Kerstin Hoffmann, Stephan Grabmeier und Nico Lumma bedanken, dass sie sich auf unser Experiment eingelassen haben. Obwohl sie alle bis über beide Ohren in Arbeit steckten, haben sie – animiert von uns für dieses Buch – ihre eigene Reise reflektiert und zusammen mit uns erarbeitet. Danke, Ihr Lieben, ihr seid unsere ganz persönlichen New-Work-Heros!

Modul II: Infoboxen

Die Infoboxen beinhalten Wissenswertes, Werkzeuge oder neudeutsch Tools – alles das, was nötig ist, um passende Entscheidungen zu treffen oder Krisen zu überwinden. Es sind diese Tools, die Sie auf dem Weg zur Arbeitswelt von New Work begleiten. Es können Methoden sein, aber auch neue Erkenntnisse, überkommene Glaubenssätze und veränderte Prinzipien. Wir haben die Informationen, denen wir selbst und/oder in den Gesprächen mit unseren New-Work-Helden begegnet sind, gesammelt, kuratiert und teilweise auch ergänzt.

Unsere Infoboxen beziehen sich immer auf einen Begriff, der in einer der Heldenreisen genannt wird. Die Begriffe sind im Text *besonders gekennzeichnet*.

Und Sie? Unsere Journaling-Fragen

Unsere Protagonisten haben auf ihren Reisen neue Erkenntnisse, Denkweisen und Handlungsoptionen gewonnen oder persönliche Muster und Bedürfnisse, die nicht mit der klassischen Arbeitswelt kompatibel sind, weiterentwickelt und nach ihnen gelebt. So sind sie selbst Gestalter und Vorbilder einer in weiten Teilen noch unbekannten Arbeitswelt geworden.

Wenn Sie also, liebe Leserin und lieber Leser, eine der Geschichten lesen und in den Infoboxen desselben Kapitels erfahren, was sich genau hinter den neuen Begriffen verbirgt, denken Sie vielleicht: »Oh, das klingt ja super! Aber funktioniert das auch für mich und in meiner Arbeitswelt?« Das kann natürlich der Fall sein. Oder auch nicht. Mit den Journaling-Fragen zu jeder Infobox möchten wir Sie einladen, zu überlegen, was das Gelesene mit Ihnen und Ihrem Umfeld zu tun hat. Fragen Sie sich: »Wo stehe ich gerade selbst?« Oder: »Warum finde ich den Inhalt der einen Infobox spannend und relevant – und warum vielleicht auch nicht?«

Mit Journaling reflektieren Sie die eigenen Wünsche und Ziele. Sie treten mit Ihren eigenen Bedürfnissen in Kontakt. Man könnte auch sagen, Sie fragen sich, was Sie »wirklich,wirklich wollen«. Genau diese Frage ist ein sehr ursprüngliches Element von New Work. Hier haben Sie die Chance, mithilfe unserer – oder Ihren eigenen – Journaling-Fragen das Gelesene zu reflektieren und mit Ihren Antworten erste Schritte für Ihre eigene Reise anzudenken.

Am Ende jeder Infobox nennen wir noch ein paar Bücher und Weblinks, die wir zu dem jeweiligen Thema spannend finden.

Auch wenn wir Ihnen in diesem Buch Protagonisten und Informationen aus dem New-Work-Kosmos vorstellen, so verfügen auch wir über keine Glaskugel, mit der wir vorhersehen können, wie die künftige Arbeitswelt aussehen wird. Wir können Sie lediglich animieren, sich mit dem Thema zu beschäftigen und Ihre eigenen

Schlüsse daraus zu ziehen. Vielleicht sind Sie so motiviert, dass Sie Ihre eigene Heldenreise antreten und über die Schwelle vom Bekannten ins Unbekannte gehen werden? Dann denken Sie daran: Jeder wählt seine eigene Route. Und: Umwege erhöhen die Ortskenntnis!

Wir wünschen Ihnen viel Spaß beim Lesen und viel Glück auf Ihrer persönlichen Reise zu New Work!

Ihre

Christiane Brandes-Visbeck und *Susanne Thielecke*

Und weil wir in diesem Vorwort schon einige Begriffe aus dem New-Work-Kosmos verwendet haben, die für Sie vielleicht neu und deshalb im Text markiert worden sind, folgen nun die Infoboxen zu:

➤ **VUKA (VUCA)**

➤ **Sharing Economy**

➤ **New Work**

VUKA

Was ist VUKA, und wofür ist es gut?

Der Begriff »VUCA« oder deutsch »VUKA« hat sich in den letzten Jahren durchgesetzt, um wesentliche Veränderungen der Arbeitswelt zusammenzufassen. Diese Veränderungen sind hauptsächlich auf die Digitalisierung zurückzuführen. Dabei geht es weniger um Technologie, Techniken oder Methoden, als vielmehr um veränderte Wirkungszusammenhänge, die Einfluss auf unsere Märkte, Geschäftsmodelle und damit Formen von Führung und Zusammenarbeit haben. Immer wieder wird (zu Recht) postuliert, dass Unternehmenslenker und Individuen umdenken müssen, um in der VUKA-Welt bestehen zu können. Ursprünglich wurde der Begriff in den 1990er-Jahren in der US-Armee geprägt. Er beschrieb die immer komplexeren Wirkungszusammenhänge durch technologische Fortschritte nach dem Kalten Krieg. Heute ist dieser Ursprung in den Hintergrund geraten, der Begriff wird fast ausschließlich im Zusammenhang mit Unternehmensführung verwendet.

So funktioniert VUKA

Wir erläutern hier die einzelnen Begriffsbestandteile und interpretieren sie hinsichtlich ihrer Bedeutung für New Work:

Volatilität/Unbeständigkeit (Volatility):

Volatilität bedeutet zunächst einmal hohe Schwankungsbreite. Das heißt, Veränderungen entstehen schneller und in stärkerer Ausprägung. Schnell steigende und fallende Aktienkurse werden beispielsweise als volatil bezeichnet. Im Internetzeitalter ist damit gemeint, dass etwa Wettbewerber wesentlich schneller entstehen und an Bedeutung für den Markt gewinnen. Ebenso schnell kann diese Veränderung sich wieder ins Gegenteil verkehren. Dabei sind Konkurrenten längst nicht mehr nur in bestehenden Märkten zu finden, sondern können aus völlig unerwarteten Branchen und von unerfahrenen Kräften erwachsen. Ein bekanntes Beispiel hierfür ist Airbnb, ein Unternehmen, das seit einigen Jahren die Hotelbranche angreift und revolutioniert – gegründet von einem Arbeit suchenden jungen Produktdesigner, der in San Francisco für die Dauer einer Designmesse eine Unterkunft suchte. Heute ist das Unternehmen über 30 Milliarden US-Dollar wert.[2] Das ist sicher ein extremes Beispiel, illustriert aber die Unberechenbarkeit, mit der sich Wettbewerber und entsprechend auch Kunden und Mitarbeiter im Markt bewegen und diesen sogar dominieren können. Dadurch steigt der Innovationsdruck auf alle Organisationen. Für New Work heißt das: Innovationskraft ist mehr denn je ein Erfolgsfaktor für Unternehmen. (Frei-)Räume für Kreativität, Einbindung aller kreativen Ressourcen und Entbürokratisierung sind Voraussetzungen, um Innovationskraft sicherzustellen.

Unsicherheit (Uncertainty):

Die Volatilität zieht eine große Unsicherheit nach sich. Die mangelnde Vorhersehbarkeit von Marktentwicklungen sowie die hohe Veränderungsgeschwindigkeit erschweren eine langfristige Planung. Strategien können nur noch erfolgreich sein, wenn sie Entscheidungen unter Ungewissheit beinhalten. Damit steigt die Anforderung, schnell, flexibel und effektiv auf Veränderungen reagieren zu können. Für New Work heißt das: Einmal erworbenes Wissen verliert schnell an Bedeutung, permanentes Lernen von Individuen und Organisationen wird zum Wettbewerbsvorteil, wenn nicht wirtschaftlich überlebenswichtig. Zu lernen und sich und sein Wissen zu hinterfragen sind nicht mehr »Kür«, wenn die Basisarbeit erledigt ist. Sie sind Basisarbeit in einer unsicheren Arbeitswelt.

Komplexität (Complexity):

Wirtschaftliche Zusammenhänge sind nicht mehr (nur) kompliziert, sondern zunehmend komplex. Komplexität bedeutet, dass sehr viele Variablen, die teilweise nicht bekannt sind, auf Prozesse einwirken. Gleichzeitig hat eine einzige Handlung zum Teil unvorhersehbare Wirkungen auf unzählige Variablen. Die in einer digitalen Welt entstandene Vernetzung und die Transparenz sämtlicher Handlungen sorgen also für eine unübersichtliche Anzahl an Einflussfaktoren, und das weltweit. Diese Komplexität kann bestehende Prozesse anfälliger machen. Einst stabile Regeln, die das Agieren in einem größeren Kontext zwar kompliziert, aber berechenbar machten, sorgen in komplexen Umfeldern für eine Trägheit, die sie wiederum instabil machen. Gerade Entscheidungen und Verantwortung sind in klassischen Großkonzernen oft so strukturiert, dass viele Genehmigungsprozesse notwendig sind, um eine Entscheidung herbeizuführen. Am Ende entscheiden dann nicht selten diejenigen, die die Arbeitssituation gar nicht beurteilen können. Und das viel zu spät.

Für New Work heißt das: Komplexität ist nicht durch komplexe Regeln, sondern durch die Dezentralisierung von Kontrolle beizukommen. Nur durch die Verlagerung von Entscheidungskompetenz und entsprechenden Kontrollmechanismen an die jeweils im Netzwerk zuständigen Stellen kann eine Organisation effektiv in komplexen Systemen agieren. Jurgen Appelo (Management 3.0) vergleicht dieses Prinzip sehr treffend mit dem menschlichen Körper: ein hochkomplexes, nach außen abgegrenztes, aber dezentral gesteuertes Werk. Der Körper sichert seine Widerstandsfähigkeit gerade durch miteinander verbundene, aber eigenständig agierende Systeme. Für Unternehmen heißt das: Permanenter Richtungswechsel muss zum Standard werden, Agilität zur Kompetenz.

Ambiguität/Mehrdeutigkeit (Ambiguity):

Ambiguität heißt Mehrdeutigkeit. Wer je im Internet kommuniziert hat, weiß, was damit gemeint ist. Die Interpretation von Daten und Informationen unterliegt individuellen Haltungen, Erfahrungen, aber auch Zielen und Motiven. Dabei hat ein Individuum diverse Rollen und Aufgaben, die Anzahl der Schnittstellen mit anderen Individuen ist groß. Damit sind Missverständnisse vorprogrammiert. Gleichzeitig lösen sich bisher bekannte Zusammenhänge von Ursache und Wirkung auf. Für New Work heißt das: Statt sicher geglaubter Standards führen nun individuelle Lösungen zum Erfolg. Geschäftsmodelle müssen daher schnell überprüft werden und veränderbar sein. Ihr Erfolg ist stets ungewiss. Investitionen in Geschäftsmodelle sollten deshalb zunächst gering sein und dürfen erst nach Überprüfung am Markt in signifikante Budgets umgewandelt werden. Zudem wird das Beziehungsmanagement zentraler Bestandteil aller wirtschaftlichen Prozesse. Mit wem interagiere ich? Wie interagiere ich? Was bewirkt es? Was heißt das für mein Produkt, meine Dienstleistung, meine Führungsaufgabe, meinen Prozess? Diese Fragen müssen unentwegt beantwortet und kritisch hinterfragt werden.

Reflexion und Motivation

Wir können hier sehen, dass das wirtschaftliche Agieren in einer VUKA-Welt neue Schwerpunkte der Unternehmensführung, aber auch der Mitarbeiterführung sowie der Selbststeuerung nach sich zieht. Viele sind in klassischen Arbeitsumfeldern wenig erprobt und wenn überhaupt eher zufällig Bestandteil von Arbeit. Das wird künftig nicht mehr reichen. Vernetzung, Offenheit, Partizipation und Agilität (VOPA-Prinzip nach Dr. Willms Buhse) sowie sinnzentrierte Steuerung von Unternehmen sind einige Antworten auf die VUKA-Welt und generelle Erfordernisse der künftigen Arbeitswelt.

Journaling-Fragen:

➤ An welcher Stelle spüre ich die VUKA-Welt in meinem Arbeitsleben?

➤ Was tue ich, um damit zurechtzukommen oder sie gar zu gestalten?

➤ Was kann ich noch tun, um der vernetzten, unsicheren, komplexen und ambivalenten Arbeitswelt erfolgreich zu begegnen?

Wenn Sie mehr über VUKA erfahren möchten:

➤ Buhse, Willms (2014): *Management by Internet. Neue Führungsmodelle für Unternehmen in Zeiten der digitalen Transformation.*

➤ Appelo, Jurgen (2018): *Managing for Happiness. Übungen, Werkzeuge und Praktiken, um jedes Team zu motivieren.*

Sharing Economy

Was ist Sharing Economy und wofür ist sie gut?

Unter Sharing Economy versteht man Geschäftsmodelle, die darauf abzielen, dass Dinge unter Nutzern geteilt werden anstatt erworben. In vielen Fällen werden die Güter an mehrere Nutzer verliehen, es gilt das Prinzip »Access over Ownership«, also Zugang vor Besitz. Durch die Digitalisierung ist die Sharing Economy ein zentrales Geschäftsmodell geworden, denn elektronische Plattformen und soziale Netzwerke ermöglichen einen direkten Austausch zwischen Anbieter und Nutzer sowie eine einfache Vermarktung über Social Media. Beispiele für Sharing Economy sind Wohnungssharing à la Airbnb, Carsharing, Uber oder Kleiderkreisel.

So funktioniert die Sharing Economy

Es geht stets darum, materielle Güter und zunehmend auch Dienstleistungen und Wissen entweder gegen eine Gebühr oder kostenlos auszuleihen oder zu tauschen. Meist per Registrierung auf einem Portal. Vertrauen wird dadurch geschaffen, dass zumeist alle Transaktionen öffentlich bewertet und kommentiert werden können.

Reflexion und Motivation

Die Sharing Economy ermöglicht die Nutzung von Ressourcen, die bei einem einmaligen Erwerb durch eine Person ansonsten brachliegen würden. Damit hat die Sharing Economy nicht nur einen großen wirtschaftlichen, sondern auch gesellschaftlichen Einfluss. Denn dadurch, dass das Sparen und das geteilte Nutzen von Ressourcen ein gängiges Geschäftsmodell ist, verändern sich auch die Bedürfnisse der Kunden. Galt es noch in den 1990er-Jahren als chic, eine riesige Filmsammlung, ein großes Auto oder einen gut sortierten Werkzeugkeller zu haben, so dominiert heute das Bedürfnis nach uneingeschränkter, flexibler, zeitunabhängiger und bedarfsgerechter Nutzung. Es gibt allerdings auch Schattenseiten der Sharing Economy. Immer dann, wenn ein Betreiber einer Plattform Marktmacht erlangt, kann er Preise diktieren, Servicepersonal ausbeuten, lokale Gesetze umgehen oder sich in Grauzonen bewegen.

Im Moment ist eine Diskussion zu beobachten zwischen denen, die Sharing Economy positiv betrachten und die das Prinzip »Sharing is Caring«, also Nachhaltigkeit in Zeiten des limitierten ökonomischen Wachstums und begrenzter Ressourcen oder den Austausch- und Community-Gedanken, betonen. Kritiker befürchten eine Monetarisierung sämtlicher Produkte und Dienstleistungen oder gar Freundschaftsdienste zugunsten einiger weniger, eine Kapitalisierung von Gemeinschaft (Lob, um wieder gebucht zu werden) oder einen Rückgang von Privatsphäre. Einig sind sich alle, dass die Sharing Economy eine neue Wirtschaftsform darstellt, die sich weiterhin entwickeln wird. Für New Work spielt das eine große Rolle, da sie einen stark disruptiven Charakter hat. Das heißt, klassische, traditionelle Wirtschaftszweige können mit wenigen Mitteln vom Markt verdrängt werden oder in ein Nischendasein gezwungen werden. Das hat auch Auswirkungen auf Arbeit und Zusammenarbeit, denn einerseits müssen Unternehmen dem durch eine hohe Innovationsgeschwindigkeit begegnen und andererseits kann beruflicher Erfolg auch jenseits der Unternehmensflaggschiffe geschaffen werden. Mit einer guten Idee, Herzblut, minimalen technischen Kenntnissen und einem Gespür für den Markt können erfolgreiche Unternehmen gegründet werden.

Journaling-Fragen

➤ Wie stehe ich zur Sharing Economy?

➤ Gibt es Produkte oder Dienstleistungen, die ich besitze, die ich aber eigentlich nicht oder kaum benötige? Kann ich mir vorstellen, diese zu teilen?

➤ »Sharing is Caring« gilt als Schlagwort in der Sharing Economy. Was teile ich mit anderen, um Ressourcen zu schonen?

Wenn Sie mehr über die Sharing Economy erfahren möchten

➤ Rifkin, Jeremy (2016). *Die Null-Grenzkosten-Gesellschaft: Das Internet der Dinge, kollaboratives Gemeingut und der Rückzug des Kapitalismus.*

➤ Botsman, Rachel (2011): *What's Mine Is Yours. How Collaborative Consumption is Changing the Way We Live.*

New Work

Was ist New Work und wofür ist es gut?

Der Begriff »New Work« heißt übersetzt »neue Arbeit«, woraus man schließen kann, dass eine »alte Arbeit« zu Ende geht. Und so war der Begriff auch einmal gedacht. Der Philosoph Frithjof Bergmann gilt als Urheber der ursprünglichen New-Work-Bewegung der 1970er-Jahre. Ausgelöst durch die Ölkrise, wurden zu dieser Zeit in großem Stil Mitarbeiter der Automobilindustrie entlassen, viele in Michigan, wo er als Philosophieprofessor an der Universität lehrte. Bergmann erlebte hautnah mit, in welche Krisen die Arbeitslosen gerieten, denn sie waren zumeist für andere Arbeitsverhältnisse nicht ausgebildet. Er suchte den Kontakt zu ihnen und erarbeitete sechs Monate lang mit ihnen eine Antwort auf die Frage, was sie jeweils »wirklich wirklich tun wollen«, wie er selbst in seinen Vorträgen erzählt. Aus den Antworten entwickelten sich zum Teil erfolgreiche, aber völlig neue Lebens- und Arbeitsmodelle. Sie alle einte, dass sie die Prinzipien Selbstverwirklichung, Unabhängigkeit und zu großen Anteilen Selbstversorgung unter Verwendung aktueller technologischer Möglichkeiten enthielten. Er beobachtete, dass dazu aber nur diejenigen in der Lage waren, die wussten, was sie »wirklich wirklich wollen«. Diejenigen, die darauf keine Antwort hatten, gerieten überwiegend in Armut und dauerhafte Arbeitslosigkeit. Aus dieser Erkenntnis entwickelte Bergmann sein New-Work-Konzept und gründete in den 1980er-Jahren das Zentrum für Neue Arbeit. Er propagiert ein Arbeitsbild, das nur zu etwa einem Drittel aus Erwerbsarbeit besteht. Denn aus seiner Sicht verhindert diese sowohl die Freiheit der eigenen Handlung (da man sich höchstens zwischen vorgegebenen Alternativen entscheiden kann) als auch die Beantwortung der Frage nach dem eigentlichen Wollen. Außerdem erkannte er schon damals, dass durch die fortschreitende Automatisierung die Erwerbsarbeit ohnehin zurückgehen würde. Nachbarschaftliche Vernetzung und bedarfsorientierte Entwicklung von Produkten und Leistungen statt Massenproduktion waren daher ebenfalls Bestandteil seines Konzeptes. Sein New-Work-Modell stellt eine Ablösung des bisher gekannten Kapitalismus dar.

Heute wird der Begriff etwas anders verwendet und zu großen Teilen der Digitalisierung und Globalisierung zugeschrieben. Der ursprüngliche, durch Frithjof Bergmann begründete Geist ist jedoch noch spürbar und durchdringt die New-Work-Idee nach wie vor. Die von Bergmann verlangte Unabhängigkeit, die Vernetzung und das bedarfsorientierte Entwickeln und Produzieren sind beispielsweise ebenso Faktoren wie die Frage nach dem »wirklich wirklich Wollen« – heute zumeist als Sinn oder Zweck der eigenen Arbeit bezeichnet. Man spricht bei New Work auch von »purpose-driven«, also sinnzentrierter Arbeit. Die Motive und Bedürfnisse zunehmend informierter und damit mündiger Mitarbeiter und Kunden werden immer wichtiger. Die Fähigkeit, sich darauf einzustellen, ist unter dem aktuellen New-Work-Konzept zum wirtschaftlichen Erfolgsfaktor geworden. Sie gilt sowohl als organisationale als auch Führungsfähigkeit, die es zu fördern gilt. Gleichzeitig gehört zu New Work eine gute Selbstwahrnehmung, Selbstvertrauen sowie eine strukturierte Selbstorganisation der Individuen. Da immer weniger festgelegt ist und Regeln und Rahmenbedingungen volatil sind, müssen Menschen in der Lage sein herauszufinden, welche Rahmenbedingungen zu ihnen passen. Welche Werte etwa ihren entsprechen, welche Organisationsform ihren Bedürfnissen entspricht und welchem höheren Sinn sie mit ihrer Arbeit nachgehen wollen. Standardisierte Prozesse der Industrialisierung sind ein Auslaufmodell. New Work ist demnach keine einfachere oder bequemere Arbeitswelt, sondern eine selbstbestimmtere und bewusstere.

So funktioniert New Work

New Work funktioniert eigentlich gar nicht, sondern bildet vielmehr einen philosophischen Rahmen, unter dem sich Haltungen, Methoden und Geschäftsmodelle vereinen. Viele davon werden in unserem Buch beleuchtet. Sie als Leserin und Leser entscheiden, welche Aspekte Sie inspirieren und ansprechen.

Ein Aspekt des modernen New-Work-Verständnisses ist das Eingehen auf die viel kritisierte Generation Y (die im Zeitraum von 1981 bis etwa 1995 Geborenen) deren »Y« ja auch mit »Why« übersetzt wird. Man sagt ihr nach, dass die Frage nach dem Warum im Mittelpunkt ihres Handelns steht. Mit einer Mischung aus Neid, Bewunderung und Ablehnung begegnen viele Vertreter älterer Generationen dem Hinterfragen des Sinns sowohl von Handlungen als auch von Organisationen. Auch, weil dies eine bedingungslose Loyalität quasi ausschließt – ein verbreiteter Wert der Generationen X (der zwischen etwa 1961 und 1980 Geborenen) und vor allem der Babyboomer (Geburtsjahrgänge zwischen 1945 und 1960), die mehrheitlich mit ganz anderen Glaubenssätzen aufgewachsen sind. New Work hingegen beinhaltet eine ideologie- und wertfreie Auseinandersetzung mit Bedürfnissen, Wünschen, Motiven und Werten sowohl der Arbeitenden als auch der Kunden. Wissensarbeit und kreative Prozesse gewinnen an Bedeutung, wodurch individuelle Lösungen über die Anpassung an Standards dominieren. Entscheidungen werden unter Berücksichtigung aller Hierarchieebenen getroffen und Prozesse werden zunehmend an die Bedürfnisse ihrer Teilnehmer angepasst anstatt andersherum, da nur so in kurzer Zeit innovative Arbeit geleistet werden kann.

Zum New Work-Begriff gehört heute auch das Prinzip *Agilität* (auf das in Kapitel 4 sowie in der entsprechenden Infobox noch ausführlicher eingegangen wird). Kurz zusammengefasst meint Agilität die Fähigkeit, sich flexibel und schnell (also wendig, was es wörtlich heißt) an Kundenbedürfnisse anzupassen. Aus der IT-Entwicklung kommend, ist Agilität inzwischen in allen Wirtschafts- und Produktionsbereichen angekommen. Für diese Wendigkeit ist es notwendig, statt in langen Planungsprozessen in kurzen, an veränderbaren Subzielen orientierten »Sprints« zu agieren. So kann man schnell auf sich verändernde Kundenbedürfnisse oder Arbeitsbedingungen reagieren und nicht erst am Planungsende, wenn unter Umständen umfangreiche Ressourcen verbrannt wurden. Mehrere Techniken und Methoden greifen dieses Prinzip auf, zum Beispiel Scrum, Kanban, Design Thinking, Business Model Canvas, Use Cases, Retrospektiven und andere mehr. Agilität umschließt aber nicht nur entsprechende Methoden, sondern auch eine dafür notwendige Firmenkultur, die zum Beispiel Fehlertoleranz, Hierarchieabbau und Experimentierfreude einschließt.

Auch die bereits von Bergmann geforderte Verwendung moderner Technologien ist Bestandteil von New Work. Vernetzung, schnelle Entscheidungsfindung und hierarchie- und unternehmensübergreifendes Arbeiten können nur gelingen, wenn digitale Techniken verwendet werden. Dazu zählen Kollaborationsanwendungen (siehe Infobox **Collaboration** in Kapitel 2) ebenso wie das Arbeiten in der Cloud, die Verwendung künstlicher Intelligenz, Machine Learning, das Internet of Things (IoT) oder Natural Language Processing. Diese Techniken werden im New-Work-Konzept dann verwendet, wenn sie einem effektiven und effizienten Prozess nutzen. Sie sollen helfen, die Bedürfnisse des Menschen zu befriedigen, und sind kein Selbstzweck, der den Menschen ersetzen soll.

Ebenfalls Teil des New-Work-Konzeptes ist das Prinzip »Netzwerk schlägt Hierarchie«, dem im gleichnamigen Buch von Christiane Brandes-Visbeck, eine der Autorinnen dieses Buches, und Ines Gensinger, Head of Business & Consumer Communications bei Microsoft, nachgegangen wird. Die zuvor beschriebenen Prinzipien können in rein bürokratischen Strukturen nicht umgesetzt werden. Je nach Unternehmenszweck und Reifegrad kann das durch hierarchieübergreifende, agil gesteuerte Projekte, durch Ergänzung bestehender Hierarchien durch beispielsweise Schwarmorganisationen, wie Daimler sie eingeführt hat, oder durch eine konsequente Ablösung hierarchischer Topdown-Strukturen durch neue Organisationsmodelle vonstattengehen. Dazu zählen unter anderem selbstorganisierte Teams mit Beratungsstatt Leitungsfunktionen oder Holokratie, bei der Positionen durch rein aufgabenbezogene Rollen abgelöst werden. Zur Vernetzung gehören aber auch die Sichtbarkeit und die Nutzung von sozialen Netzwerken (siehe Infobox **Personal Branding** in Kapitel 5).

Auch die Flexibilisierung von Arbeitszeit und -ort ist Bestandteil von New Work. Man kann diese Notwendigkeit als Kausalkette beschreiben. Eine Sinnzentrierung mit radikaler Kundenorientierung verlangt ermächtigte Mitarbeiter, die sowohl kreativ arbeiten als auch schnell Entscheidungen treffen können. Um das zu gewährleisten, müssen starre Arbeitsformen in weiten Teilen überwunden werden. Aktuelle Konzepte reichen von der Flexibilisierung der Arbeitszeit bis hin zur kompletten Abschaffung vertraglich vereinbarter Arbeitszeiten (wobei auf gesetzliche Vorgaben selbstverständlich zu achten ist). Ähnliches gilt für die Flexibilisierung des Arbeitsortes. Auflösung fester Büros, Homeoffice, **Work-Life-Balance**,

Blended Working oder das Arbeiten in **Coworking Spaces** können Bestandteil der Arbeitsort-Flexibilisierung sein (alle hier gekennzeichneten Begriffe finden sich in Infoboxen in Kapitel 2). Diskussionen hierzu wurden in den vergangenen Jahren kontrovers und mit viel Elan geführt. Hier gilt es, eine Balance zwischen verschiedenen Interessengruppen sowie dem Gesetzgeber zu finden, dessen Grundlage noch vornehmlich auf Arbeitsprinzipien der Industrialisierung beruht.

New Work hat auch neue **Geschäftsmodelle** (siehe Infobox in Kapitel 7) hervorgebracht. Die radikale Kundenorientierung, gepaart mit der Ausrichtung, Überhangkosten – also Verschwendung – zu vermeiden, führt zu neuen Geschäftsmodellen. Dazu zählen die Plattformökonomie, Geschäftsmodelle, die auf Datenanalyse in Echtzeit aufbauen, die Sharing Economy, das Prinzip von Menschen als Markenbotschafter und Influencer und andere.

Reflexion und Motivation

Allen Elementen des heutigen Verständnisses von New Work ist gemein: Der Mensch ist nicht mehr Untertan, sondern übernimmt selbst Verantwortung. Durch die gestiegene Eigenverantwortung entgeht ihm allerdings auch Schutz. Das gilt sowohl für die Zugehörigkeit zu einem bestimmten Geschäftsmodell als auch für die Übernahme und Abgrenzung von Verantwortung in einzelnen Entscheidungsprozessen. Für New Work gibt es keinen festen Rahmen. Anders als frühe Strukturen von Kirche, Armee und Behörden sowie neuere Strukturen rein leistungs- und outputbezogener Konzerne hat die New-Work-Bewegung bisher nur sie einende Elemente und (noch?) kein konturiertes Gesicht.

Übrigens: Frithjof Bergmann ist inzwischen 87 Jahre alt und nach wie vor ein äußerst kraftvoller und inspirierender Gesprächspartner im New-Work-Kontext. Seine Forderung: die Menschen zu stärken. »Die Gesellschaft der Zukunft wird eine Zukunft sein, in der (...)(wir) vom Kindergarten an Menschen stärken. Das ist es, was wir brauchen!« Das war sein Schlusswort auf der New-Work-Experience-Konferenz in Berlin im Jahr 2017. Wer es gehört hat, dem ist es sicherlich im Gedächtnis geblieben.

Journaling-Fragen

➤ Welcher Aspekt von New Work berührt mich am meisten? Warum?

➤ Was kann ich tun, um diesen in mein Arbeitsleben zu integrieren? Womit möchte ich anfangen?

➤ Was ist es, was ich »wirklich wirklich will«? Was davon ist bereits Bestandteil meiner eigenen Arbiswelt? Was fehlt mit noch? Was wäre ein erster Schritt, um das zu verwirklichen?

Wenn Sie mehr über New Work erfahren möchten

➤ Schermuly, Carsten C. (2016): *New Work – Gute Arbeit gestalten. Psychologisches Empowerment von Mitarbeitern.*

➤ Laloux, Frederic (2016): *Reinventing Organizations visuell. Ein illustrierter Leitfaden sinnstiftender Formen der Zusammenarbeit.*

➤ Janssen, Bodo (2016): *Die stille Revolution: Führen mit Sinn und Menschlichkeit.*

Kapitel 1
New Work

So wenig wir über die Zukunft wissen, eines steht jetzt schon fest: Unsere Arbeitswelt steht Kopf. Der Begriff, der die im Vorwort geschilderten Entwicklungen umfasst, ist **New Work**. Neues Arbeiten also. Das klingt zunächst seltsam, denn es suggeriert, dass es auch »altes Arbeiten« gibt, das nun durch etwas Neues, anderes abgelöst wird. So als führe man nun ein neues Auto, weil das alte es nicht mehr tut. Ganz so ist es natürlich nicht, es gibt kein Umschalten von alt auf neu, keine plötzliche Abschaffung von Verbrauchtem, das seine Gültigkeit verliert, damit das Neue Platz hat. Und dennoch: In dieser Zeit des Umbruchs gewinnen Haltungen, Strukturen, Werte und Methoden an Bedeutung, die für herkömmliche Geschäftsmodelle unwichtig oder sogar schädlich waren. In Zeiten des Umbruchs entpuppen sich Erfolgsgaranten aus der Zeit vor der Digitalisierung beziehungsweise des frühen Internets als Hemmschuhe.

Der Begriff »New Work« ist keine Erfindung aus dem Online-Ökosystem. Seinen Ursprung hat er in den 1970er-Jahren, geprägt vom Sozialphilosophen Frithjof Bergmann. Bergmann beschäftigte sich mit der philosophischen Frage nach der Freiheit des Menschen. Nichts scheint jedoch mehr Potenzial zu haben, Menschen abhängig zu machen, als Arbeit. Mit der Kultur für eine »Neue Arbeit« fand Bergmann schließlich eine praktische Verwirklichung seiner theoretischen Überlegungen, deren Thesen er mit der Überschrift »New Work – New Culture« im Internet veröffentlichte.[3] Er beschreibt New Work als einen Aufstand, weil es die Transformation von der industriellen zur gemeinschaftlichen Produktion auf kleinerem Raum zur Folge hat. In neuen technologisch geprägten Arbeitsumgebungen werden Menschen »Neue Arbeit tun, die (sie) nicht auslaugt, sondern ihnen Vitalität und Kraft verleiht, sinnvolle Arbeit, die den Menschen die Überzeugung von einem wirklich gelebten Leben gibt: Arbeit, die die Menschen als ihre Berufung erfahren«. Bergman beschreibt diese neue Arbeit als sozial verträglich, umwelt- und ressourcenschonend, weil sie nicht mehr auf der Idee des Wirtschaftswachstums basiert, sondern auf der Idee von einer neuen Kultur. »Diese neue Kultur wird viel intelligenter sein (weit weniger verschwenderisch), viel menschlicher (mit wesentlich weniger Armut als heute) und auch fröhlicher (weil viel mehr Menschen eine Arbeit tun, die sie wirklich tun wollen – die im Idealfall sogar ihre Berufung ist).«[4]

Auch heute wird mit New Work eine veränderte Arbeitskultur beschrieben. Sie löst klassische Pyramidenhierarchien auf, wendet sich gegen feste Arbeitszeiten und -orte und konzentriert sich auf Menschen und ihr Wohlergehen während der Arbeit. Im Fokus stehen kundenzentrierte, digital geprägte Geschäftsmodelle, die digitale Hypervernetzung und eine virtuelle, globale Zusammenarbeit von selbst organisierten Teams mit werte- und sinnorientierter Führung. Der Begriff »New Work« im Sinne von Bergmann basiert auf der Utopie von einem Morgen, in dem Menschen, Tiere und Pflanzen es besser haben werden als heute. Diese Sichtweise scheinen auch Arbeitsphilosophen und Innovationsberater, Wirtschaftslenker und Entscheider zu bemühen, wenn sie die digitale Transformation als etwas Fortschrittliches im positiven Sinne anpreisen. Alle tun so, als gäbe es ein klares Zukunftsszenario, auf das wir uns mit bestimmten Strategien vorbereiten könnten – und dann wird alles gut.

In welcher Arbeitswelt möchte ich leben?

Entgegen dieser aufmunternd wirkenden Utopien und Suggestionen wissen wir natürlich nicht, welche Arbeitswelt uns tatsächlich erwarten wird. Selbst künstliche Intelligenzen können die Zukunft nicht zuverlässig berechnen. Aber es zeichnen sich Tendenzen ab, die die künftige Arbeitswelt möglicherweise bestimmen werden. Es wird vielen Menschen nach wie vor darum gehen, möglichst viel Geld zu verdienen und maximal erfolgreich zu sein. Aber es gibt auch andere, die wie Bergmann sagen: »Weniger ist mehr. Lasst uns das, was wir nachhaltig erwirtschaften, gerechter verteilen und mit Freude unser sinnvolles Tagewerk verrichten.« Beide Positionen haben einen starken Einfluss auf die Gestaltung von Arbeit, die Motivation der Beschäftigten und die angewendeten Erfolgsbarometer.

Für Teilnehmende in dieser Arbeitswelt bedeutet das, dass sich jeder Mensch selbst darüber Klarheit verschaffen muss, was er tun muss, um in seinem Sinne erfolgreich zu sein – ganz gleich ob als Angestellter, Freelancer, Chef oder Gründer. Alle sollten sich fragen: »In welcher Arbeitswelt möchte ich leben? Ist es die, in der ich aktuell tätig bin? Und wenn nicht, was kann und muss ich tun, damit es besser wird für mich?«

Im Rahmen dieser Überlegungen zeichnen sich folglich zwei organisationale Phänomene ab, die der einflussreiche Trendforscher Sven Gábor Jánszky u.a. auf seiner Website trendforscher.eu als »fluide Unternehmen« und »Caring Companies« bezeichnet. Die Grundannahme für diese Entwicklung ist, dass gut qualifizierte Arbeitskräfte aufgrund des demografischen Wandels überall gesucht werden. Dieser Arbeitnehmermarkt führt zu einer Machtverschiebung zu den Arbeitskräften, die sich aussuchen können, in welchem organisatorischen System sie leben wollen. Wollen sie als Angestellte möglichst lebenslang in einer Kultur arbeiten, die beständig ist, oder gleiten sie lieber als Projektarbeiter fluide von einem Projekt zum nächsten? Unternehmen mit einer fluiden Arbeitskultur beschäftigen nur noch wenige fest angestellte Mitarbeiter, die für die Stabilität des Systems sorgen. Die notwendige Produktivität wird von Freelancern und anderweitig unabhängig arbeitenden Arbeitskräften und Organisationen dann geleistet, wenn sie notwendig ist. Damit entfallen Leerzeiten und nicht genutzte Kapazitäten, die ein Unternehmen teuer zu stehen kommen können. Im fluiden System haben die festen Mitarbeiter das Ziel, die guten Kräfte auf dem freien Markt nachhaltig an sich zu binden, auch wenn sie gerade nicht gebucht werden können. Auch die Freelancer haben ein Interesse daran, von einer Firma mit einer aus ihrer Sicht angenehmen Firmenkultur immer wieder angefragt zu werden. Loyalität basiert im fluiden System demzufolge auf guter Leistung, die aus einem globalen Netzwerk von Freien abgerufen werden kann. Damit verschwimmen die Grenzen von Unternehmen, da ihre Unternehmung, die zu leistende Arbeit, nur durch die Vernetzung mit anderen Unternehmungen verrichtet werden kann. Wenn wir uns dann noch vor Augen führen, dass die zunehmende Digitalisierung mit den Möglichkeiten des Internet of Things zu einer globalen Hypervernetzung von allem mit allem führen wird, dann sind in Zukunft viele uns heute bekannten Grenzen infrage gestellt.

Unternehmen mit hohen »Caring«- oder Fürsorge-Anteilen dagegen werden sich bewusst für die Arbeit in einem fest umrissenen Kosmos entscheiden, um den dort arbeitenden Menschen eine möglichst hohe soziale Sicherheit zu bieten. Diese Unternehmen arbeiten – so wie früher das alles bestimmende Familienunternehmen in einer Region – weiterhin mit zahlreichen fest angestellten Mitarbeitern, die sie möglichst langfristig an sich binden wollen. Damit das gelingt, ziehen sie ganz bewusst das private Umfeld ihrer Mitarbeiter in ihre Firmenkultur mit ein. Sie schaffen ein familienfreundliches Umfeld, das zum Beispiel Kinder- und Elternbetreuung, eine gesunde Verpflegung, attraktive Sportangebote und Ähnliches bietet. Hier geht es darum, die Mitarbeiterfluktuation möglichst klein zu halten und das Unternehmen immer wieder neu für seine Mitarbeiter attraktiv zu gestalten.

Heute tragen die meisten größeren Unternehmen Anteile beider Unternehmensstrukturen in sich. Es gibt namhafte Global Player, die sich einerseits durch hohe »Caring«-Anteile positionieren und gleichzeitig aus unternehmenspolitischen Gründen »fluide« HR-Prozesse verwenden.

Sicherheit durch langfristige Arbeitsverhältnisse schwindet

Wer sich in der sich ständig verändernden Arbeitswelt von heute verorten möchte, sollte sich fragen, welche Aspekte ihm bei der Gestaltung von Arbeit wichtig sind. Bin ich eher freiheitsliebend oder eher sicherheitsorientiert? Lebe und arbeite ich gern situationsabhängig und lasse ich mich gern von Impulsen ziehen? Oder stehen Loyalität, Langfristigkeit und Zugehörigkeit bei mir im Fokus? Oder bin ich ein Mensch, der je nach Lebensphase den Wechsel zwischen einer fluiden und einer »Caring«-Umgebung bevorzugt? Vielleicht müssen wir ja auch komplett neu denken? Sind denn Arbeitsplätze in Caring Companies tatsächlich sicherer? Betriebsbedingte Entlassungen gibt es heute überall. Vielleicht bin ich morgen im fluiden System sicherer, weil ich vielseitige Talente besitze, gern dazulerne und ein guter menschlicher Umgang bin? Tatsächlich können schon heute talent- und wertorientierte Projektarbeiten mehr Sicherheit verschaffen als unbefristete Arbeitsverträge in ehemals blühenden Traditionsunternehmen. Wer also stetig in Kontakt mit der eigenen Arbeitsmotivation ist und sich und seinen Antrieb zum Arbeiten kontinuierlich hinterfragt, anstatt sich auf Vertragsklauseln zu verlassen, der wird mit großer Wahrscheinlichkeit in einer für ihn persönlich stimmigen Arbeitswelt leben.

Mit dem vorliegenden Buch möchten wir Menschen, die sich bisher nicht in die fluide Welt getraut haben, ermuntern, sich diese genauer anzusehen. Denn New Work steht für viel Abwechslung im Alltag, die mit einer klaren Haltung und Wertorientierung sehr gut zu bewältigen ist. Wie das zukünftig aussehen kann, hat uns Daniel Barke, einer der Gründer von WorkGenius in einem anregenden Gespräch verraten.

Daniel Barke und WorkGenius

Daniel Barke, der zusammen mit seinem Studienfreund und Geschäftspartner Marlon Litz-Rosenzweig die Plattform MyLittle-Job gegründet hat, die seit Mai 2018 WorkGenius heißt, haben wir in seinem Büro am Hamburger Herrengraben getroffen. Der Blick aus dem Fenster fällt auf rote Backsteinbauten und ein Fleet, so heißen Kanäle in Hamburg, die je nach Mondstand Hoch- oder Niedrigwasser zeigen. Die Hamburger Börse ist nicht weit, zur historischen Speicherstadt ist es ein Katzensprung. Hier also, inmitten der Hamburger Pfeffersäcke-Kultur, will ein Start-up mit Neuem Arbeiten die Wirtschaftswelt verändern?

Für Daniel Barke und seine Freunde ist New Work gar nicht »new« – er ist mit seinen 28 Jahren bereits seit sieben Jahren Unternehmer. Somit hat er die »klassische« Arbeitswelt nicht als Normalität kennengelernt und hinterfragt. Sein Studium sah mehrere Praktika vor, zudem arbeiteten fast alle Studierenden während der Semesterferien. Schon als er sich um Studentenjobs bewarb, kamen ihm manche Mechanismen rund um die Gewinnung und Einstellung von neuem Personal unlogisch vor. Während einige seiner Kommilitoninnen und Kommilitonen die tollsten Jobs ergatterten, gingen andere wiederholt leer aus. Und das, ohne dass er erkennen konnte, woran das lag. Es waren ja alle nahezu gleich qualifiziert – junge Studierende eben mit wenig Praxiserfahrung. »Ich habe mich damals gefragt, wie überhaupt rekrutiert wird«, erzählt er uns. »Welche Kriterien werden angesetzt, welche Faktoren haben Einfluss auf Erfolg oder Misserfolg?« Für Barke war das nicht erkennbar. Zu dieser Zeit hatte er die Recruiting-Strukturen etablierter Firmen noch gar nicht kennengelernt. Er ahnte, dass für Studentenjobs nur wenige Schlüsselkriterien entscheiden wie »Wo sollte man möglichst schon einmal gearbeitet haben?« oder »Welche IT-Kenntnisse sind vorhanden?«. Ansonsten wurde zumeist nach Bauchgefühl ausgewählt wie »Der wirkt pfiffig«.

Technologie spielt im Recruiting bisher praktisch keine Rolle

Bald stellte er fest, dass Technologie bei der Besetzung von Stellen praktisch keine Rolle spielt. Während Beziehungen, aus denen Ehen und Kinder hervorgehen, bei Datingportalen wie Parship oder Tinder von hochintelligenten Algorithmen unterstützt werden, ist Recruiting nach wie vor ein Kennenlernvorgang, der in der Regel auf dem Bauchgefühl nach einem oft rituellen Bewerbungsgespräch beruht: Zwei Personen stellen Fragen, der Bewerber antwortet mit einer mehr oder weniger eingeübten Vorstellung – er stellt sich vor. Dieses Vorgehen fand Barke bei sehr jungen Arbeitnehmern besonders befremdlich. »Die jüngeren Kandidaten wissen doch gar nicht, welches Leistungsvermögen sie tatsächlich haben. Meist überschätzen oder unterschätzen sie sich.« Womit sollen sie ihre Fähigkeiten, ihr Potenzial, ihre Ideen und ihre Erfahrungen auch vergleichen?

Je tiefer er in das Thema Recruiting einstieg, desto mehr wunderte er sich. Bald hörte er vom sogenannten Fachkräftemangel, von der Schwierigkeit, gut ausgebildete Menschen zu finden, sei es für die Festanstellung oder als qualifizierte Unterstützung für Arbeitsüberhänge. Wie konnte das sein? Zeitgleich beobachtete er ganze Jahrgänge talentierter Studierender mit erster Berufserfahrung durch Praktika, die in den Semesterferien Tische abwischten und T-Shirts falteten! Einer davon war er selbst. Ohne Erfolg übrigens. Denn seine Begabungen lagen definitiv nicht im faltenfreien, akkuraten Zusammenlegen von T-Shirts auf Kante. Was für eine Verschwendung von Ressourcen! Seinem Studienfreund Marlon Litz-Rosenzweig war es nicht viel besser ergangen, und so gründeten die beiden MyLittleJob: ein Unternehmen, das auf die Vermittlung von kleinen Jobs an Studierende spezialisiert war. Der Clou: ohne Bewerbungsgespräche. Die Studenten in ihrem System durchlaufen einen Eingangstest. Er berücksichtigt kognitive Eigenschaften, kulturelle Aspekte und Mentalitäten – nicht aber das Geschlecht, die Herkunft oder auf welcher Universität die Person studiert hat. Gleichzeitig

werden fachliche Fähigkeiten abgefragt und gegebenenfalls überprüft. Immer wieder überarbeiteten die Unternehmer diese Online-
befragung. Gemeinsam mit Forschern der ETH Zürich entwickelten sie schließlich den heutigen Persönlichkeits- und Fähigkeitstest,
der ihren Algorithmus füttert. Denn die Verbindung zwischen Job
und Fachkraft bahnt eine künstliche Intelligenz an. Jahrelang feilten
Barke, Litz-Rosenzweig und ihre ersten Mitarbeiter an dem Algorithmus dahinter, der eigenständig weiterlernt: Durch die Beurteilung der geleisteten Jobs (und die der Arbeitgeber) ebenso wie durch
den Abgleich mit der Selbstwahrnehmung der Studenten. Dieses
umfassende Leistungsprofil, das es ermöglicht, Menschen nach ihren tatsächlichen Stärken einzusetzen, war die Voraussetzung für die
weltweite Vermittlung von geeigneten Talenten. Später, als das ehemalige Start-up bereits eine Dependance in New York eröffnet hatte, kamen neue Services für den internationalen Arbeitsmarkt hinzu
wie die Beschaffung einer Arbeitserlaubnis oder die währungsunab-
hängige Bezahlung. Dieses Konzept zog bislang 300 000 Studenten
und 5000 Auftraggeber an. Im Frühjahr 2018 befand das Team seinen Algorithmus reif genug für komplexere Profile: Heute vergibt
das Unternehmen unter dem neuem Namen WorkGenius auch Projekte an gut ausgebildete Freiberufler, um damit den internationalen
Arbeitsmarkt der Freelancer mit künstlicher Intelligenz zu erschlie-
ßen und dem Mangel an qualifizierten Mitarbeitern – freien und
bald vielleicht auch fest angestellten – zu begegnen.

»Nicht angestellte« Arbeit ist auf dem Vormarsch

Dieses junge, äußerst erfolgreiche Unternehmen gibt damit Antworten auf die dringende Frage nach nicht fest angestellter Arbeit,
die bereits heute Realität ist und noch wichtiger werden wird. Eine Voraussetzung dafür: klar formulierte Unternehmensziele sowie die erforderliche Arbeitsleistung, um diese zu erreichen. So
kann Arbeit durch intelligente Organisation nahtlos an diejenigen
vergeben werden, die fachlich und von den Persönlichkeitsmerkmalen her am besten geeignet sind.

Schon heute greifen viele Unternehmen zunehmend auf freiberufliche Arbeitskräfte zurück. Solche also, die keinen Arbeitsvertrag mit dem Unternehmen schließen und folglich nicht sozialversicherungspflichtig angestellt werden. Neben reinen Kostengesichtspunkten liegt das auch daran, dass der Einsatz von Mitarbeitern immer weniger planbar und damit kurzfristiger wird. Nicht nur Standardprozesse werden aus dem Unternehmen ausgelagert, etwa an Subunternehmer, Leiharbeiter, Produktionsstätten in Schwellenländern oder an Roboter, sondern auch vereinzelte Arbeitsleistungen für innovative Projekte, die oft schnell geplant und individuell umgesetzt werden müssen. Hier kommen die Freelancer ins Spiel, die kurzfristig aufkommende große Mengen an Mehrarbeit auffangen und zuverlässig umsetzen können. Das Vorgehen, Schlüsselmitarbeiter fest anzustellen und möglichst viel extern dazuzubuchen, passt auch zur Lean-Management-Philosophie, nach der mit flexiblen Mitteln Neues ausprobiert und frühzeitig am Kunden erprobt wird. Ein Unternehmen kann demnach nur dann nachhaltig wirtschaften, wenn es Projekte von Anfang an kritisch prüft, bevor es in neue Mitarbeiter und andere Ressourcen investiert. Zudem werden in einer durchrationalisierten, durch Automatisierung geprägten Wirtschaft immer weniger einfach geschulte Arbeitskräfte gebraucht. Qualifizierte, praxiserfahrene Fachkräfte wiederum sind zunehmend Mangelware. Unternehmen also, die ihre Ressourcen – darunter auch Personalressourcen – flexibel halten wollen oder müssen, gewinnen an Bedeutung. In den USA betrug der Anteil von Freelancern an den Gesamtarbeitskräften im Jahr 2017 bereits ein Drittel, Tendenz steigend.

Spezifische Kenntnisse sind gefragt

Neben dem ressourcenorientierten Lean-Management-Ansatz, den inzwischen fast alle erfolgreichen Unternehmen verfolgen, gibt es noch ein weiteres Phänomen, warum der Begriff »New Work« flexibleres Arbeiten und individualisierte

Arbeitsbiografien beinhaltet: In allen Branchen werden zunehmend sehr spezifische Fähigkeiten benötigt. Kenntnisse der Datenanalyse und -interpretation und bestimmte Entwicklerkennt-
nisse werden gebraucht, das Software-Ingenieurswesen, aber auch
Marketing- und Vertriebskenntnisse oder beispielsweise medizi-
nisches Fachwissen werden immer komplexer und unterliegen ra-
santen Veränderungen. Oft müssen Arbeitskräfte mit den passenden Fähigkeiten sehr schnell an Bord geholt werden. Diese kennen
ihren Wert und wollen oft gar nicht fest angestellt werden. Deshalb werden immer häufiger – im Rahmen dessen, was der Gesetzgeber gerade zulässt – Projekte in Teilen über Freelancer abgewickelt oder komplett ausgelagert. In der Zwischenzeit kann
die Stammbelegschaft entsprechend weitergebildet werden und
vielleicht zukünftig die Entwicklung oder Umsetzung von Innovationen übernehmen. Für kleine und mittelständische Unternehmen (KMUs) gilt das in besonderem Maße. Wollen diese Unternehmen im schnelllebigen Arbeitsumfeld mithalten, sind sie auf
schnell verfügbare Freelancer angewiesen, die passgenau eingesetzt werden können. Damit werden Überhangkosten vermieden,
der Personaleinsatz wird effizienter.

Anforderungen an Soft Skills steigen

Gleichzeitig steigen in einer VUKA-Welt die Anforderungen an
Soft Skills, also außerfachliche Kompetenzen. Dazu zählen soziale Fähigkeiten, beispielsweise Teamfähigkeit, Kommunikationsfä-
higkeit und Anpassungsfähigkeit an unterschiedliche Charaktere
und Situationen. Ebenso gehören dazu methodische Kenntnisse
wie zum Beispiel der Umgang mit aktuellen Medien, agile Prozess-
planung oder Methoden zur Selbstorganisation. Und auch Persönlichkeitsmerkmale können zu den Soft Skills gezählt werden, etwa
Offenheit, Neugierde, Entschlussfreude oder Geduld.

Mit ihrer Jobvermittlung haben Daniel Barke und Marlon Litz-
Rosenzweig ein Unternehmen gegründet, das seinen Kunden

hilft, ihre Personalressourcen passgenau und bedarfsgerecht einzusetzen. Sie sind im Recruitingbereich Vorreiter für ein Onlineangebot, bei dem arbeitsbereite Personen und Arbeitsüberhänge weltweit gematcht werden. Damit kann aus Unternehmenssicht hochgradig effizient gehandelt werden, denn die anstehende Arbeit kann nun passgenau, exakt für die benötigte Dauer von hoch qualifizierten Fachkräften erledigt werden. Personelle Engpässe werden vermieden, die Anforderungen an Fachwissen sowie Soft Skills werden optimal berücksichtigt und Kunden und Dienstleistungen genau aufeinander abgestimmt – dank intelligenter Daten ebenso wie dank intelligenter Technologie. Damit bedient WorkGenius den Bedarf von Unternehmen mit vielen fluiden Anteilen, deren Grenzen durch Hypervernetzung immer offener sind.

WorkGenius unterstützt die Effizienz des Personaleinsatzes von Unternehmen hochgradig. Und gleichzeitig haben Barke und Litz-Rosenzweig die Mitarbeiterzentrierung, die ein wichtiger Teil von New Work ist oder sein sollte, im Blut. »Wir wollen jede Kandidatin und jeden Kandidaten vermitteln, und zwar unabhängig von den Stereotypen und Präferenzen des Personalleiters«, sagt Barke. »Alle unsere Kandidaten haben Stärken. Sie passen zu einem speziellen Jobangebot, unabhängig von ihrem Geschlecht oder ihrer Herkunft.« Er ist außerdem davon überzeugt, dass jeder Mensch entscheiden können sollte, wann, wie oft und auf welche Art und Weise er arbeitet. Denn nichts schafft aus seiner Sicht mehr Unzufriedenheit, als wenn das Arbeitgeberangebot nicht zu den Interessen des Arbeitnehmers passt. Wer seine Arbeitskraft über WorkGenius vermitteln lässt, fühlt sich als ein Teil der WorkGenius-Community. Die Menschen unterstützen sich gegenseitig, es gibt ein internes Mentorensystem. So garantieren Barke und Litz-Rosenberg mit ihrer Gründungsphilosophie, dass Leistung und Leistungsbereitschaft etwas höchst Dynamisches sind, die sich je nach Lebensphase und Lebensumständen verändern können.

Attribute und Feedback wichtiger als Uni-Abschluss

Klassische Signale wie Topuniversitäten und Zeugnisse spielen aus Barkes Sicht übrigens kaum eine Rolle bei der Einschätzung von Potenzial und Stärken. Folgerichtig gibt es dafür auch kein allgemeingültiges Schema. Für ihn, den Jobvermittler, zählen individuelle, laufend aktualisierte Potenzialmessungen gepaart mit individuellem Feedback von Arbeitgebern ebenso wie von Auftragnehmern. Was der Algorithmus immer weiter ausdifferenzieren kann mit jedem Auftrag: Attribute, über die die Top-performer – die im WorkGenius-System übrigens in der Mehrheit weiblich sind – ohne Ausnahme verfügen. Das sind: Sorgfalt und Fachkompetenz, Fähigkeit zur Reflexion sowie das, was die Amerikaner »street-smart« nennen. »Unsere besten Kandidaten können Probleme sehr schnell erkennen und lösen«, erklärt er den Begriff. Das klingt nach der Fähigkeit, situationsangemessen zwischen sorgfältiger Prüfung und Planung und schneller, auch unkonventioneller Problemlösung hin- und herwechseln zu können, einer Fähigkeit, die gerade in unsicheren Zeiten mit hoher Veränderungsdynamik hoch im Kurs steht. In Kapitel 6 gehen wir auf diese Eigenschaft vertieft ein, da sie unter dem Stichwort »*Ambidextrie*« gerade zu einer Kernkompetenz von Führungskräften in Zeiten der digitalen Transformation avanciert.

An dieser Stelle bleibt festzuhalten: Zu New Work gehört ein gesteigertes Bewusstsein darüber, in welchem Umfeld wir leistungsfähig sind. Je weniger Vorgaben es gibt, je mehr Möglichkeiten zur Verfügung stehen und je komplexer unsere Arbeitsumstände sind, desto höher ist die Herausforderung an Personalabteilungen, angestellte Mitarbeiter und Freelancer. Es liegt an uns, wie wir unser Arbeitsleben gestalten und wie viel Erfolg wir haben wollen. Das ist eine echte Veränderung zu den herkömmlichen Systemen, in denen es immer Chefs gab, die die Arbeit ihrer Mitarbeiter beurteilt und damit maßgeblich Karrieren ermöglicht oder gebremst haben.

In welcher Welt fühlen wir uns wohl?

Wo also auch immer unser Auftraggeber, Arbeitgeber oder die Organisation, für die wir tätig sind, angesiedelt ist: Als Mensch in der neuen Arbeitswelt sollten wir uns überlegen, in welcher Kultur wir uns wohlfühlen und in welcher Umgebung wir am besten gedeihen. Die Frage nach dem Warum bekommt bei New Work eine zentrale Bedeutung. Passt der *Purpose* – die Kombination von Sinn, Zielen und Werten eines Unternehmens – zu unserer Persönlichkeit, zu unserem Style und zu unseren Bedürfnissen? Erst wenn wir uns darüber im Klaren sind, können wir unsere Kenntnisse und Fähigkeiten sinnvoll einsetzen und weiterentwickeln. Erst dann können wir das lernen, was wir brauchen, um nach unserem eigenen Maßstab erfolgreich zu sein. Diese Erkenntnis gilt auch und gerade für Gründer und Menschen in Führungspositionen. Wir alle können erst dann etwas gestalten, wenn wir im richtigen, also im zu uns passenden Kontext arbeiten.

In den folgenden Kapiteln begegnen Ihnen Menschen, deren Lebensläufe unter verschiedenen Aspekten (Coworking, Mindset, Anwendung besonderer Methoden, Leadership, Netzwerken und Geschäftsmodelle) das besondere Lebensgefühl von New Work transportieren.

Purpose

Was ist Purpose und wofür ist es gut?

Ein zentrales Merkmal von New Work ist der Bezug zum Sinn und Zweck des eigenen Handelns – dem Purpose. Zum Verständnis des Begriffs wollen wir zunächst ein Begriffsfeld klären:

Die **Vision** einer Organisation oder eines Menschen beantwortet die Frage, WAS getan werden soll. Die **Werte** sind die Glaubenssätze und Ideale, das geteilte Gefühl dafür, WIE etwas richtig getan werden kann. Allen Handlungen liegen Werte zugrunde. Auch **Bedürfnisse** leiten die Handlungen von Menschen. Die Erfüllung unserer Bedürfnisse sorgt dafür, dass wir unser Leben gesund, sicher und stabil gestalten. Bedürfnisse und Werte gestalten unsere **Motive**. Das sind unsere Antreiber, damit wir uns in eine bestimmte Richtung bewegen. Ein Motiv erklärt, warum wir etwas tun wollen oder nicht. All das führt schlussendlich zu unserem **Verhalten**, also dem, was wir konkret tun oder nicht tun. Der **Purpose** beantwortet die Frage, WARUM etwas getan werden soll. Der Purpose gibt unseren Werten, Motiven und Bedürfnissen eine Richtung, die wie ein Kompass unser Verhalten und unsere Handlungen steuern.

In unserer häufig fehlgesteuerten Arbeitswelt wollen Menschen mehr denn je, dass ihre Arbeit Sinn macht und damit zu Erfolgserlebnissen führt. Sie wollen wissen und fühlen, warum ihr Beitrag zu einer Organisation einen Unterschied macht. Der Einsatz ihrer eigenen Stärken und Werte führt dazu, dass Menschen sich als Teil einer übergeordneten Aufgabe in einer sinnhaft ausgestalteten Organisation wahrnehmen. Nur das führt konsequenterweise zu nachhaltiger Loyalität. Während die älteren Generationen einer Organisation oder Aufgabe meist allein deswegen treu bleiben, weil sie sich dazu bekannt haben, ist für die Generation Y (»Why«) Loyalität an die Erfüllung eines Sinns geknüpft. Eine Studie des *Harvard Business Review* aus dem Jahr 2014 förderte zutage: Erfüllt ein Arbeitgeber nur eines von vier Grundbedürfnissen, sind die Befragten um 30 Prozent fokussierter, um 50 Prozent engagierter und die Wahrscheinlichkeit, dem Unternehmen treu zu bleiben, stieg um ganze 63 Prozent.[5] Das ist aber nur ein Aspekt einer Purpose-sinnorientierten Unternehmenskultur. Generell gilt: Sinn schlägt Strategie. Es ist der Grund, warum eine gelebte Organisationskultur so stabil ist: Sie soll das Sinnstiftende sein, über das Geldverdienen oder Gewinnmaximieren hinaus. Purpose ist das, was eine gesunde Organisation ausmacht, was sie von anderen unterscheidet und was sich ihren Mitgliedern im täglichen Arbeiten offenbart. Max Richter schreibt dazu im Soulworx-Blog, dem Blog der gleichnamigen Purpose- und Strategieberatung in Hamburg von Julia von Winterfeldt: »Profit ist kein Unternehmensziel, es ist dessen Ergebnis. Erst wenn wir uns davon lösen, Profit als oberstes Ziel eines Unternehmens zu sehen, und erkennen, dass Gewinne lediglich der notwendige Motor sind, die eigentlichen Unternehmensziele zu erreichen, entsteht New Work.«[6]

So funktioniert Purpose

Die Suche nach Sinn und Erfüllung eint Mitarbeiter, Zuarbeiter und Kunden von modernen Unternehmen. Dabei verschwimmen die Grenzen zwischen ihnen. Mitarbeiter sind durch Social Media gleichermaßen Botschafter ihrer Unternehmen, Kunden werden zu Mitgestaltern von Prozessen, sei es durch Feedback oder durch Daten und Algorithmen, die sie Unternehmen zur Verfügung stellen. Es gilt also, einen gemeinsamen Sinn für Mitarbeitende und Kunden zu schaffen und damit Vertrauen und eine Verbindung zu gewinnen. Nur so können die am besten passenden Menschen mit Unternehmen verbunden werden. Dabei geht es weniger darum, gleich den ganzen Lebenssinn zu durchdringen und zu teilen. Vielmehr geht es darum herauszufinden, wofür jemand brennt. Wir entscheiden uns für oder gegen ein bestimmtes Verhalten, einen Kauf, eine Aktivität zunächst nach Gefühl. Das heißt, wenn wir den Sinn einer Handlung spüren, ihren Beitrag zu einer von uns geteilten Idee wahrnehmen, dann werden wir uns mühelos dafür entscheiden. Kurz: Eine sinnorientierte Unternehmenskultur, die den Menschen in den Mittelpunkt stellt, ist zukunftsfähig und im Ergebnis wertschöpfend.

In der Umsetzung gehören zu einer sinnorientierten Unternehmenskultur gemeinsame Sessions, Offsites oder jedwede Form von Austausch zwischen Zusammenarbeitenden, in denen gemeinsam erarbeitet wird, warum sie das tun, was sie tun. Im Methodenkapitel erzählen Andreas Ollmann und David Cummins uns davon, wie viel Kraft und auch konkrete Projekte und Strukturen aus solchen Workshops entstanden sind, die ihr Unternehmen The Ministry Group tragen. Auch das Buch *Die stille Revolution* von Bodo Janssen, Besitzer und Chef der Hotelkette Upstalsboom, erzählt von der Kraft einer gemeinsamen Sinnorientierung. Die Arbeit in der Hotelkette wurde in einem tief greifenden Veränderungsprozess gemäß eines gemeinsamen Verständnisses von Sinnhaftigkeit neu organisiert. In einem Leitbildworkshop wurden aus 30 gesammelten Werten, die die Teilnehmer eingebracht haben, in Gruppenarbeit ein Wertebaum mit zwölf Punkten erstellt. Diesen Punkten ist jeweils ein ganz konkretes Verhalten zugeordnet. Etwa »Verantwortung: Entscheide du und steh dazu«, »Zuverlässigkeit: Ein Upstalsboomer, ein Wort«, »Herzlichkeit: Jedes Lächeln kehrt zu dir zurück« oder »Loyalität: Mit Menschen sprechen, anstatt über sie zu reden«. Purpose – Sinn – kann also sehr konkret im Unternehmensalltag umgesetzt werden.

Reflexion und Motivation

Purpose und sinnzentriertes Arbeiten sind erfüllend für das Individuum und nachhaltig für Organisationen – auch wirtschaftlich. Aber es ist nicht einfacher als funktionsorientiertes, Erwartungen erfüllendes Abarbeiten von Spiegelstrichen einer Funktionsbeschreibung. Gerade New Worker, die vielleicht nicht Teil einer größeren Organisation sind, sondern ihren Weg als Einzelkämpfer bestreiten, kennen die Mühe, die ein permanenter Abgleich von Sinn und Arbeit machen kann. Bin ich noch auf dem zu mir passenden Pfad? Erfüllt mich meine Aufgabe, glaube ich an ihren zugrunde liegenden Sinn? Diese Fragen sind nicht immer leicht zu beantworten und verlangen die Fähigkeit zur Retrospektive. Selbstkenntnis und Selbstvertrauen sind Grundvoraussetzung, um sinnorientiert zu arbeiten. Wer darin geübt ist, kann allerdings über lange Zeit produktiv sein, ohne auszubrennen. Und wer das in seinem Unternehmen fördert, wird mit mutigen, loyalen und engagierten Mitarbeitern belohnt werden.

Journaling-Fragen

➤ Warum tue ich das, was ich tue?

➤ Entspricht es mir und meinem Purpose?

➤ Welches Bedürfnis möchte ich künftig mehr erfüllen? Wie kann ich das angehen?

➤ Was sind erste Schritte dazu?

Wer mehr über Purpose erfahren möchte

➤ Janssen, Bodo (2016): *Die stille Revolution: Führen mit Sinn und Menschlichkeit.*

➤ Lars Richter (2017): *Sei Teil von etwas Größerem.* Ein Gastbeitrag des Blogs »Humans of New Work«, initiiert von Julia von Winterfeldt, Purpose-Expertin und Gründerin von *Soulworx.* (Quelle: https://soulworx.de/new-work-sei-teil-von-etwas-groesserem/)

Kapitel 2
Coworking

Wie funktioniert New Work? Eine mögliche Antwort auf die zentrale Frage dieses Kapitel liefert Tobias Kremkau, Coworking Manager des ersten deutschen *Coworking Spaces* St. Oberholz in Berlin-Mitte. Noch bevor er anfängt, uns seinen Weg zu New Work – seine persönliche Heldenreise – zu erzählen, resümiert er: »Irgendwann habe ich gemerkt, dass ich nicht mehr zurück konnte. Die Werte, die für mich beim Arbeiten wichtig waren, waren nicht mehr trennbar von den Werten, die für mein Leben wichtig waren. Das ist bis heute so geblieben.«

Damit ist ein Kernelement von New Work auf den Punkt gebracht: Es geht hier nicht (nur) um Work-Life-Balance wie im klassischen Arbeitnehmerleben, sondern um das Ineinanderweben von Arbeit und Leben. Es geht darum, »auf Arbeit« mit genau demselben Anspruch und denselben Werten zu agieren wie beim Hobby oder bei der Familienarbeit. Und wer nun denkt: »Na klar, das ist doch logisch!«, dem wollen wir die Ergebnisse des Engagement Index, der seit 2001 vom weltweit führenden Markt- und Meinungsforschungsinstitut Gallup erhoben wird, ans Herz legen. Im Jahr 2016 waren nur 15 Prozent der deutschen Beschäftigten emotional mit ihrem Unternehmen verbunden. Weitere 15 Prozent hatten innerlich bereits gekündigt. Die große Mehrheit, nämlich 70 Prozent aller Befragten – das entspricht über 24 Millionen Erwerbstätigen – machten Dienst nach Vorschrift.[7] Sie haben keine Bindung zu ihrem Arbeitgeber entwickelt. Sie trennen zwischen Work und Life. Dies wird sich in ihrem New-Work-Leben ändern (müssen), zumindest hinsichtlich der gelebten Werte und inneren Handlungsmotive.

Arbeiten? Gern. Aber nicht so

Theoretisch hätte auch Tobias Kremkau zu dieser Art Arbeitnehmer werden können. Sehr theoretisch. Der Sohn eines Glasermeisters und Enkel eines Pfarrers aus Magdeburg studierte zunächst Politikwissenschaften. Die Zukunft schien klar. Er träumte von Auslandsaufenthalten und dem Mitmischen in der Weltpolitik, wollte in den Staatsdienst mit dem Ziel Auswärtiges Amt. Bis zur Finanzkrise 2008, da sagten die Professoren ihren Studierenden: »Das mit der Weltwirtschaft wird nichts. Geht lieber in eine sichere Organisation.« Und so machte Kremkau Praktika in mehreren Landesvertretungen und Verwaltungen. »Das hat schon Spaß gemacht«, erzählt er, »aber ich habe gelernt, dass ich nicht für die Verwaltung gemacht worden bin.« Alles war ihm zu langsam, jede Entscheidung – und war sie noch so offensichtlich richtig – musste in diversen Instanzen diskutiert werden. Die Protagonisten schienen ihm wohlmeinend und freundlich, aber innerlich nicht verbunden mit dem, was sie taten.

So kam ihm gegen Ende des Studiums der Job als »Powerpoint Designer« in einer namhaften Unternehmensberatung gerade recht. Kremkaus Aufgabe war, die Inhalte der Berater, von denen er zunächst kaum etwas verstand, in eine präsentable Form zu bringen. Das mochte er – und ebenso gefiel ihm die Unternehmensberatung. Er lernte viel, empfand gleichzeitig etwas Familiäres. Und dennoch führte diese Zeit zu einer persönlichen Krise: In seinem privaten Blog schrieb er über eine ehemalige Beraterin, die in der Politik Karriere machte. Aus Sicht des Arbeitgebers war dies nicht mit seiner Rolle vereinbar, wie er innerhalb kürzester Zeit erfahren sollte.

Er bemerkte, dass es Grenzen der Meinungsäußerung gibt. Klassische Arbeitskulturen erlauben nicht jede Art von Kommunikation nach außen. Für sehr kritisch denkende Mitarbeiter ist das oft schwer nachvollziehbar und mit ihren Werten nicht immer vereinbar.

Erst die Krise, dann die Wende zur Selbstverwirklichung

Es kam zur Kündigung Kremkaus. »Ein furchtbarer Tag«, erinnert er sich. Mit seiner Entlassung geschahen mehrere Dinge, die er als schmerzhaft empfand. Zunächst war da der Verlust seiner beruflichen Heimat, die ihm viel bedeutet hatte. Auch die aus seiner Sicht ungerechte Kündigung machte ihm zu schaffen. Dazu kam die Erkenntnis, dass dieses Arbeitsverhältnis nicht zu retten war – egal, was er auch tat. Sogar seine Mentoren und Unterstützer im Unternehmen würden ihn nicht retten können. Er fühlte sich ohnmächtig, hilflos und ausgeliefert, und all das machte ihn traurig und wütend.

So fühlte er sich genau einen Tag lang. Am nächsten Tag machte er sich auf seine Heldenreise zu New Work. Er überschritt die Schwelle vom Tag in die Nacht und etablierte damit eine Beziehung zur Arbeit, die ihn bis heute trägt: »Wenn man mit Bloggen so viel Einfluss hat, dann will ich es auch richtig machen.« Kremkau wurde Blogger. Ein gesellschaftspolitisch relevanter Blogger. Rückblickend sagt er, dass ihn wohl auch eine gewisse Prise Eitelkeit angespornt hat. In dieser frühen Phase seiner New-Work-Reise ging es Kremkau um Sichtbarkeit (siehe auch Kapitel 5, *Personal Branding*). Und: »Mir ging es um *Selbstverwirklichung*, also um dieses Gefühl ›Ich kann als Autor jemand sein. Es gibt etwas, das ich richtig gut kann.‹ Das hat mich angerührt und nachhaltig geprägt. Beim Bloggen habe ich zum ersten Mal gespürt, dass ich mich selbst mit meiner Arbeit als Individuum wahrnehmen und etwas bewirken kann.« Finanziell einigermaßen abgesichert, tat Kremkau im Jahr 2012 ein halbes Jahr lang nichts außer bloggen.

Geführt von Möglichkeiten

Nach einer Weile arbeitete Kremkau für Onlinemagazine wie die Netzpiloten.de, für die er bis heute als Editor-at-Large tätig ist, stieg bei Tumblr ein und wurde Mitglied des netzpolitischen Think Tanks Internet & Gesellschaft Collaboratory e. V. 2013 bot ihm Andreas Weck die Online-Redaktionsleitung von *t3n* an. Angezogen von vielfältigen digitalen Möglichkeiten und einem sich immer mehr ausreifenden Gefühl von Stimmigkeit, reiste Kremkau durch die Netzwelt, übernahm Verantwortung und probierte sich aus.

Vorbild für seine mutigen Entscheidungen war vor allem Kremkaus Vater, der bereits erwähnte Glasermeister aus Ostdeutschland. Mit fast 40 Jahren hatte der noch einmal sein Leben gedreht und Soziale Arbeit und Theologie studiert. Nach dem Abschluss lebte und arbeitete er eine Weile in Rumänien als Pfarrer, bis er wieder nach Magdeburg zurückkehrte und Lehrer an einer Waldorfschule wurde. »Seitdem ich das erlebt habe, habe ich keine Sorgen mehr vor der Zukunft«, sagt Kremkau. Es war also eine Erfahrung, die ihn bis heute prägt. Insbesondere das einprägende Gefühl, dass Sicherheit nicht notwendigerweise durch Konstanz entsteht, sondern durch die Gabe, zur richtigen Zeit eine richtige Entscheidung zu treffen. Zur damaligen Zeit gab es kein freundliches Wort im Personalwesen für bunte, unterbrochene Lebensläufe. Heute schon. Die sinngetriebene Lebensführung hat inzwischen deutlich an Reputation gewonnen und wird im beruflichen Kontext als *Mosaikkarriere* oder Patchworkkarriere bezeichnet. Mosaikkarrieren, in denen unterschiedliche Branchen und Arbeitsschwerpunkte aufgeführt werden und in denen sich Fach- und Führungsaufgaben abwechseln dürfen, erfordern neben einem Gespür für Chancen und einem Gefühl für die eigenen Bedürfnisse Stärke und sehr viel *Mut*. Die Steigerung von Mosaikkarrieren ist das Prinzip des »*Business Model You*«, das in einem gleichnamigen Buch von Tim Clark in Zusammenarbeit mit Alexander Osterwalder und Yves Pigneur, den Autoren der Business Model Canvas (siehe auch Kapitel 7, »*Geschäftsmodelle*«), sowie über 300 Co-Autoren einen hilfreichen Leitfaden zur individuellen Karriereplanung darstellt. Die Autoren beschreiben, wie sich Festanstellungen, die Tätigkeit als Freelancer und Unternehmertum abwechseln können. Karriere wird im Konzept der »Business Model You« nach dem Prinzip eines Unternehmensaufbaus definiert. Im Mittelpunkt steht die Selbstverwirklichung, also das, was einem am Herzen liegt und was man wirklich gut kann. Auch beim »Business Model You« werden das Ich und die eigene Leistungsfähigkeit als ein sich beständig veränderndes, lernendes System begriffen. Das haben wir in ähnlicher Form schon bei Daniel Barke und seinem Geschäftsmodell WorkGenius kennengelernt. Die eigene Karriere wird in der jeweiligen Phase als eine Art Betaversion verstanden, die vom permanenten Auf- und Umbau lebt. Als Folge davon ist es die Aufgabe eines jeden, in sich selbst zu investieren und die eigenen Möglichkeiten am Markt auszuloten. Erfolg wird an der Schnittstelle zwischen dem eigenen Purpose, also der Selbstverwirklichung, dem Einsatz der eigenen herausragenden Fähigkeiten (Schlüsselressourcen) sowie den Möglichkeiten, damit Geld zu verdienen, erlebt. »Business Model You« entspricht dem Karrierekonzept von New Work, das so wirkt, als sei es eigens für Tobias Kremkau entwickelt worden.

Glaubenssätze können helfen oder hindern

Bei Kremkau jedenfalls entwickelte sich der notwendige Mut für New Work in dem Moment, als sein Vater zu studieren begann, und setzte sich mit der als ungerechtfertigt empfundenen Kündigung fort. Diese Erfahrungen blieben Teil seines ihm innewohnenden Bewusstseins: »Ich kann alles machen, wenn es für mich sinnvoll ist und ich es wirklich will«, beschreibt er selbst dieses Wissen. Hieran kann man gut erkennen, wie prägend die Auswirkungen von *Glaubenssätzen* sind, die wir in jungen Jahren erfahren. Sie graben sich tief in unser Unterbewusstsein. Im Fall von Kremkau befördert dieser vom Vater geprägte Glaubenssatz Zuversicht und die Gewissheit an die permanente Möglichkeit zum Aufbruch. Den meisten Menschen wurden andere Sätze eingetrichtert: »Schuster, bleib bei deinen Leisten«, »Erst kündigen, wenn die Tinte auf dem neuen Arbeitsvertrag trocken ist«,

»Erst die Arbeit, dann das Vergnügen« sind nur einige Beispiele für Glaubenssätze, die für Mosaikkarrieren, das »Business Model You« und damit für die eigene Selbstverwirklichung im Arbeitskontext hinderlich sein können. Für klassische Karrieren waren diese Glaubenssätze unerlässlich, denn tatsächlich waren ja diejenigen Mitarbeiter, die ihren Pfad verlassen hatten, zum Scheitern verurteilt.

Tobias Kremkau zeigt uns: Im Gegensatz dazu kann Unangepasstheit heute sehr wohl weiterhin zu beruflichem Erfolg führen. Es kann sogar entscheidend sein, um sich beruflich neu zu erfinden und damit überhaupt erst Zugang zu den eigenen, tatsächlichen Ressourcen und Stärken zu erlangen. Kremkaus unangepasstes Verhalten bei der Unternehmensberatung war für ihn daher kein Desaster, kein Scheitern. Sondern im Gegenteil: Es war die Schwelle, über die er seinen Weg der selbstverwirklichten Arbeit fand.

Den Dingen nachgehen

Zurück zu Kremkaus Heldenreise: Zu der Zeit, als Tobias Kremkau als Chefredakteur in Teilzeit für die Netzpiloten in Hamburg arbeitete, aber weiterhin in Berlin lebte, lernte er zum ersten Mal das Prinzip des Coworkings kennen. Er schrieb am Laptop entweder von zu Hause aus oder eben in einem Coworking Space. Ihm gefiel das Erlebnis, mit anderen, die um ihn herum an eigenen Projekten arbeiteten, eine Community zu sein und als Freelancer beziehungsweise virtueller Kollege nicht allein zu sein. Er coworkte und schrieb, mochte seine Arbeit sehr und vermisste trotzdem etwas: seine ursprüngliche Leidenschaft, Menschen an anderen Orten zu erleben. Zunächst zog es ihn mit seiner Freundin 2014 zu einer Urlaubsreise nach Brügge. Dort erreichte ihn die Nachricht, dass sein Stellvertreter bei den Netzpiloten in Hamburg erkrankt war. Der Einzige im Büro, ein eher unerfahrener Praktikant, war einigermaßen in Panik geraten und funkte SOS nach Brügge. Für

Kremkau kein Problem. Er fand einen Coworking Space in Brügge und erledigte von dort aus alles, was zu tun war. Kremkau war fasziniert, wie einfach das Prinzip Coworking unterwegs funktionierte: kurz eingemietet, und schon war er von einer kompletten Infrastruktur und »Kollegen«, zumindest Gleichgesinnten, umgeben, fühlte sich wie im Büro, aber auch ein bisschen wie im Urlaub. »Wer arbeitet eigentlich außer mir in Brügge in einem Coworking Space?«, fragte er die Gründerin desselben interessiert. »Geschäftsleute, die mit ihren Familien hier Urlaub machen«, antwortete sie. »Für die es angenehmer ist, ein paar Stunden von unterwegs zu arbeiten, als nach zwei Wochen im Büro Hunderte von Mails und ein mittleres Chaos vorzufinden.« Und Kremkau dachte: »So wie ich.« Er fühlte sich angezogen von der Leichtigkeit, mit der ein unkompliziertes Arbeitsumfeld, eine funktionierende Infrastruktur und beruflicher Austausch gefunden werden kann – egal, wo man sich gerade befindet, räumlich und auch persönlich. Und so viel hatte er inzwischen über sich selbst gelernt: Wenn ihn etwas fasziniert, das ihn nicht loslässt, muss er diesem nachgehen. In der Nacht schliefen er und seine Freundin wenig. »Warum gehen wir in Berlin eigentlich zur Arbeit?«, fragten sie sich. »Warum reisen wir nicht durch die Welt?« Noch in dieser Nacht meldeten sie eine E-Mail-Adresse, einen Twitter-Account und eine URL für einen Blog an, damit sie von nun an weltweit erreichbar sein konnten.

Coworking Spaces: Wertegetrieben, menschenorientiert

Das Thema Coworking begleitet Tobias Kremkau bis heute. Oder vielmehr: Er begleitete das Thema Coworking. Wann immer er irgendwo einen Vortrag hielt, wofür er inzwischen regelmäßig angefragt wird, interviewte er einen Coworking-Betreiber irgendwo in Europa. Er besuchte Coworking-Konferenzen, stellte Fragen, hörte zu, machte sich ein Bild. Es war die Kultur des Miteinanders, die ihn faszinierte. Im Gegensatz zu hergebrachten Arbeitsstätten, in denen Menschen oft jahrelang allein oder mit ein bis zwei Kollegen im Büro sitzen – oder in lauten Großraumbüros –, fand er in allen Coworking Spaces, die er bisher besucht hat, trotz aller Unterschiede eine wertegetriebene, auf Austausch ausgerichtete und menschenorientierte Arbeitsatmosphäre.

Sie beschlossen, eine Coworking-Reise durch Europa zu unternehmen. Zwei Monate lang fuhren sie von Space zu Space, animiert von anderen, die sich auskannten. »Ihr müsst nach Bordeaux ins Coworking!«, sagten sie. Und Kremkau und seine Frau fuhren nach Bordeaux. Auf diese Weise lernten sie fast 30 verschiedene Coworking Spaces kennen. Eines war im Bauch eines Schiffes (das Floating Desk in Gent), andere waren Orte wie Cafés, Fahrradläden oder Friseure mit Coworking-Möglichkeit (das Café & Co in Stockholm oder das BounceSpace in Amsterdam), einige sprühten vor Kreativität (zum Beispiel das Makers Of Barcelona in der gleichnamigen Stadt), andere boten eine regelrecht familiäre Atmosphäre, in der Kremkau sich sofort aufgehoben fühlte (zum Beispiel das »La Prairie« in Nantes).

Was ist Anwesenheit?

Der Clou dabei war, dass Kremkaus Kollegen von den Netzpiloten.de erst nach sieben Wochen bemerkten, dass ihr Chefredakteur nicht in Berlin arbeitete, sondern in unterschiedlichen europäischen Städten! »Heute, nach dieser Erfahrung, würde ich damit viel offener umgehen«, sagt er rückblickend. »Aber damals dachte ich, dass es besser wäre, wenn keiner so richtig mitbekommt, dass ich gar nicht da war.« Wobei sich an dieser Stelle die Frage stellt, was »da sein« im New-Work-Kontext meint. Ein Maschinenführer sollte schon an der Maschine stehen, die er führt. Ein Pfleger oder Sozialarbeiter muss, um seinem Beruf nachzugehen, mit den Patienten im persönlichen Kontakt sein. Und ein Bauarbeiter kann das Haus nur in Anwesenheit auf der Baustelle bauen. Aber Wissensarbeiter? Sind die nur »da«, wenn sie in den von der Firma angemieteten Büroräumen oder im Homeoffice sitzen? Oder nicht auch dann, wenn ihre Aufmerksamkeit und ihre Produktivität auf die Firma ausgerichtet sind, egal, wo sie gerade sitzen, liegen oder stehen?

Im Grunde hatte Kremkau **Blended Working** in seiner Reinform praktiziert – für Menschen mit einem großen Freiheits- und geringen Strukturbedürfnis eine höchst motivierende Arbeitsform. Verfechter von Blended Working sprechen sogar davon, dass dies die Idee von **Work-Life-Balance** ablöst, da nur in Blended-Working-Arbeitskonzepten der Mensch allen seinen Rollen als Lebenspartner, Freund, Mitarbeiter und Elternteil gerecht werden könne. In der Work-Life-Balance-Idee hingegen konkurrierten »Work« und »Life« miteinander, so die Argumentation. Das schließt sich sicher nicht so grundsätzlich aus, wie es hier dargestellt wird, aber die Idee, Arbeit und Leben miteinander zu verbinden, anstatt es zu trennen, ist ein Trend unter New Workern, den es zu beachten gilt, wenn es zur Aufgabe und zur Persönlichkeit passt.

Inzwischen war Kremkau zu DEM Coworking-Spezialisten geworden. Doch die reine Schreiberei füllte ihn nicht mehr aus. Und so bewarb er sich nach seiner Rückkehr 2015 auf die Stelle des Managers für das international bekannte Coworking Space St. Oberholz in Berlin. Kremkau bekam den Job. Ansgar Oberholz, Gründer und Betreiber von inzwischen zwei gleichnamigen Coworking Spaces und außerdem Coworker der ersten Stunde, vertraute ihm und Kremkau sich selbst. »Ich hatte inzwischen gelernt, wie man eine Welle reitet«, sagt Kremkau und meint damit, dass er sich selbst gut genug kannte, um seine nächsten Schritte erfolgreich zu planen. Bis heute sind die beiden ein erfolgreiches Duo. Die Haupttätigkeit Kremkaus, der inzwischen Head of Coworking des St. Oberholz in Berlin ist, besteht nicht aus dem Betreiben des Coworking Spaces an sich. Heute arbeitet er hauptsächlich als Berater für Groß- und mittelständische Unternehmen und vermittelt dabei seine Erfahrungen mit und sein Wissen über Coworking. Er versteht diese Aufgabe als einen wesentlichen Bestandteil von

New Work. Fragen wie »Was ist Anwesenheit?«, »Wann macht ein externes Coworking Space auch für etablierte Firmen Sinn?«, »Worauf müssen Firmen achten, wenn sie einen Coworking Space einrichten?« und nicht zuletzt »Welche Firmenkultur repräsentiert Coworking?« sind längst nicht mehr für nur für Start-ups und Freelancer interessant.

Coworking als Verbindung zwischen digitalem und analogem Arbeiten

Für Kremkau repräsentiert ein Coworking Space mehrere Aspekte, die für alle Firmen, die sich ins New-Work-Umfeld bewegen wollen, interessant sind.

Zunächst einmal gibt es wohl kaum mehr talentierte Freelancer an einem Ort als in einem Coworking Space. Wer also auf der Suche nach freiberuflicher Unterstützung ist, wird hier schnell fündig werden. Aber das eigentlich Wichtige sieht er im Zusammenspiel von Raum und Arbeit. »Der Raum prägt das Arbeiten«, sagt er. »Wer also Räume für Austausch und Miteinander schaffen will, ist in einem entsprechenden Coworking Space oft besser aufgehoben als in einem herkömmlichen Büro.« In einem Coworking Space lässt sich auch die Verbindung von digitaler und analoger Kommunikation und Zusammenarbeit, neudeutsch **Collaboration**, erleben. Sich zu vernetzen, sich uneingeschränkt und hierarchiefrei auch außerhalb vorgegebener Unternehmensgrenzen auszutauschen und so benötigtes Wissen problemlos zu erlangen, sind Merkmale der digitalen Zusammenarbeit, die sich zunehmend auf die analoge Zusammenarbeit übertragen.

Stichwort »Collaboration«: In diesem Zusammenhang erzählt Kremkau von der öffentlichen Stadtbibliothek in Delft (DEO Delft) in Belgien. Die Räume dort sind für jedermann frei nutzbar. Eherne Bibliotheksgesetze wie unbedingte Ruhe und das Verbot, zwischen den Büchern zu essen, sind seit zwei Jahren aufgehoben. Während des Studierens sollen Menschen sich kennenlernen können und ihr Wissen dadurch erweitern. Außerdem sollen sie sich in einer ungezwungenen Atmosphäre wohlfühlen. Die Universitätsbibliothek der TU Delft hat das Konzept der Stadtbibliothek noch weiterentwickelt. Hier gibt es für jeden Bedarf unterschiedliche Räume: Ruheräume, Projekträume, »Bastelräume« sowie einen großen Arbeitsraum, in dem auch die Mitarbeiter der Bibliothek still arbeiten. Beide Bibliotheken verzeichnen großen Zulauf, vor allem von jüngeren Mitgliedern. Nicht nur, dass diese beiden Bibliotheken – wie übrigens auch viele Bibliotheken in Deutschland – ihre analogen Bücher digital und plattformgesteuert zugänglich machen, sie nutzen ihre Räume auch ganz bewusst für neue Formen von Zusammenarbeit und Wissensvermittlung. Die Kölner Stadtbibliothek bietet außerdem die Vermittlung von digitalen Fähigkeiten und Kenntnissen an und hat, wie die Delfter Bibliotheken, ihre Räume und Events für die digital geprägte Lern- und Arbeitswelt umgestaltet.

Gemeinsames Arbeiten, ohne Tätigkeit zu teilen

Bei näherer Betrachtung spiegelt sich Kremkaus eigene Lebensphilosophie im Konzept von Coworking Spaces wider. Coworking verlangt eine stetige Auseinandersetzung mit sich selbst und der frei wählbaren Form von Arbeit. »Wie möchte ich arbeiten? Nine to five, mit flexiblen Arbeitszeiten oder ganz ohne?« – »Wo möchte oder muss ich arbeiten? Immer am selben Ort, draußen, drinnen oder wechselnd?« – »Was triggert mich?« – »Was brauche ich, um produktiv zu sein?« Für Kremkau sind das wesentliche Fragen, die sich ein arbeitender Mensch stellen sollte. Und das, wie bei einem Betatest, immer wieder. Coworking Spaces bieten viele Antworten auf diese Fragen und viele Möglichkeiten – Freiräume eben. Und das ist nicht nur für junge Menschen interessant. Im Gegenteil, erzählt Kremkau: »Viele Menschen stellen sich diese Fragen ja erst im Laufe ihres Lebens. Die meisten Coworker sind weiblich und zwischen 35 und 55 Jahre alt.«

Zum Schluss möchten wir wissen, wie Kremkau die Zukunft von Coworking Spaces beurteilt. Die sieht er – natürlich – positiv. »Vielleicht wird es in ein paar Jahren gar kein explizites Coworking mehr geben. Denn eigentlich ist Coworking ja nichts anderes als gemeinsames Arbeiten, ohne notwendiger Weise eine Tätigkeit zu teilen.« Das haben früher schon die Menschen bei der Feldarbeit getan, als sie gemeinsam sangen, oder die Frauen, die sich zum Handarbeiten zusammenfanden und sich dabei Geschichten erzählten. Kremkau glaubt, dass schon heute in fast allen Unternehmen über passende Funktionsräume nachgedacht wird. »Vielleicht ist das Arbeiten in Coworking Spaces also eines Tages nichts anderes, als eben – arbeiten.«

Kremkaus persönliche Heldenreise ist noch nicht zu Ende. Nach seiner eigenen Zukunft befragt, kommt der Sohn des spät studierten Glasermeisters wieder durch. Er habe gelernt, auf Signale zu hören, sein innerstes Interesse zu spüren und einzuordnen, sagt er. Diese Fähigkeit empfindet er als größte Sicherheit, die er haben kann. Kein Arbeitsplatz und kein Karriereplan könne diese ersetzen. Diese Art der Sicherheit ist nachhaltiger als jeder Arbeitsvertrag.

Er schaut einen Moment nach oben rechts, ganz weit weg. Dann lacht er ein bisschen: »Vielleicht mache ich noch einmal eine große Reise.«

Infoboxen für dieses Kapitel

➤ *Coworking Spaces*

➤ *Selbstverwirklichung*

➤ *Vorbilder*

➤ *Mosaikkarriere*

➤ *Mut*

➤ *Business Model You*

➤ *Glaubenssätze*

➤ *Blended Working*

➤ *Work-Life-Balance*

➤ *Collaboration*

Coworking Spaces

Was ist ein Coworking Space und wofür ist er gut?

Ein Coworking Space ist ein Arbeitsort, an dem Menschen sich eine Infrastruktur teilen, ohne notwendigerweise bei derselben Firma angestellt oder beschäftigt zu sein. Das ist eigentlich die einzige verbindende Definition von Coworking Spaces, alle anderen Komponenten unterscheiden sich voneinander. Meist arbeiten in Coworking Spaces Freelancer oder Menschen wie Wissenschaftler oder Gründer im frühen Stadium, die an innovativen Projekten arbeiten. Das Wesen von Coworking Spaces ist in den allermeisten Fällen nicht durch die Infrastruktur geprägt, sondern davon, welche Art der Gemeinschaft, Community genannt, geschaffen werden soll. Häufig ergibt sich der Spirit durch die Gründer eines Coworking Spaces. Coworking Spaces können Cafés oder Restaurants gleichen, die auch Arbeitsplätze zur Verfügung stellen, oder andersherum reine Büroflächen, in denen auch Getränke und Snacks verzehrt werden dürfen. Es gibt themenbezogene Coworking Spaces, laute und leise, innerstädtische und ländliche, kleine und große, profitorientierte und gerade so kostendeckende sowie stärkere mit mehr oder weniger starkem Community-Bezug.

So funktionieren Coworking Spaces

Die Arbeitsatmosphäre ist meist geprägt durch wenige Regeln und informelle, zumeist freiwillige Verabredungen innerhalb der Coworking-Community. Für Tobias Kremkau ist das werteorientierte Arbeiten ein zentraler Bestandteil von Coworking Spaces. Für ihn ist die Kultur des

Miteinanders, jenseits von Ausgrenzung oder gar Populismus der Wert, der das gemeinsame Arbeiten in Coworking Spaces über alle Grenzen hinweg überhaupt erst möglich macht. Er sagt: »Der Raum prägt unser Arbeiten. Wenn wir einen Raum für Austausch, für Miteinander und für die Abwesenheit von Diskriminierung schaffen, schaffen wir damit einen Raum für eine entsprechende Gemeinschaft.« Damit betont Kremkau, dass der Coworking Space einer Community den Raum gibt, ihre Zusammenarbeit selbst zu gestalten.

Inzwischen nutzen auch Firmen Coworking Spaces. Sie verorten dort ihre Innovation Teams oder sogenannte Labs, in denen mit innovativen Ideen experimentiert wird. Oftmals sind sie fest angestellte Mitarbeiter, die auf Zeit in einem Coworking Space arbeiten. Dabei suchen sie gezielt den Austausch mit anderen Innovation-Projekten aus derselben Industrie oder aus anderen Branchen. Es wird gern gesehen, wenn Coworker zu Teamkollegen werden oder als Impulsgeber mit einer besonderen Expertise agieren.

Insbesondere international aufgestellte Coworking Spaces wie WeWork oder Mindspace werden gern als Extra-Space dazugebucht, wenn eine Firma überraschend schnell wächst oder eine schwankende Auslastung hat. Ihre Verträge sind vergleichsweise unkompliziert und mit kurzen Kündigungsfristen versehen. So können fixen Mietkosten minimal gehalten und bedarfsgerecht angepasst werden. Durch diese neue Nutzungsform verschwimmt die ehemals klare Abgrenzung zu unternehmenseigenen Inkubatoren (externe Beratungseinheiten für Gründungen oder Innovationen), Innovation Think Tanks oder externen Business-Centern, bei denen der Community-Gedanke nicht immer im Vordergrund steht.

Reflexion und Motivation

Für Kremkau und andere Coworking-Space-Betreiber steht fest, dass dort nicht jeder erfolgreich arbeiten kann. Wie bei vielen anderen Konzepten, die in diesem Buch vorgestellt werden, ist Coworking kein seligmachendes Allheilmittel für frustrierte Büroangestellte. Wer sich zum Beispiel schon als Studierender gern allein zu Hause in seine Arbeit vertieft hat, wird im Coworking Space wahrscheinlich nicht produktiv sein können. Wer aber schon damals die Universitätsbibliothek aufsuchte, um Mitstudierende in geschäftiger Atmosphäre zu treffen, ist im Coworking Space vielleicht super motiviert. Manchmal ist es auch eine Mischform, die am besten passt: Wem im Büro oder zu Hause die Decke auf den Kopf fällt, der mietet mal für ein paar Stunden einen Desk und lässt sich von der quirligen Atmosphäre inspirieren.

Journaling-Fragen

➤ Unter welchen Umständen würde ich gern in einem Coworking Space arbeiten?

➤ Wie müsste der Community-Spirit sein, damit ich mich dort wohlfühlen kann?

➤ Welche Aspekte gefallen mir am Konzept des Coworkings, welche nicht?

Wenn Sie mehr über Coworking Spaces erfahren möchten

➤ Bauer, Wilhelm (Hrsg.); Stuttgart Fraunhofer IAO; Stiefel, Klaus-Peter und Rief, Stefan (2017): *Coworking – Innovationstreiber für Unternehmen. Coworking – Driver of Innovation for Companies.*

➤ Schürmann, Mathias (2013): *Coworking Space: Geschäftsmodell für Entrepreneure und Wissensarbeiter.*

Selbstverwirklichung

Was ist Selbstverwirklichung und wofür ist sie gut?

Selbstverwirklichung hat in der Arbeitswelt keinen sehr guten Ruf. Zwar wird sie immer wieder gefordert und es wird auch suggeriert, dass selbstverwirklichende Arbeit glücklich macht, aber gleichzeitig wird sie kritisch beäugt. Es werden vor allem drei Punkte kritisch angemerkt. Umweht vom Geiste der Achtundsechziger klingt Selbstverwirklichung leicht esoterisch. So, als ob man nur arbeite, um eine höhere Daseinsstufe zu erreichen. Zweitens sei Selbstverwirklichung eine reine Utopie, so ihre Kritiker. Arbeit, die zur Selbstverwirklichung beiträgt, gibt es in

Wahrheit gar nicht oder eben kaum. Deshalb mache der Druck, diese anzustreben, nicht glücklich, sondern in Wirklichkeit unglücklich. Und drittens wird Selbstverwirklichung bisweilen unterschwellig mit rücksichtslosem Egoismus gleichgesetzt. Wer sich selbst verwirklicht, nehme weniger Rücksicht auf die Bedürfnisse und Motive anderer, heißt es. Alle drei Einschätzungen sind weder richtig noch falsch. Vielmehr hängt ihre Einordnung von Standpunkt des Einzelnen ab – davon, ob und wie er Selbstverwirklichung definiert, bewertet und umsetzen würde.

So funktioniert Selbstverwirklichung

Nach Maslow ist Selbstverwirklichung ein Bedürfnis, das erst nach Erfüllung aller anderen physischen und psychischen Grundbedürfnisse angestrebt werden kann.[8] Dabei bezieht sich Selbstverwirklichung auf den Wert, den man sich selbst beimisst. Voraussetzung für Selbstverwirklichung ist demnach ein Selbstwertgefühl und Selbstbewusstsein, also sich seiner selbst bewusst zu sein.

Für New Work ist Selbstverwirklichung in diesem Sinne ein zentrales Motiv. Hier geht es darum, sich der eigenen Werte, Motive und Ziele bewusst zu sein und ein vorübergehendes Arbeitsmodell zu wählen, das diesen aktuell in größtmöglicher Weise entspricht. Da Standardprozesse und reines Abarbeiten von Aufträgen an Bedeutung verlieren, weil diese früher oder später von digitalen Maschinen übernommen werden, gewinnen ganzheitliches Arbeiten, Mitdenken und Kreativität an Bedeutung. Deshalb ist eine intrinsische, also von innen entstehende, Motivation heute wichtiger als in früheren Jahrzehnten. Dies gilt in Abstufungen für alle Arbeitsbereiche und alle Branchen. Sich bewusst zu machen, welche Werte, Motive und Ziele man selbst hat, ist dafür unerlässlich.

Reflexion und Motivation

Selbstverwirklichung ist im Zusammenhang mit New Work also kein Selbstzweck, sondern notwendige Voraussetzung, um in einer komplexen und individualisierten Arbeitswelt dauerhaft leistungsfähig zu bleiben. Dafür muss niemand sein Arbeitsverhältnis notwendigerweise kündigen, wenn sie oder er das gar nicht möchte. Auch darf selbstverständlich jeder mit der eigenen Arbeit eine Weile unzufrieden sein, ohne gleich Gefahr zu laufen, ins Verderben zu rennen. Sich mit den eigenen Motiven zu befassen und Aufgaben und Arbeitsumfeld damit abzugleichen, gehört jedoch zunehmend zur Gestaltung von produktiven Arbeitsprozessen (siehe Infobox *Selbstführung* in Kapitel 6).

Journaling-Fragen

➤ Was fehlt mir in meinem Arbeitsleben? Wovon hätte ich gerne mehr?

➤ Was hat mich bisher davon abgehalten, dies zu verwirklichen?

➤ Was kann ich tun, damit dieser Aspekt Teil meiner Arbeitswelt wird? Was sind meine ersten Schritte dahin?

Wenn Sie mehr über Selbstverwirklichung erfahren möchten

➤ Sinek, Simon (2018): *Finde dein Warum: Der praktische Wegweiser zu deiner wahren Bestimmung.*

Vorbilder

Was sind Vorbilder und wofür sind sie gut?

Ein Vorbild bezeichnet eine Person, mit dem ein Mensch sich identifiziert und deren Verhaltensmuster bewusst oder unbewusst nachgeahmt werden. Vorbilder können damit eine große Bedeutung für den individuellen Entwicklungsprozess haben.

In der frühen Kindheit sind Vorbilder meist die Eltern oder andere primäre Bezugspersonen. Das (unreflektierte) Nachahmen ihres Verhaltens sichert das Entwickeln von Fähigkeiten, die zur Bewältigung des Lebens benötigt werden. Ab der Pubertät wählen wir uns unsere Vorbilder selbst. Dabei orientieren wir uns an unseren eigenen Idealen und Zielen, das heißt, wir versprechen uns von der Wahl unserer Vorbilder eine Annäherung an deren Erfolg. Insofern die Person, der wir nacheifern, uns vergleichsweise ähnlich ist und wir überzeugt sind, dass wir diesem Erfolg überhaupt erfolgreich nacheifern können, hat ein Vorbild eine positive Auswirkung auf unsere Selbstwirksamkeitsüberzeugung.

So funktionieren Vorbilder

Vorbilder zu haben kann Menschen in ihrer (beruflichen) Entwicklung also stärken. Sie können uns inspirieren und uns Ideen davon vermitteln, was möglich wäre. Sie können uns das Gefühl geben, dass etwas zunächst Unmögliches möglich erscheint. Damit können sie uns den Mut geben, einen Schritt zu gehen, den wir ohne den Blick auf das Vorbild nicht gegangen wären. Vorbilder können außerhalb und innerhalb unseres nahen Umfeldes zu finden sein. Manche Familiengeschichten lassen sich über Vorbilder erzählen. Eine Großmutter etwa, die etwas gewagt hat und der wir uns verbunden fühlen, kann uns Mut und Selbstvertrauen geben, oder der Vater, der nie studieren konnte, obwohl er begabt war, weil er nach dem Krieg seine Familie durchbringen musste und der viel später noch einmal die Universitätsbank drückte. Unabhängig davon, ob Vorbilder aus unserer Familiengeschichte kommen oder von außen, haben sie gerade im New-Work-Umfeld eine wichtige Funktion. Denn Vorbilder geben in einer unübersichtlichen Arbeitswelt voller Möglichkeiten auch Orientierung und Fokus. Zudem gilt das Führen durch Vorbild heute als starkes Instrument der Motivation. Führungskräfte also, die sich auf eine Weise verhalten, die ihre Mitarbeiter respektieren, schaffen oft mehr Identifikation mit einer Aufgabe als eine Belohnung wie etwa ein Bonus.

Die Wahl unserer Vorbilder passen wir zumeist unseren unterschiedlichen Lebensphasen an. Klassischerweise suchen wir uns in der Jugend Vorbilder aus dem direkten Freundeskreis. Im Berufsleben schauen wir auf Berühmtheiten unserer Branche (es gibt kaum einen Karriereratgeber, der nicht Steve Jobs zitiert), und später, ab der Lebensmitte, trachten wir vermehrt nach Sinnhaftigkeit. Welche Vorbilder leben ihr Leben so, wie wir es gern tun würden?

Reflexion und Motivation

Das Leben nach Vorbildern birgt aber auch Fallen und Gefahren. Es ist wichtig, dass wir sie nicht idealisieren. Auch unsere Vorbilder durchleben Krisen und Misserfolge, dessen müssen wir uns bewusst sein. Außerdem ist es wichtig, dass wir Klarheit darüber haben, ob wir den Preis zahlen wollen, den unser Vorbild gezahlt hat. Wollen wir jeden Tag drei oder vier Stunden Sport machen? Wollen wir auf Familienzeit verzichten oder feste Arbeitsstrukturen aufgeben? Wie viel Unplanbarkeit können wir aushalten? Solche Fragen sollten wir uns realistisch beantworten, bevor wir einer

Führungskraft, einem Individualisten, einem Aussteiger oder einem Supersportler nacheifern. Und apropos Realismus: Heute wird oft eine »Du kannst alles schaffen«-Mentalität propagiert. In etwa durch solche Aussagen: »Schau mich an, ich war auch einst dick/gefangen im Hamsterrad/unzufrieden/mittellos. Nun habe ich es geschafft und bin schlank/selbstbestimmt/glücklich/wohlhabend.« Abgesehen davon, dass so manches unlautere Geschäftsmodell darauf aufbaut, kann es äußerst frustrierend sein, wenn wir die Voraussetzungen für ein bestimmtes Ziel gar nicht mitbringen. Ein blindes Nacheifern von Vorbildern ist also nicht zielführend und schon gar nicht ein Element von New Work. Vielmehr geht es hier darum, Mut und Selbstvertrauen zu erlangen, indem wir uns von denen inspirieren lassen, die uns im Kern ähnlich sind und etwas geschafft haben, was unser Ziel ist und was wir auch realistisch erreichen können. So können Vorbilder tatsächlich zu beruflichem Wachstum beitragen.

Journaling-Fragen

➤ Habe ich Vorbilder?

➤ Wer ist mein wichtigstes Vorbild?

➤ Wer war es früher, als ich jünger war?

Wenn Sie mehr über Vorbilder erfahren möchten

➤ Hofert, Svenja (2010): *Karriere-Tipps für jeden Tag. 7 Minuten täglich, die Sie voranbringen.* (E-Book)

Mosaikkarriere

Was ist eine Mosaikkarriere und wofür ist sie gut?

Eine Mosaikkarriere oder ein Patchwork-Lebenslauf ist ein berufliches Laufbahnkonzept, das die klassische, sogenannte Schornsteinkarriere inzwischen ablöst. Bei einer Mosaikkarriere sind unterschiedliche Rollen, die nicht notwendigerweise stringent aufeinander aufbauen, erlaubt und erwünscht.

So funktioniert eine Mosaikkarriere

Ein Arbeitnehmer kann innerhalb einer Firma zwischen Leitungsfunktionen, Spezialistenfunktionen und Projektarbeit hin- und herwechseln, ohne dass ihm dies zum Nachteil gereicht – im Gegenteil. Verfechter der Mosaikkarrieren begrüßen dies, da die Lernerfahrungen im Allgemeinen größer und vielfältiger sind. Statt dem Bild einer Leiter repräsentiert sie das Bild verschiedener Mosaiken, die quer, diagonal, vertikal und horizontal miteinander verwoben sein können. Eine Mosaikkarriere beinhaltet die Gleichstellung verschiedener Karriereformen (eine Führungskarriere steht nicht notwendiger weise über einer Fachkarriere), sie ist auf Stärken und Talente ausgerichtet und berücksichtigt verschiedene Lebensphasen und Stufen der Persönlichkeitsentwicklung. Mittlerweile wird die Mosaikkarriere auch in eher klassisch geprägten Personalabteilungen akzeptiert. In progressiven Personalauswahlkulturen wird sie klar befürwortet.

Der Begriff »Mosaikkarriere« schließt heute noch mehr Aspekte ein: So werden zurzeit abschlussorientierte Auswahlverfahren von talentorientiertem Recruiting abgelöst (»Hire character, train skills« nach Marcus Reif) und Freiberuflichkeit neben Festanstellung als gleichberechtigte Beschäftigungsform akzeptiert. Von modernen Rekrutierern wird zudem explizit Diversität gefordert, also weg von den Einstellungen nach dem Ähnlichkeitsprinzip, welche Konformismus in Organisationen fördern, hin zu mehr Vielfalt in Persönlichkeit, Geschlecht, kulturellen Hintergründen und Arbeitsweisen. Menschen, die auch freiberufliche Projektarbeit vorweisen können, besondere Erfahrungen gesammelt haben, an denen sie gewachsen sind, oder ihr Wissen durch Side-Steps erweitert haben, werden inzwischen den traditionellen »Schornsteinaufsteigern« vorgezogen. Denn je unterschiedlicher die Lebenswege der Einzelnen sind, desto erfolgversprechender ist ihre Arbeit im Team.

Reflexion und Motivation

Zu einer Mosaikkarriere gehört Mut, weil sie nicht dem Idealtyp einer Aufstiegskarriere entspricht. Nach wie vor sind viele Menschen der Idee verhaftet, immer höher klettern zu müssen. Sie werden auch entsprechend von ihrem Umfeld bestärkt. Besonders stark wirken hierbei die *Glaubenssätze* aus der Kindheit: »Du sollst es zu etwas bringen« etwa meint, so weit »nach oben« zu kommen wie möglich und mit so wenig Erfüllung wie möglich zu arbeiten. Das *Business Model You* gibt Hilfestellungen bei der Gestaltung der persönlichen Mosaikkarriere.

Journaling-Fragen

➤ Kann ich mir vorstellen, eine Mosaikkarriere zu leben?

➤ Welche Gedanken helfen mir dabei, meinen sehr bunten Lebenslauf mit Blick auf New Work neu zu erzählen?

Wenn Sie mehr über eine Mosaikkarriere erfahren möchten

➤ Landwehr, Thomas (2018): *Karriere im Umbruch. Strategien für Manager in der digitalen Arbeitswelt.*

Mut

Was ist Mut und wofür ist er gut?

Natürlich wissen Sie, was Mut ist. Trotzdem soll der Begriff hier einen eigenen Platz in den Begriffserläuterungen und Handlungshilfen erhalten. Und zwar, weil er ein wesentlicher Bestandteil von New Work ist. Und gleichzeitig eine der größten Hürden bei der Umsetzung. Mut bedeutet, etwas anzugehen oder zu tun, dessen Ausgang man nicht kennt. Damit ist Mut das Gegenstück zu Angst vor dem Unbekannten. Diese wiederum hat aber zunächst einmal eine wichtige Funktion. Wir haben Angst, um unser Überleben zu sichern, sie ist eine Warnung vor Gefahren und kann uns dabei helfen, uns auf neue Situationen einzustellen. Wenn Angst aber dazu führt, dass wir nicht auch mal das Unbekannte wagen, können wir nicht gut wachsen. Unerprobtes auszuprobieren wird durch Angst vor Unbekanntem gebremst. Angstfreiheit – also Mut – schließt Zuversicht, Hoffnung, neue Perspektiven, Lernerfahrungen, Sinnhaftigkeit und Ermächtigung ein. Um diese Aspekte bringen sich diejenigen, die an Bekanntem und Absehbarem aus Angst festhalten.

So funktioniert mutiges Handeln

Für diejenigen, die sich selbst als eher ängstlich oder zögerlich wahrnehmen, ist es wichtig, sich bewusst zu machen, dass Mut nicht Besonnenheit und Vorsicht ausschließt. Das mutige Gestalten der eigenen Karriere im Sinne von New Work bedeutet vielmehr, dass man den eigenen Enthusiasmus kennt und ihm folgt, dass Furcht dies nicht verhindert und dass man Gefahren mit offenen Augen begegnet, anstatt sie prinzipiell zu vermeiden. Dazu zählt, sich nicht durch äußere »Angstmacher« aufhalten zu lassen. Der Aufklärer Immanuel Kant forderte: »Habe den Mut, dich deines eigenen Verstandes zu bedienen!«, und schickte die Maxime «jederzeit selbst zu denken« hinterher. Sich also selbst, seinem Wissen und seinen Fähigkeiten zu vertrauen. »Lern was Ordentliches« – »Lass dich von einer großen Firma anstellen, da bist du sicher« – »Rede nur, wenn du gefragt wirst.« Solche Ratschläge spiegeln oft die Ängste von anderen wider, von Eltern zum Beispiel, Freunden oder älteren Kolleginnen und Kollegen, aber nicht notwendigerweise die eigenen, uns innewohnenden und äußerst wertvollen Sensoren. Dies unterscheiden zu können, ist eine wichtige Voraussetzung, um mutig zu handeln.

Nur wer mutig ist, kann seine Ressourcen erweitern. Wer die Komfortzone verlässt, gelangt in die »magische Zone«, die uns über uns selbst hinauswachsen lässt. Im Rahmen der digitalen Transformation rückt Angst immer wieder in den Mittelpunkt von Diskussionen, es gibt sogar ganze Konferenzen dazu, zum Beispiel das Meetup »Angst in Organisationen« von WeWork Berlin im Februar 2018 von Alexander Kluge.[9] Dabei muss hier unterschieden werden zwischen der existenziellen Angst, zum Beispiel vor Arbeitslosigkeit, weil der Arbeitsplatz der Digitalisierung zum Opfer fällt, und Angst vor Fehlern, Scheitern und Unplanbarem. Der letztgenannte Aspekt ist die Abwesenheit von Mut, der eigenen Stimme zu vertrauen und zu folgen, auch wenn das Risiken birgt.

Reflexion und Motivation

Für New Work ist der Mut, Fehler zu machen und durch Besinnung auf ureigene Stärken, Fähigkeiten, Wünsche und Motive neue und unbekannte Wege zu gehen, Grundvoraussetzung. Das schließt die Besonnenheit, dies im eigenen Tempo zu tun, sich vor schädlichen Einflüssen abzugrenzen und sich nicht permanent zu überfordern, durchaus ein.

Journaling-Fragen:

➤ Wann war ich zuletzt mutig? Wie hat sich das angefühlt und was war das Ergebnis?

➤ In welchen Bereichen wäre ich gern mutiger? Was hält mich auf? Äußere Einflüsse, die ich mir zu eigen gemacht habe, oder meine inneren Sensoren?

➤ Wenn Sie eine Führungskraft sind: Wie fördere ich mutiges Verhalten meiner Mitarbeiter?

➤ Was verhindert vielleicht mutiges Verhalten und was könnte ich tun, um meine Mitarbeiter zu ermutigen?

Wenn Sie mehr über Mut erfahren möchten

➤ Schoenaker, Theo (2017): *Mut tut gut: Für eine bessere Lebensqualität.*

Business Model You

Was ist Business Model You und wofür ist es gut?

Das Prinzip des »Business Model You« ist eine Fortsetzung der Business Model Canvas (»Canvas« heißt auf Deutsch »Leinwand« oder »Poster«) nach dem Buch *Business Model Generation* von Alexander Osterwalder und Yves Pigneur (siehe Kapitel 7, **Business Model Canvas**). Während die Business Model Canvas ein Geschäftsmodell darstellt, das der Lean-Start-up-Philosophie folgend aufgebaut ist, handelt es sich beim Business Model You um ein »persönliches Geschäftsmodell«. Dabei geht es darum, den eigenen Berufsweg in einer sich beständig verändernden Welt zu gestalten. Das Buch ist ein internationaler Bestseller, der inzwischen in 15 Sprachen übersetzt wurde. Tim Clark hat es mit Osterwalder und Pigneur sowie 328 Co-Autoren – Menschen aus 43 Ländern – geschrieben. Der Ansatz zeigt, dass es nur ein einziges Erfolgsmodell für eine erfolgreiche Karriere geben kann: Sie selbst.

So funktioniert Business Model You

Welches Business-Modell passt zu mir? In vier Schritten kann jeder sein ganz persönliches Karrieremodell entwickeln:

> Anwendung der Canvas mit ihren neun Feldern analog zur Business Model Canvas

> Reflect (Reflexion der eigenen Persönlichkeit und Karriere)

> Revise (Ideen für Lebensveränderungen)

> Act (Umsetzung)

Die neun Felder, die analog zur Business Model Canvas aufgebaut sind:

> 1. Schlüsselressourcen: Wer sind Sie und was haben Sie? (Fähigkeiten, Interessen, Talente, Persönlichkeit, Netzwerk, Geld, Güter, Erfahrung)

> 2. Schlüsselaktivitäten: Was tun Sie? (Aufgaben, die Sie regelmäßig bei Ihrer Arbeit erfüllen)

> 3. Kunden: Wem helfen Sie? (Menschen, die sich auf Sie verlassen oder die auf Sie angewiesen sind, wie Kolleginnen und Kollegen, Vorgesetzte, tatsächliche Kunden, indirekte Kunden, Institutionen)

> 4. Wertangebot: Wie helfen Sie? (Nutzen, den Kunden aus Ihrer Tätigkeit ziehen, auch mittelbare Werte wie zum Beispiel Wissenszuwachs, Entspannung, Wohlbefinden, Sicherheit)

> 5. Kanäle: Woher kennt man Sie, wie liefern Sie? (Im direkten Gespräch, online, über persönliche Empfehlungen, Blogs, Social Media)

> 6. Kundenbeziehungen: Wie interagieren Sie? (Direkter Kontakt, mit E-Mails, durch fortlaufende Serviceleistungen)

> 7. Schlüsselpartner: Wer hilft Ihnen? (Kolleginnen und Kollegen, Mentoren, Freunde)

> 8. Umsatz und Nutzen: Was bekommen Sie dafür? (zum Beispiel Gehalt, Honorare, Tantieme, Sozialversicherung, Fortbildungen)

> 9. Kosten: Was geben Sie? (Abo-Gebühren, Anfahrtskosten, Material, Internet und Telefon, Energiekosten)

Nach dem Ausfüllen der Canvas geht es darum zu reflektieren. Hierbei können Übungen wie das Lebensrad oder Kindheitserinnerungen dabei helfen, sich selbst näherzukommen und unsere eigenen Sehnsüchte, aber Rollen zu erkennen. Eine besonders schöne Übung ist die Lebenslinie, die Hoch- und Tiefpunkte des Lebens visualisiert und zeigt, wann wir besonders glücklich waren. Bei einer anderen Übung schlagen die Autoren 230 Adjektive vor, die wir ankreuzen können. Danach geben wir die Liste einigen guten Freunden und überprüfen, ob sie dieselben Adjektive ankreuzen. So wird nach und nach ein neues berufliches Zielbild definiert, auf dessen Basis man sich »neu erfinden« kann. Die neue Canvas, die dabei entsteht, ist Ihr neues persönliches Geschäftsmodell.

Eine zentrale Erkenntnis der Arbeit mit dem Business Model You ist, dass es nicht mehr darum geht, sich selbst an die Arbeitswelt anzupassen, wie es bis vor ein paar Jahren selbstverständlich gefordert wurde. Vielmehr geht es darum, wie man seine Arbeitswelt um die eigenen Stärken und Interessen gestalten kann. Denn die Autoren Clark, Osterwalder und Pigneur betonen in ihrem Buch *Business Model You*: »Es ist Ihr Leben, Ihre Karriere, Ihr Spiel.«

Reflexion und Motivation

Die Business Model You Canvas kann von Gründern ebenso verwendet werden wie von Angestellten oder Freelancern. Sie richtet sich an alle, die ihre Karriere bewusst reflektieren und gestalten wollen. Das Besondere an diesem Modell ist, dass der persönliche Berufsweg nicht von den vielfältigen Möglichkeiten in der Welt beeinflusst wird, sondern von den persönlichen Wünschen, Zielen und Ressourcen. Der eigene Purpose steht also konsequent im Mittelpunkt und wird zum zentralen Punkt des persönlichen Geschäftsmodells. Und so kommt am Ende des Tages ein Karriereziel heraus, mit dem Sie Geld verdienen können. Diese Vorgehensweise sollte immer wieder neu angewendet werden. Denn was vor fünf Jahren für mich gültig war, kann heute längst überholt sein. Und eine Sehnsucht nach Erfüllung und Purpose kann stärker werden, bis sie endlich gehört wird.

Für New Worker oder solche, die es werden wollen, ist diese Art der Karrierereflexion eine echte Bereicherung.

Journaling-Fragen

➤ Was kann ich richtig, richtig gut?

➤ Was mache ich richtig, richtig gern?

> Wie könnte eine neue berufliche Ausrichtung für mich aussehen?

> Was wäre ein erster Schritt dorthin?

Wenn Sie mehr über Business Model You erfahren möchten

> Clark, Tim; Osterwalder, Alexander; Pigneur, Yves (2012): *Business Model You: Dein Leben – Deine Karriere – Dein Spiel.*

Glaubenssätze

Was sind Glaubenssätze und wofür sind sie gut?

Glaubenssätze sind tief in unserem Inneren verankerte Gedanken, die wir durch Erfahrung (zumeist in der Kindheit, in der wir nach bedingungsloser Liebe trachten) und Erziehung erlangt haben und im Laufe unseres Lebens manifestieren. Sie beinhalten Verallgemeinerungen über zum Beispiel Reaktionsmuster, angemessenes Verhalten, Verhaltenswirkungen und Begrenzungen. Da wir uns unserer Glaubenssätze zumeist nicht bewusst sind, gleichzeitig aber in ihnen »zu Hause« sind, suchen wir immer wieder nach Bestätigungen, dass sie wahr sind. Im Laufe der Zeit werden sie für uns dann tatsächlich zu unserer subjektiven Wahrheit und bestimmen, wie wir andere, ihr Verhalten, Situationen und uns selbst bewerten. Unsere Reaktionen sind maßgeblich von (unbewussten) Glaubenssätzen beeinflusst. Da Glaubenssätze stets von außen geprägt werden, sind sie – sofern wir uns ihrer bewusst sind – veränderbar. Es gibt funktionale und dysfunktionale, also schädliche, Glaubenssätze. Funktionale Glaubenssätze helfen uns, Orientierung zu finden, nicht jede Situation neu bewerten zu müssen und so schneller und müheloser reagieren zu können. Erst, wenn sie zu wiederkehrender Unzufriedenheit führen, schaden sie uns. Auch sind unterschiedliche Glaubenssätze für unterschiedliche Menschen unterschiedlich hinderlich oder förderlich. Nicht jede oder jeder hat beispielsweise ein gleich großes Bedürfnis nach Selbstbestimmtheit.

Im Arbeitskontext typische Glaubenssätze sind:

> »Ohne Fleiß kein Preis.«

> »Schuster, bleib bei deinen Leisten.«

➤ »Erreichst du was, dann bist du was.«

➤ »Schaffe dir erst Bedeutung, bevor du etwas forderst.«

➤ »Lerne erst einmal etwas Vernünftiges.«

➤ »Erst die Arbeit, dann das Vergnügen.«

Schädliche Glaubenssätze sind solche, die uns von unserem inneren Kern, von den uns innewohnenden Ressourcen und von unserem Gefühl der Selbstwirksamkeit trennen. Sie halten uns davon ab, uns zu entfalten, unseren Bedürfnissen zu folgen oder unserer Intuition zu vertrauen.

Hier ein paar Beispiele:

➤ »Ich bin nicht genug.«

➤ »Ich darf mich nicht glücklich machen, denn das wäre egoistisch.«

➤ »Ich bin nur gut/geliebt, wenn ich von anderen formulierte Bedingungen erfülle.«

➤ »Andere Menschen oder Umstände sind für mich und meine Gefühle zuständig.«

➤ »Ich bin für andere Menschen oder deren Umstände zuständig.«

➤ »Ich bin nicht in der Lage, es gut zu machen.«

Diese Glaubenssätze widersprechen unserem Sein, Fühlen und Erleben, das von Zuwendung und Bestätigung unabhängig ist und dessen Verhalten weder durch Angst noch durch Scham geprägt ist.

Funktionale Glaubenssätze dagegen sind zum Beispiel:

➤ »Ich kann für mich und meine Bedürfnisse sorgen.«

➤ »Ich trage Verantwortung für mein Wohlbefinden.«

➤ »Ich bin neugierig.«

➤ »Ich habe den Mut, etwas auszuprobieren.«

➤ »Ich darf albern, wütend oder traurig sein.«

➤ »Ich darf sensibel und vorsichtig sein.«

Die Auseinandersetzung mit diesen zumeist tief verankerten Glaubenssätzen ist nicht jedermanns Sache. Das muss im Zusammenhang mit beruflicher Entwicklung respektiert und berücksichtigt werden. Wer allerdings beständig in unangenehme Situationen gerät, in denen er oder sie widerkehrende, unangenehme Gefühle wahrnimmt, kann durch die Auseinandersetzung mit Glaubenssätzen auch beruflich wachsen. Insbesondere besteht so die Chance, hinderliche Glaubenssätze durch förderliche zu ersetzen.

So funktioniert die Auflösung schädlicher Glaubenssätze

Dazu zählt zunächst die Fähigkeit, schädliche Glaubenssätze überhaupt als solche zu erkennen. Dafür sind unsere Gefühlswelt sowie unser Energiehaushalt zuverlässige Indikatoren.

Fragen, die helfen können, schädliche Glaubenssätze zu identifizieren, sind zum Beispiel diese:

➤ »Welche Aspekte meiner Arbeit kosten mich viel Kraft und Energie?«

➤ »In welchen Arbeitssituationen bin ich besonders ängstlich oder blockiert, obwohl ich eigentlich weiß, dass ich es kann und will?«

➤ »Welche Situationen sind mir peinlich, obwohl ich sie bei anderen gar nicht schlimm finde?«

➤ »In welchen Arbeitssituationen ärgere ich mich immer wieder über andere?«

➤ »In welchen Bereichen fühle ich mich fremdbestimmt und leide darunter?«

➤ »Aus welchen Situationen oder Strukturen möchte ich am liebsten ausbrechen?«

➤ »In welchen Bereichen gehe ich ständig Kompromisse ein?«

➤ »In welchen Arbeitssituationen fühle mich nicht gesehen, anerkannt und wahrgenommen?«

Bei der Beantwortung dieser Fragen gilt es dann, sich bewusst zu machen, welche Glaubenssätze dafür verantwortlich sein könnten. Zum Beispiel durch weiterführende Fragen wie »Was denke ich immer wieder in diesen Situationen?«, »Wen ›höre‹ ich sprechen?«, »Habe ich einen inneren Dialog?«, »Gegen wen oder was streite ich innerlich an?«, »Mit welcher inneren Stimme verbünde ich mich, obwohl ich weiß, dass sie nicht immer recht hat?«.

Der wichtigste Schritt ist dann, diese Glaubenssätze durch förderliche Denkmuster zu ersetzen. Dies kann durch Umformulierungen geschehen, etwa indem »Erst die Arbeit, dann das Vergnügen« ersetzt wird durch »Erst durch Vergnügen kann ich gut arbeiten«. Oder »Immer gerate ich an autoritäre Chefs« durch »Offensichtlich habe ich mir autoritäre Chefs gesucht, um etwas von ihnen zu lernen. Jetzt suche ich mir andere Chefs, denn ich habe meine Lektion gelernt«. Glaubenssätze können auch ersetzt werden, indem man sie bewusst widerlegt, ihre Aussage ins Gegenteil verkehrt, negative Formulierungen durch positive ersetzt sowie Vermeidung der Begriffe »nicht« oder »kein«.

Wer sich tiefer mit der Auflösung schädlicher Glaubenssätze auseinandersetzen möchte, sei an die Methode »The Work« nach Byron Katie verwiesen. In aller Kürze: Sie besteht aus drei Schritten:

1. »Urteile über deinen Nächsten.«

Hier geht es darum, Zugang zu finden zu immer wiederkehrenden Urteilen über unsere Mitmenschen. Das ist nicht trivial, da wir gelernt haben, unsere Urteile zu unterdrücken oder zu relativieren. Daher wird nach dieser Methode ein Mensch in den Vordergrund unseres Bewusstseins gerückt, dem wir nicht verziehen haben. Wenn wir uns dessen bewusst werden, welche Wut oder Enttäuschung wir mit diesem Menschen verbinden, gelangen wir schnell zu unseren stereotypen Urteilen über andere.

2. »Beantworte vier Fragen.«

Dieser Schritt hat es in sich. Die vier Fragen lauten:

➤ Ist das wahr? (Das Urteil über andere Personen oder eine bestimmte Person, zum Beispiel »Mein Chef vertraut mir nicht«.)

➤ Kannst du dir absolut sicher sein, dass es wahr ist? (Was im ersten Moment meist vehement bejaht wird, ist bei tiefer gehender Reflexion oft nicht mehr ganz so sicher. Will mein Chef mich wirklich loswerden? Oder möchte ich in Wahrheit lieber gehen? Vertraut er mir ganz sicher nicht? Oder vertraue ich mir nicht, weil ich »gelernt« habe, mir nicht zu vertrauen?)

➤ Wie reagierst du, wenn du diesen Gedanken glaubst?

➤ Was wärest du ohne den Gedanken?

3. »Finde Umkehrungen und Beispiele.«

Hier geht es darum, das Urteil umzukehren, zum Beispiel in »Mein Chef vertraut mir«. Denkbar wären auch Umkehrungen wie »Ich selbst vertraue mir nicht« oder »Ich vertraue meinem Chef nicht«.

Durch die Methode nach Byron Katie können sehr konkrete Arbeitssituationen, die durch schädliche Glaubenssätze dominiert sind, hinterfragt und mit ein bisschen Übung in konstruktive Denkmuster überführt werden.

Reflexion und Motivation

Die Auseinandersetzung mit schädlichen Glaubenssätzen ist kein triviales Unterfangen und kann nicht verordnet werden. Sie kann erst stattfinden, wenn eine Person dazu bereit ist. Dann allerdings kann sie ein großer Meilenstein Richtung New Work sein, denn wer sich erst einmal befreit hat von diesen inneren Blockaden, kann mutiger und selbstbestimmter Entscheidungen treffen. Für die meisten Menschen ist das ein fortwährender Prozess, auf den man sich zwar einmal einlässt, den man aber sein Leben lang – je nachdem, was gerade wichtig ist – betreiben kann.

Journaling-Fragen

➤ Habe ich Lust und bin ich bereit, mich mit meinen schädlichen Glaubenssätzen auseinanderzusetzen?

➤ Wenn ja, wann habe ich Zeit, die im Text erwähnten Fragen durchzudenken?

➤ Was wird sich in meinem Leben ändern, wenn ich mich von meinen schädlichen Glaubenssätzen befreie?

Wenn Sie mehr über Glaubenssätze erfahren möchten

➤ Lange, Timo (2017): *Glaubenssätze: Wie Du negative Glaubenssätze veränderst und dadurch Deine Lebensqualität dramatisch steigern kannst.*

➤ Truchseß, Nicole (2018): *Glaubenssätzen auf der Spur: Wie Sie Ihr Leben selbst steuern, statt Hirngespenstern zu folgen.*

Blended Working

Was ist Blended Working und wofür ist es gut?

Als Blended Working bezeichnet man eine orts- und zeitunabhängige Arbeitsform, die zwischen An- und Abwesenheit pendelt und durch digitale Kommunikationstechnologien ermöglicht wird. Jeder Blended Worker hat konstanten Zugriff auf alle arbeitsrelevanten Informationen. Bei Blended Working ist nicht mehr festgelegt, wo, wann und in welcher Zeitzone eine Arbeitsaufgabe erledigt wird, sondern dass sie im verabredeten Zeitraum erledigt wird.

Unter bestimmten Voraussetzungen kann mit Blended Working die Produktivität einzelner Personen und Organisationen erhöht werden.

So funktioniert Blended Working

Blended Working findet im Mix aus Homeoffice, ausgelagerten Arbeitsplätzen in Coworking Spaces oder bei längeren Unterbrechungen des Arbeitstages im Büro an beliebigen Orten statt. In Beratungs- und Vertriebskontexten ist Blended Working seit jeher Bestandteil von Arbeit, da Reisen und Ortswechsel zum Berufsbild gehören. Blended Working kann heißen, dass jemand in einem Teilzeitarbeitsverhältnis im Büro und mit selbstständiger Arbeit im Homeoffice arbeitet. Zunächst geht es um das Vermischen von Anwesenheit und Abwesenheit sowie um flexible Arbeitszeiten.

Viele Unternehmen bieten bereits Vertrauensarbeitszeit an, bei der es keine Stempeluhren mehr gibt, sodass jeder Mitarbeiter anhand seiner Aufgaben selbst entscheiden kann, wann und wie lange er wo arbeiten wird. Manche Organisationen haben weniger Arbeitsplätze als Mitarbeiter. Wer im Büro arbeiten möchte, kann zwischen der Fläche zum stillen Arbeiten am Laptop, Funktionsräumen für Videocalls und zum Telefonieren sowie inspirierenden Umgebungen für Meetings und Konzeptarbeiten entscheiden.

Blended Working wird von Unternehmen im New-Work-Umfeld eingeführt, um eine positive Wirkung sowohl für den einzelnen Menschen als auch für die Organisation zu erreichen. Menschen, die mal zu Hause arbeiten wollen, weil das Kind krank ist oder der Stromzähler abgelesen wird, sind zufriedener, weil sie mehrere Verpflichtungen unter einen Hut bekommen. Oder sie brauchen einen Arbeitsplatz in der Natur, um kreativ zu sein. Diese Flexibilität kann zu einer höheren Produktivität, gestiegener Arbeitszufriedenheit, besserer Zusammenarbeit und einer optimalen Auslastung von Arbeitsplätzen führen. Gleichzeitig sollen negative Auswirkungen wie zum Beispiel Krankheits- und Abwesenheitsraten, Ermüdung oder eine hohe Fluktuation minimiert werden.

Reflexion und Motivation

Selbstverständlich funktioniert Blended Working nicht für alle Tätigkeiten. Die Arbeit in der Produktion, in Schulen, Krankenhäusern und der Pflege etwa wird auch in Zukunft vor Ort erledigt werden müssen. Aber auch dann, wenn Blended Working grundsätzlich möglich ist, gibt es auch Nachteile, die zu berücksichtigen sind. Dazu zählt zunächst die Herausforderung, auch bei körperlicher Abwesenheit Teil eines Teams oder einer Organisation zu bleiben. Während manche Menschen Zugehörigkeit zu einem Arbeitsteam relativ unkompliziert virtuell mit kurzen Chats oder Anrufen herstellen können, benötigen andere Menschen gemeinsame Erlebnisse und den persönlichen Austausch. Auch der Informationsaustausch klappt nicht immer so, wie es die technologischen Möglichkeiten vermuten lassen. Beim Blended Working benötigen Teams deshalb genaue Absprachen darüber, was persönlich und was über Distanzen besprochen werden kann und wer auch bei Abwesenheit informiert werden muss. Auch Entscheidungsprozesse und der Umgang mit Konflikten müssen bei der Umsetzung von Blended Working neu definiert und ausgehandelt werden. Insgesamt steigt die Anforderung an Beziehungsmanagement und das Verhandeln von Regeln und Gepflogenheiten in allen Blended-Working-Umgebungen.

Für wen ist Blended Working nach heutiger Erkenntnis positiv? Die Autoren Nico W. Van Yperen, Eric F. Rietzschel und Kiki M. M. De Jonge betrachten in ihrem Artikel »Blended Working: For Whom It May (Not) Work« vorrangig vier menschliche Grundbedürfnisse, deren Erfüllung für den Erfolg von Blended-Working-Konzepten relevant sind.[10] Es geht um ...

> ➤ Autonomie: Menschen mit einem hohen Autonomiebedürfnis bevorzugen Arbeit, bei der Freiwilligkeit im Vordergrund steht, die viele Wahlmöglichkeiten beinhaltet und psychologische Freiheit ermöglicht. Die freie Wahl der Arbeitszeit und des Arbeitsortes im Rahmen von Blended Working ist also für Menschen mit einem hohen Autonomiebedürfnis positiv besetzt.

> ➤ Kompetenz und Leistung: Menschen mit einem hohen Bedürfnis nach Kompetenz und Leistung nehmen solche Arbeit positiv wahr, in der sie sich befähigt fühlen, überdurchschnittliche Leistungen erbringen und neue Fähigkeiten erlernen zu können. Da Blended

Working als innovatives Konzept mit vielen teils noch unbekannten Herausforderungen diese Bedingungen schafft, ist ein stark ausgeprägtes Kompetenz- und Leistungsbedürfnis für eine positive Haltung zu Blended Working förderlich.

> Zugehörigkeit: Menschen mit einem hohen Bedürfnis nach Zugehörigkeit bevorzugen Arbeit, bei der sie mit anderen verbunden sind und bei der sie ein bedeutsamer Teil einer Gruppe sind. Bei Menschen mit einem hohen Bedürfnis nach Zugehörigkeit kann Blended Working das Gefühl hervorrufen, dass sie von einer Gruppe isoliert sind und eben nicht mit ihr in (spürbarer) Verbindung stehen. Für sie hat Blended Working eher negative Effekte.

> Struktur: Menschen mit einem stark ausgeprägten Bedürfnis nach Struktur fühlen sich dann wohl, wenn Arbeit möglichst vorhersehbar ist und eindeutige Ursache-Wirkungs-Beziehungen beinhaltet. Sie mögen meist klare Anweisungen, einen verlässlichen Zeitplan und ein unmittelbares Feedback auf ihre Arbeitsleistung, um die Wirkung ihrer Arbeit gut einschätzen zu können. Von Menschen mit einem stark ausgeprägten Bedürfnis nach Struktur kann Blended Working negativ wahrgenommen werden und sogar zu einem Gefühl von zu hoher Belastung und Stress führen.

Blended Working ist ein Arbeitskonzept, das die Idee der Work-Life-Balance optimieren soll. Die Forscher Jeffrey Greenhaus und Gary Powell werden im *Harvard Business Review* zitiert:»Working Live ›Balance‹ isn't the Point«.[11] Sie meinen damit, dass erst Blended Working es erlaubt, dass berufliches und privates Leben ineinanderfließen und aufeinander abgestimmt sind. Erst dadurch sei es möglich, unterschiedliche Rollen auszuleben, ohne dass diese wie im Work-Life-Balance-Konzept konkurrieren. Wir können, so die Verfechter dieser Dialektik, gleichzeitig Lebenspartner, Freund, Mitarbeiter und Elternteil sein. Diese Ganzheit führe zu einer gestiegenen Lebenszufriedenheit und ermögliche uns, allen Rollen die gleiche Qualität und Bedeutung beizumessen.

Für New Work bleibt festzuhalten: Wer sich für Blended Working entscheidet, nur weil es im Trend liegt, wird nicht notwendigerweise glücklich damit werden. Blended Working funktioniert dann, wenn man sich mit den eigenen Bedürfnissen, denen seines Arbeitsteams sowie mit den anfallenden Aufgaben auseinandersetzt und plant, wofür man an welchem Ort sein muss. Allein dieses zu durchdenken und zu verhandeln, spiegelt ein Kernelement von New Work wider: selbstbestimmtes, erfülltes Arbeiten im Netzwerk.

Journaling-Fragen

> Welche Motive sind mir für eine erfüllte Arbeit besonders wichtig?

> Könnte mir ein Blended Working dabei weiterhelfen, zufriedener zu werden? Warum oder warum nicht?

> Was müsste passieren, damit ich die Chance bekomme, Blended Working einmal auszuprobieren?

Wenn Sie mehr zur Diskussion über Blended Working erfahren möchten:

> Scholz, Christian (2017): *Mogelpackung Work-Life-Blending. Warum dieses Arbeitsmodell gefährlich ist und welchen Gegenentwurf wir brauchen.*

> Albers, Markus (2014): *Morgen komm ich später rein – Für mehr Freiheit in der Festanstellung.* Zweite überarbeitete Auflage mit Bonustracks.

> Ferriss, Timothy (2015): *Die 4-Stunden-Woche. Mehr Zeit, mehr Geld, mehr Leben.*

> Dark Horse Innovation (2018): *New Workspace Playbook. Das unverzichtbare Praxisbuch für neues Arbeiten in neuen Räumen.*

Work-Life-Balance

Was ist Work-Life-Balance und wofür ist sie gut?

Die Beschreibung und Diskussion von **Blended Working** beinhaltete auch eine Abgrenzung zum Begriff »Work-Life-Balance« (WLB), weswegen dieser hier ebenfalls näher betrachtet werden soll. Die Auseinandersetzung mit WLB ist kein Phänomen unserer Zeit. Dass eine Ausgewogenheit zwischen Arbeitsbelastung und Erholung notwendig ist, wurde spätestens im Rahmen der Industrialisierung (damals auch im Zusammenhang mit der noch populären Kinderarbeit) erkannt und in Arbeitskonzepte integriert. Allerdings wird seit circa Beginn der 1990er-Jahre wieder vermehrt darauf Bezug genommen, da man bereits zu diesem Zeitpunkt erkannte, dass die digital geprägte Technologie neue Herausforderungen wie etwa ständige Erreichbarkeit beinhaltet, die diesen Fokus notwendig machen. Auch gesellschaftliche Veränderungen und politische Implikationen spielen eine Rolle. So prophezeiten Experten vor 25 Jahren, dass die postindustrielle Revolution der westlichen ehemaligen Industrienationen entweder zu Massenarbeitslosigkeit oder zu einem ausgewogenen Leben vieler führen werde.

Die Ursache nach der gestiegenen Bedeutung liegt zunächst in der veränderten Arbeit an sich. Informationsverarbeitung in rasender Geschwindigkeit, der Bedarf an schneller Reaktion auf ständig neue Informationen, der gestiegene Anspruch an Kundenservice und die daraus resultierende ständige Erreichbarkeit verursachen einen so nie dagewesenen Druck auf arbeitende Menschen. Folgende Zahlen aus UK, dem Land mit den längsten Arbeitszeiten in Europa, stützen diese Entwicklung: Zwar sind dort die durchschnittlichen Arbeitszeiten seit rund 20 Jahren konstant. Aber der Anteil derjenigen, die wöchentlich 48 Stunden oder mehr arbeiten, ist in den letzten zwölf Jahren deutlich gestiegen.[12] Ebenso wird die Verdichtung von Arbeit in vielen Postindustrienationen beklagt. Kürzere Deadlines, schnellere Prozesse, weniger Ressourcen und die Verkürzung von Antwortzeiten werden als gestiegene Arbeitsintensität wahrgenommen, die dazu führt, dass die Anforderungen von Arbeit die Lebensqualität als Ganzes beeinflussen, wenn nicht dominieren. Als Folge davon wird Work-Life-Balance als notwendige Maßnahme gesehen, um überhaupt leistungsfähig zu bleiben.

Eine weitere Ursache ist nicht in der Arbeit, sondern im Privatleben zu verorten. Familien mit nur einem Elternteil, Berufstätigkeit beider Elternteile in Zwei-Eltern-Familien mit in beiden Fällen erhöhter Anstrengung aller Beteiligten sowie eine daraus sinkende Möglichkeit, innerfamiliär füreinander zu sorgen oder sich sozial zu betätigen, führen zu einem gesteigerten Bedürfnis nach Ausbalancierung von Arbeitsbelastung, um Pflegearbeit sowie Selbstfürsorge sicherstellen zu können.

Die dritte Ursache liegt in veränderten Werten der nachwachsenden Generationen, für die Work-Life Balance eine hohe Bedeutung hat, die auch geäußert wird. War es noch bis vor zehn Jahren verpönt, in Bewerbungsgesprächen nach Arbeitszeiten zu fragen, so wird dies heute selbstverständlich getan. Und während noch bis in die 2000er-Jahre (und oft auch heute noch) langes Arbeiten mit Ehrgeiz und Pflichtbewusstsein gleichgesetzt wurde, wird ein jüngerer Mitarbeiter heute schon eher nach Hause gehen, weil die Arbeitszeit zu Ende ist (und nicht zwingenderweise, weil die Aufgabe fertig ist). Ist dies nicht möglich, wird das in der jüngeren Generation als Beanspruchung wahrgenommen – was wiederum von der in früheren Jahren sozialisierten Belegschaft als Bequemlichkeit und Verwöhntheit interpretiert wird. Dieser Wertekonflikt ist in vielen Firmen und Branchen zu beobachten. Eine Theorie besagt, dass die Ursache dafür in der sinkenden Verlässlichkeit von Arbeitgebern zu suchen ist. Da diese nicht mehr zuverlässig für das Gesamtwohlergehen, Sicherheit und Beständigkeit sorgen (können), nimmt im Umkehrschluss die Bereitschaft zu Loyalität und Einsatz für eine Organisation ab. Andere Theorien besagen, dass es generell eine Weiterentwicklung der Menschheit gibt, in der persönliches Wachstum und Ganzheit mindestens wertgleich mit Arbeit sind und die Selbstbestimmung Disziplin vorzieht. Wie auch immer begründet, ist festzuhalten, dass die Werte der digital geprägten Generationen WLB explizit einschließen. Befragt nach Karrierevorstellungen und -wünschen, steht WLB übereinstimmend auf den vorderen Plätzen.[13]

So funktioniert Work-Life-Balance

WLB bedeutet, dass Arbeitsleben und Privatleben ausgewogen sind. Das heißt, dass weder die Anforderungen des Arbeitslebens ein erfülltes Privatleben verhindern noch die Anforderungen des Privatlebens ein erfülltes Arbeitsleben verhindern. Dazu zählt insbesondere, dass jede und jeder die Möglichkeit hat, gesund zu bleiben, ausreichend Energien für den jeweiligen Bereich und die Erfüllung sowohl im Beruflichen als auch im Privaten zu erlangen. Arbeit- oder Auftraggeber verfolgen mit dem Etablieren von WLB als Bestandteil ihrer Organisationswirklichkeit den Zweck, Mitarbeiter oder Freelancer an sich zu binden, sie durch erhöhte Arbeitszufriedenheit zu motivieren und letztlich die Produktivität und Leistungsfähigkeit zu erhöhen. Maßnahmen, die im Rahmen von WLB in Organisationen etabliert werden, sind etwa:

> flexible Arbeitszeiten,

> Homeoffice-Möglichkeiten (Überschneidung zu Blended Working),

> Kinderbetreuung,

➤ Freizeitgestaltung innerhalb des Arbeitsortes und/oder während der Arbeitszeit (Lounges, Tischkicker, Zuschüsse zu Fitnessklubs et cetera; Überschneidung zu Blended Working),

➤ Massagen,

➤ gesunde Ernährung durch Obst und eine firmeneigene Küche.

Reflexion und Motivation

Inzwischen ist der Begriff »WLB« und das dahinterliegende Konzept umstritten. Kritiker werfen der Idee von WLB vor, dass dadurch überhaupt erst eine Trennung von Arbeit und Leben propagiert wird. So schreibt Thomas Vašek, Chefredakteur des Philosophiemagazins *Hohe Luft* und Autor von *Work-Life-Bullshit. Warum die Trennung von Arbeit und Leben in die Irre führt* im September 2013 auf *Welt Online*: »Work-Life-Balance, die Trennung von Arbeit und Leben, ist ›Bullshit‹ (...) Dahinter steht die konfuse Vorstellung, dass ›Arbeit‹ und ›Leben‹ verschiedene Dinge wären. Das ist schon begrifflicher Unsinn: Arbeit gehört zum Leben.«[14] Kritiker wie Vašek plädieren dafür, die Energie lieber dareinzusetzen, dass Arbeit besser wird und zu den eigenen Bedürfnissen passt.

Andere wie Jessie Craige ziehen das Konzept des **Blended Working** generell vor.[15] Erst durch die Vermischung von Leben und Arbeit, von privaten und beruflichen Rollen und von Arbeits- und Lebenszeit könne tatsächliche Entlastung und Zufriedenheit erzielt werden.

Ein weiterer Kritikpunkt betrifft den kapitalistischen Zweck, den Unternehmen damit verfolgen. Da sie WLB-Maßnahmen nur etablieren, um noch mehr Produktivität aus den Mitarbeitern schöpfen zu können und um sie an sich zu binden, um Fluktuationskosten zu sparen, sei das Konzept ad absurdum geführt. Es könne gar nicht zu gestiegener Balance führen, da die Abhängigkeit vom Arbeitgeberwohlwollen hinsichtlich WLB bestehen bleibt.

Es kann keine allgemeingültige Antwort auf diese Diskussion geben. Ebenso wie beim Blended Working hängt ein Erfolg von WLB-Konzepten sowohl von den individuellen Bedürfnissen als auch von den unternehmerischen Möglichkeiten ab. Klar ist aber, dass WLB aus dem Wertekanon von New Work nicht mehr wegzudenken ist und Unternehmen sich darauf einstellen müssen.

Journaling-Fragen

➤ Was tue ich aktiv für meine persönliche Work-Life-Balance?

➤ Was könnte ich tun, um sie zu verbessern?

➤ Wer könnte mich dabei unterstützen?

Wenn Sie mehr über Work-Life-Balance erfahren wollen

➤ Laloux, Frederic (2016): *Reinventing Organizations visuell. Ein illus-trierter Leitfaden sinnstiftender Formen der Zusammenarbeit.*

Collaboration

Was ist Collaboration und wofür ist sie gut?

Als Collaboration wird heute die Zusammenarbeit mittels Internet und digitaler Technik innerhalb von Teams und Gruppen bezeichnet. Für Projekt- und Arbeitsgruppen, die nicht an einem Ort und möglicherweise in unterschiedlichen Zeitzonen arbeiten, sind Collaboration Tools unerlässlich.

So funktioniert Collaboration

Collaboration kann auf vielfältige Weise umgesetzt werden. Digitale Wissensaustausch-Tools wie Blogs, Wikis, Social Media und Collaboration-Tools wie Messenger, Slack, Doodle, WeTransfer oder Google Apps können zumeist in der Grundversion kostenfrei beziehungsweise gegen überschaubare Gebühren genutzt werden. Jede dieser Anwendungen hat spezifische Merkmale, die es bewusst einzusetzen gilt. Dabei ist der Begriff »Collaboration« nicht nur als eine Arbeitsmethode zu verstehen, sondern als eine Summe von Arbeitsprinzipien. Dazu gehören Verabredungen, bei denen alle Beteiligten erreichbar sein sollten und in deren Verlauf, um die Transparenz aller Projektinhalte und -schritte zu gewährleisten, Vernetzungstools zur Überbrückung von räumlicher und zeitlicher Distanz zum Einsatz kommen – also Vorgehensweisen im

Wissensaustausch sowie die Absprache, dass Offenheit und Vertrauen unabhängig von sonstigen Funktionen der Teammitglieder und Unternehmenshierarchien gelebt werden.

Dr. Sabine Remdisch, Professorin für Personal- und Organisationspsychologie an der Leuphana Universität Lüneburg, die sich häufig für ihre Forschungsprojekte in Kalifornien aufhält, schreibt über virtuelle Zusammenarbeit in »Einmal Silicon Valley und zurück«, einem Bericht über *das Forschungsprojekt Leadership and Network Competence in a Digital World*: »Dreh- und Angelpunkt für Social Collaboration ist das Vertrauen. Wenn die physische Nähe fehlt, fehlt auch ein wesentlicher Nährboden, auf dem Vertrauen wachsen kann.«[16] Um dieses Defizit auszugleichen, sollten Unternehmen den virtuellen Teams auch Raum und Zeit für den persönlichen Austausch einrichten. Auch wenn die Zusammenarbeit über digitale Tools zum knappen, sachbezogenen Informationsaustausch einlädt, ist es wichtig, sich bewusst zu machen, dass gerade bei der Zusammenarbeit über Collaboration-Tools Nähe und Vertrauen erst geschaffen werden müssen.

Reflexion und Motivation

Wenn es um Social Collaboration geht, wird der große Unterschied in den Arbeitsweisen von Digital Natives und klassisch arbeitenden Menschen offensichtlich. Während in innovativen und jungen Firmen ganz selbstverständlich nach den genannten Prinzipien mit technologischen Anwendungen zusammengearbeitet wird, hat sich Social Collaboration in hierarchisch strukturierten Firmen noch nicht ganz durchgesetzt. Das liegt zum einen an lieb gewonnenen Arbeitsgewohnheiten und Prozessen, aber auch an Datenschutzrichtlinien, die es einzuhalten gilt, an veralteter Software oder am Widerstand in IT-Abteilungen gegen digitale Einzellösungen.

Aus all den genannten Gründen ist der nachvollziehbarste der, dass es Menschen, die den Umgang mit digitalen Medien und Social Collaboration-Tools noch nicht kennen, Überwindung kostet, sich auf gemeinsame Arbeitsweisen mit neuen Methoden einzulassen. Zahlreiche Studien belegen, dass dies von der jüngeren Generation als große Hürde der Zusammenarbeit wahrgenommen wird. Doch diese Kollegen mitzunehmen macht durchaus Sinn. Besonders mit ihnen sollte besprochen werden, wie man mit Collaboration-Tools arbeitet, und vielleicht arbeitet man sie schnell ein. Denn zur technologiebasierten Kommunikation gibt es noch keine allgemeingültigen ungeschriebenen Gesetze oder Verabredungen. Während wir rund 50 000 Jahre Zeit hatten, den persönlichen Austausch zu perfektionieren, hatten wir für Social Collaboration bisher nur ein bis zwei Jahrzehnte. Da braucht es Abstimmung und Mut zur Auseinandersetzung statt stillem Augenrollen.

Wichtig sind auch Verabredungen über Response-Zeiten und Offline-Phasen. Wer schon einmal erlebt hat, was passiert, wenn für fünf verschiedene Projekte fünf verschiedene Tools verwendet werden, weiß: Social Collaboration kostet mehr Zeit und Abstimmungsaufwand als gedacht. Das kann zu großer Erschöpfung führen. Auch wenn laut einer Vodafone-Studie aus dem Jahr 2015 sich nur acht Prozent der befragten Nachwuchskräfte von der digitalen Revolution überfordert fühlen, weil sie es gewohnt sind, ständig erreichbar zu sein und selbst darüber zu entscheiden, wann sie wem in welchem Umfang antworten wollen,[17] müssen Digital Immigrants diese Selbstverantwortung erst lernen. Wer technisch ständig erreichbar ist und immer alle Informationen zur Verfügung hat, sollte den Mut aufbringen, sich zumutbar abzugrenzen.

Journaling-Fragen

> Welche Collaboration-Tools kenne ich? Welche würde ich gern einmal testen?

> Was gefällt mir an der Arbeitsweise und was stresst mich?

> Was möchte ich im Umgang mit Social Collaboration noch (dazu-)lernen? Wie sähen die ersten Schritte dafür aus?

Wenn Sie mehr über (Social) Collaboration erfahren möchten

> Rosen, Evan (2007): *The Culture of Collaboration: Maximizing Time, Talent and Tools to Create Value in the Global Economy.*

> Boos, Margarete; Hardwig, Thomas; Riethmüller, Martin (2016): *Führung und Zusammenarbeit in verteilten Teams* (Praxis der Personalpsychologie, Band 35).

> Remdisch, Sabine; Schumacher, Lutz (2018): *Wirksam führen auf Distanz. Digital – persönlich – nachhaltig.*

Kapitel 3
Mindset

Viele Heldenreisen beginnen damit, dass eine Heldin oder ein Held in der bekannten Welt nicht mehr gut zurechtkommt. Die Anforderungen passen nicht mehr zur Person. Sie werden als unpassend wahrgenommen, vielleicht auch als Überforderung, und so brechen sie aus der bekannten Welt aus und probieren etwas Neues. Aber es gibt auch diejenigen, deren Wendepunkt durch etwas anderes ausgelöst wird: durch Unterforderung, gepaart mit dem unbefriedigten Drang nach Abwechslung. Gerade Menschen mit hoher Intelligenz und ausgeprägten Antennen für aktuelle Strömungen leiden nicht selten darunter. »Leiden«, weil Unterforderung eine Form von Stress ist, die oft dazu führt, dass Leistungen – wenn überhaupt – nur halbherzig erbracht werden. Boreout wird diese Langeweile neudeutsch bezeichnet. Wer chronisch unterfordert ist, hat zwei Möglichkeiten: in eine Abwärtsspirale zu geraten oder sich zu fordern und unvoreingenommen Neues auszuprobieren in der Annahme, dass es schon gut werden wird. Pippi Langstrumpf ist so jemand. Und Svenja Hofert, Management- und Karriereberaterin und einigen von Ihnen als Buchautorin und Kolumnistin von *Spiegel Online* bekannt. Hofert wählte stets Möglichkeit zwei: sich zu fordern, etwas auszuprobieren. Getreu dem Motto »Das habe ich noch nie gemacht, es muss nicht perfekt sein«. Aber fangen wir vorne an.

Was soll das eigentlich?

Svenja Hofert ist mit Büchern groß geworden. Schon ihr Großvater, ein ehemaliger Dominikanermönch, schrieb oft nächtelang. Er entschied sich für ein weltliches Leben und leitete nach dem Austritt aus dem Orden ein Arbeitsamt. Dass Svenja Hofert seit ihrem zwölften Lebensjahr schreibt und »Arbeit« ihr Thema ist, ist also kein Zufall. Auch das Unternehmerische und Kaufmännische liegt in der Familie, so wie das Leben im Süden. Allerdings wurde ihr all das erst viel später bewusst und zeigte sich erst nach und nach.

Es fing damit ein, dass Hofert sich entschied. Sie entscheidet öfter spontan und intuitiv.

Sie hat einen Magister in Geschichte und Philologie, einen Master of Science in Wirtschaftspsychologie und hat ein fast vollständiges Lehramtsstudium absolviert. Sie hatte fast alle Scheine fürs Lehramt, einschließlich Pädagogik, und wollte eigentlich den Magister und das erste Staatsexamen in einem Zug absolvieren. Doch dann entschied sie sich noch während der Abschlussklausur an der Universität Köln für einen offenen Lebensweg.

Auf der sechsten handschriftlichen Seite angekommen, hat sie sich auf einmal die Sinnfrage gestellt: »Was soll das eigentlich? Warum muss ich das tun?« Sie fand keine passenden Antworten. Nicht aus Angst vorm Versagen oder mangelnder Fähigkeit, sondern weil sie in genau diesem Moment wusste, dass sie keine Verbindung zu einer Tätigkeit als Lehrerin verspürte. Sie entschied sich, erst mal zu schauen, wie die Arbeitswelt so tickt. Zuvor hatte Hofert bereits journalistisch gearbeitet. Aber auch das war ihr zu einseitig. Sie hatte in einem Volontariat zwar viel gelernt, aber der Blick in eine Redaktion schreckte eher ab. Es schien ihr zu leicht. Schreiben konnte sie ja schon. Sie wollte etwas anderes lernen. Unter drei verschiedenen Jobangeboten entschied sie sich für einen IT-Verlag, der Computerbücher und Software herausgab.

Experimentierfreude und nicht allzu viel Perfektionismus beschreibt Hofert als zentrale, familiäre Prägungen. Es war eine ungewöhnliche Mischung aus der philosophischen Prägung des Großvaters und der boulevardesken Leichtigkeit der Großmutter. Alle

Frauen der Familie kennzeichnet zudem eine gewisse Eigenwillig-keit und eine starke Offenheit. Früh kam sie auch mit schwieri-gen menschlichen Themen in Kontakt, arbeitete nach dem Abitur und neben dem Studium in einem Heim für geistig Behinderte. So startete sie ihre berufliche Heldenreise mit einer Mischung aus den unterschiedlichsten Themen.

Hofert findet es äußerst wichtig, sich über die Auswirkungen der familiären Wurzeln für den eigenen Berufsweg bewusst zu sein. Die Analyse der eigenen Wurzeln und Identität beschreibt sie als die zentrale Fähigkeit, eine eigene und sinnstiftende Karriere so zu gestalten. Wie ihr Vorbild Hermann Hesse glaubt sie, dass der wahre Beruf des Menschen darin liegt, zu sich selbst zu kommen. Nur wer zu sich selbst kommt, kann auch anderen etwas geben. Ihr gibt auch die griechische Tugendlehre die Richtung vor: »Werde der Beste, der du sein kannst.«

»Kannst du ja mal ausprobieren«

Entwicklung ist dabei ein ständiger Begleiter. Nichts ist, alles wird. Dafür muss man Dinge ausprobieren, experimentieren, auf die in-nere Stimme hören können.

»Ich habe fast alles zu Ende gemacht, aber selten auf sehr lange Zeit geplant. Lieber bin ich dem Gefühl gefolgt, auch gegen die Empfehlungen anderer und guter Ratschläge zum Trotz«, erklärt Hofert. Erst viel später realisierte sie, dass dieser Drang etwas Sel-tenes war, weil diese Art von innerer Unabhängigkeit nicht dem gesellschaftlichen Konsens entsprach. Doch auch Svenja Hofert agierte damals nicht ganz frei von den Erwartungen anderer, wie sich im Verlauf unseres Gesprächs herausstellen sollte.

Schon nach zwei Jahren im Job erbte sie eine ganze Abteilung mit Mitarbeitern. Aus heutiger Sicht erledigte sie diese Aufgabe nicht besonders gut. Sie lernte aber, sich durchzusetzen und die Regeln der Karriere zu verstehen, denen andere, vor allem auch Männer, folgten.

Sie wollte mehr davon und bewarb sich bei einem internationalen Konzern. Auch hier ging es ihr mehr darum, etwas zu lernen, als um Karriere. Dennoch verfolgte sie, von außen betrachtet, einen sehr gradlinigen Weg. Der Lebenslauf war ohne Makel. Unwichtig war ihr das damals nicht.

»Eine Weile hab ich die Geschichte anders erzählt«

»Lange Zeit habe ich meinen Lebenslauf so erzählt, mit dem roten Faden. Als hätte ich meine beruflichen Schritte von vornherein so oder so ähnlich geplant«, offenbart sie uns. In Wahrheit folgte sie eher den Eingaben, die sie gerade hatte. So rief sie einfach einen bekannten Verlag an, als sie die Idee für ein Buch hatte. Zufällig war ein bekannter Autor gerade abgesprungen. Sie traute sich das zu, na klar.

Im Laufe unseres Gesprächs stellt sich heraus, dass dieses Vertrauen in sich selbst Hoferts große Stärke ist. Sie glaubt nicht, dass die Dinge von Anfang an perfekt sein müssen. Sie glaubt an Entwicklung. So mag sie es auch selbst nicht, wenn etwas kleine Makel hat. Über eigene Fehler ärgert sie sich manchmal auch, aber sie lernt daraus. Sie war und ist stets wach, wenn es darum geht, ihre eigenen Interessen zu spüren und ihnen nachzugehen. Gepaart mit einer Portion Neugierde und Unvoreingenommenheit hat sie diese Vorgehensweise durch ihr gesamtes Berufsleben getragen, sie zu einer erfolgreichen Karriere- und Managementberaterin und Geschäftsfrau gemacht. Ihr Motto: »Werde das Beste, was du sein kannst, und sieh dich als niemals fertig an.«

So ging sie auch schließlich im Jahr 2000 an ihre Selbstständigkeit heran. Sie entschied das einfach, obwohl sie schwanger war, mit nichts als einem Rahmenvertrag und dem ersten Buch in der

Hand. Es war ihr zu langweilig geworden, sie hatte das Gefühl, nichts mehr lernen zu können.

Es war die Zeit, als die Dotcom-Blase platzte und viele Menschen mit internetbasierten Jobs sich beruflich neu orientieren mussten. Das Thema HR-Beratung und Outplacement fiel ihr damals quasi in den Schoß. Sie konnte da an Erfahrungen aus ihren Projekten anknüpfen. Also rief sie in einem Outplacement-Beratungshaus an, das gerade seine Dependance in Hamburg aufbauen wollte. Parallel baute sie die eigene Firma auf. Zu dieser Zeit war Outplacement von Führungskräften – also das vom entlassenden Unternehmen bezahlte, zielgerichtete Abnabeln vom alten Arbeitgeber, die Standortbestimmung der beruflichen Karriere und die Überführung in eine neue Tätigkeit – ein äußerst lukratives Geschäft. Zudem konnte Hofert dabei ihre Coachingerfahrungen vertiefen. Doch um 2003 änderte sich die Branche. Viele neue Player kamen hinzu, Outplacement wurde zur Massendienstleistung, die Preise und Honorare fielen drastisch. Hofert aber war inzwischen mit dem eigenen Unternehmen etabliert, weitere Bücher waren erschienen. Alles lief prima, aber – wer hätte es gedacht? – auf Dauer frustrierte Outplacement sie. Sie interessierte sich zunehmend für Unternehmensgründung. Und weil sie keine vernünftigen Bücher fand, schrieb sie sie einfach selbst.

Besonders gefiel ihr dabei die Arbeit mit Unternehmern und Managementteams. Die Entwicklung von Führungskräften wurde ein weiteres wichtiges Thema. Durch verschiedene Zusatzausbildungen, etwa in Entwicklungspsychologie, baute sie ihre Kenntnisse weiter aus.

Sie teilte ihre Themen, Gedanken und Ideen ab 2006 auch im eigenen Blog und bildete sich fortwährend weiter. So lernte sie sehr schnell, was für sie wichtig war. Was ihr jetzt noch fehlte, war ein tolles Team, mit dem sie ihren nächsten Schritt gehen und wirklich auch unternehmerisch wachsen konnte. So ganz allein fehlte ihr einfach der Austausch. Und ihr Geschäftsmodell war auch nicht genug skalierbar.

Krise: Teamgründungen

Das Zusammenarbeiten erwies sich allerdings als schwieriger als angenommen. Zwei Teamgründungen gingen im Streit auseinander. Man war sich nicht einig über Herangehensweisen, teilte nicht alle Werte, traf sich nicht auf Augenhöhe.

»Mir wurde da bewusst, dass ich doch ganz schön anspruchsvoll bin. Ich gebe mich nicht mit wenig zufrieden, ich will mehr. Dafür gehe ich auch größere Risiken ein als meine damaligen Geschäftspartner«, reflektiert sie. Rückblickend glaubt sie, dass sie die Situationen falsch eingeschätzt hatte. Das würde ihr so nicht noch einmal passieren, sagt sie, aus diesen zwei Erfahrungen habe sie lernen können. »Was denn?«, fragen wir nach. »Ich würde Unternehmen nicht noch einmal auf Ähnlichkeit und persönlicher Nähe aufbauen«, antwortet Hofert. Sie glaubt, dass eine gewisse persönliche Distanz hilfreich ist, um aufkommende Konflikte lösen zu können. Außerdem hat sie gelernt, wie wichtig gleiche *Werte* sind. Und: »Unterschiedliche Stärken und Herangehensweisen sollten von Geschäftspartnern nicht nur berücksichtigt, sondern auch geschätzt werden. Wer die eigene Handlungsweise über die des anderen stellt, arbeitet nicht auf Augenhöhe.« Dabei geht es ihr gar nicht um richtig oder falsch. Sondern um Respekt für Unterschiedlichkeiten. Inzwischen hat Svenja Hofert ihre Antennen für diese Aspekte geschärft, sodass sie sehr zuversichtlich in ihre jetzige Teamkonstellation hineinging, die bisher hervorragend gelingt. Doch dazu später mehr.

Krisen sind keine heiße Herdplatte

Svenja Hofert lernte vor allem aus diesen Erfahrungen, dass Krisen notwendig sind, um dazuzulernen und als Persönlichkeit zu wachsen. Ihre ersten beiden Teamanläufe betrachtet sie dabei keinesfalls als Scheitern, auch weil sich kein finanzielles Desaster daraus ergab. Heute sagt sie: »Jeder braucht Krisen, um in seinen eigenen Weg hineinzuwachsen.« Und führt den Gedanken sofort weiter aus: »Die meisten Krisen liegen auf der persönlichen Ebene. Klar zu kommunizieren, sich über die Konsequenzen des eigenen Tuns bewusst zu werden, sich gut abzugrenzen – alles das sind Fähigkeiten, die ich nur über Erfahrung entwickeln kann.« Hofert unterscheidet damit klar Situationen, in denen etwas nicht gelang oder sehr schwierig war, von dem bisweilen gefeierten Begriff des Scheiterns.

Auch im New-Work-Umfeld sind solche Learnings von vornherein eingepreist. Hier wird das Nichtgelingen eines Plans eben nicht als peinliches Scheitern verstanden, sondern als eine notwendige Erfahrung für die Karriere- und Persönlichkeitsentwicklung. Nicht umsonst werden heute entsprechende Sinnsprüche auf Postkarten gedruckt oder über Social Media verbreitet: »Aufstehen. Staub abschütteln. Krone richten. Weitermachen« ist so einer. Oder »Fail early. Recover fast«. Sich diese Haltung zum Leben anzueignen ist für Menschen, denen das nicht so sehr im Blut liegt wie Svenja Hofert, gar nicht leicht. Sie erleben berufliche Krisen als etwas Destruktives, als ein persönliches Scheitern, das es möglichst zu vertuschen oder zumindest kleinzureden gilt. Hofert hingegen sagt, sie habe nicht eine Sekunde gedacht, sie sei gescheitert. »Nicht mal, als ich dank Shakespeare fast durchs Abitur gefallen wäre und die Englischprüfung im Leistungskurs erst in der Nachprüfung bestand. Ich mach das dann halt noch mal. Es ist mir keineswegs egal. Aber es ist eben die andere Seite der Medaille von ›Kannst du ja mal machen‹.« Auch ein Vortrag, der nicht gelang, hielt sie nicht davon ab, es noch einmal zu versuchen. »Krisen sind keine heiße Herdplatte«, fügt sie hinzu. Es sei schade, wenn Krisen dazu führten, etwas nicht noch einmal zu versuchen. Im Gegenteil: Menschen zeigen große Stärke, wenn sie etwas, was sie im ersten Anlauf nicht geschafft haben, noch einmal probieren. Um es beim nächsten oder übernächsten oder überübernächsten Mal eben besser zu machen.

Selbstbestimmung und Selbstbefähigung sind gesund

Einfach machen – ein Motto, das fast ein bisschen banal klingt, bildet in der Arbeitswelt von heute noch immer die Ausnahme. Bevor Manager etwas ausprobieren, wird zumeist erst einmal geprüft, wie hoch das Risiko ist. Ist es zu hoch, wird es nicht probiert. Wird es doch probiert und gelingt es nicht, ist das meist der Punkt, an dem man seinen guten Ruf oder seine Karriere aufs Spiel setzt und an dem die mutigen Manager vielleicht verschämt denken: »Hätten wir es doch gleich gelassen.« Dabei gibt es viele Forschungen, die belegen, dass das Prinzip des Ausprobierens und das Folgen der eigenen Instinkte viel näher an unserem menschlichen Naturell sind als das Vermeiden von Risiken und Erfüllen von Erwartungen. So hat die 2018 veröffentlichte Top Job-Trendstudie unter der Leitung von Prof. Dr. Heike Bruch und Sandra Kovalewski von der Universität St. Gallen in Zusammenarbeit mit der compamedia GmbH GmbH bestätigt, dass Unternehmen, die auf Selbstbestimmung und Selbstbefähigung ihrer Mitarbeiter setzen und damit deren Mut und Experimentierfreude fördern, deren psychische Gesundheit um 31 Prozent steigern – im Vergleich zu solchen Unternehmen, die traditionell aufgestellt sind.[18]

Dennoch passt das »Pippi-Langstrumpf-Prinzip«, das Krisen und Fehlentscheidungen als Teil jeden gelingenden Prozesses versteht, natürlich nicht auf alle beruflichen Situationen. In sicherheitsrelevanten Umfeldern oder bei der reinen Umsetzung von Aufgaben gilt es nach wie vor, Risiken zu kontrollieren oder zu vermeiden. Die Kunst besteht darin, die eine von der anderen Situation zu unterscheiden. Und zu lernen, wie man damit umgeht, wenn doch etwas schiefgegangen ist. Eine Kultur zu entwickeln, in der es okay und wichtig ist, Fehler sehr schnell zu entdecken und sie zu beheben, ohne den Verursacher zu blamieren. In solchen Unternehmen werden Versuche, etwas Neues zu erfinden oder einen Prozess zu optimieren, gefeiert – auch oder gerade dann, wenn der Ansatz gescheitert ist.

Allerdings sind Risikovermeidung und Fehlervertuschung bei den meisten Menschen in unseren Industrienationen – laut Hofert auch aufgrund unserer Kultur und unseres Bildungssystems – besser trainiert als die Fähigkeit, ins Risiko zu gehen, um etwas Neues auszuprobieren. Im Zusammenhang mit Führung in Kapitel 6 wird die Kunst, beide Fähigkeiten situationsgerecht anzuwenden unter dem Stichwort »Ambidextrie«, auch »beidhändige Führung« genannt, ausführlich beschrieben (siehe Infobox **Ambidextrie** in Kapitel 6).

Oft geht es gar nicht um New Work

Svenja Hofert geht es bei ihrer Arbeit gar nicht immer um New Work. Ihr Thema ist Entwicklung. Sie spricht von der Wichtigkeit, einen inneren Persönlichkeitskern auszubilden. Dieser ist die Basis für ein **Mindset,** also eine Einstellung der Psyche, das mit den Herausforderungen der neuen Arbeitswelt produktiv umgehen kann.

Und sie beklagt, dass wir diese Fähigkeit in unserer Ausbildungs- und Arbeitswelt überhaupt nicht lernen. »Manager sind oft gar nicht bei sich. Sie sind stärker im Außen. Sie spüren ihre eigenen Bedürfnisse nicht, weil sie funktionieren müssen und sich deshalb nur auf die Erreichung ihrer Ziele konzentrieren.« Oft, so berichtet Hofert weiter, wollen Manager New Work einführen, um mittels hierarchiefernerem Arbeiten die eigene Effektivität zu steigern. »Oder sie merken, dass sie keine jungen Leute mehr kriegen. Dann wünschen sie sich Employer Branding. Ich nenne das ›New Work Washing‹, also so zu tun, als ob man New Work lebt, es aber nicht tut.« Die eigentliche »Lehmschicht« – zäher Widerstand gegenüber wahrhaftigen Veränderungen – macht Hofert dabei vor allem im mittleren Management etablierter Konzerne aus. Sie glaubt, dass die oberen Führungsschichten bisweilen eher überzeugt sind von der New-Work-Philosophie. Sie gewähren Handlungsfreiräume und verstehen, dass mehr Ausprobieren für ihre

Mitarbeiter und das Unternehmen förderlich wäre. Aber sie kriegen diese Botschaft nicht transportiert. Warum? Zumeist, weil sie selbst die neue Kultur nicht wahrhaftig vorleben. Ihre Devise lautet häufig: »Wasch mich, aber mach mich nicht nass.« Das inkongruente Verhalten der Chefchefs führt auf der Ebene des mittleren Managements meist dazu, dass man gar nichts tut. Und wenn der Veränderungsdruck von unten noch so hoch sein möge, es ist sicherer, sich erst einmal still zu verhalten und abzuwarten, was das Topmanagement WIRKLICH will. Dadurch entsteht Stillstand, eine Lehmschicht bildet sich. Um nicht komplett tatenlos dazustehen, weil möglicherweise kein tatsächliches Umdenken und keine Veränderung des Mindsets gefragt sind, werden dann unter dem Deckmantel von New Work ein paar agile Methoden eingeführt.

»Agile Methoden mit einem fixen Mindset sind nicht New Work«, resümiert Hofert. »In so einem Setting wird Agilität missbraucht, um kurzfristig schneller zu werden oder effektiver zu sein.« Nur wer neue Arbeitsmethoden einführt und die Kultur eines Unternehmens nachhaltig verändert, macht es langfristig fit für die Zukunft. (Der Begriff »*Agilität*« wird als Infobox in Kapitel 4 ausführlich beleuchtet.)

Die Abkehr von Stellenbeschreibungen

Zu New Work gehört laut Svenja Hofert auch das stärken- und interessensorientierte Sicht-selbst-Suchen von Aufgaben. Dabei geht es weniger darum, per Onlinefragebogen herauszufinden, was jemand gut kann, um ihm dann passenden Aufgaben zuzuteilen. Sondern um die konsequente Abschaffung von starren Stellenbeschreibungen. Denn wer Menschen in ein Raster steckt, um sie für eine Stellenbeschreibung passend zu machen, kann nach kurzer Zeit unliebsame Überraschungen erleben. Viele Menschen, vor allem aus den Generationen Y und Z, sind da sehr konsequent. Wer sich nicht als Mensch gesehen fühlt, sondern vornehmlich als Produktionsfaktor eingepreist, kündigt heute sehr schnell.

Auch ohne eine neue Anstellung gefunden zu haben. Das Abfragen von Interessensgebieten und möglichen Weiterentwicklungsfeldern beschreibt Hofert als zentral. Das Konzept vom sogenannten *Growth Mindset* oder dynamischen Mindset ist für Hofert der Dreh- und Angelpunkt für alle, vom Einzelunternehmer bis hin zu Konzernen, um New Work zu praktizieren. Ein Growth Mindset beinhaltet die Vorstellung, dass Grundannahmen über Fähigkeiten, Eigenschaften und Merkmale eines Menschen oder einer Organisation veränderbar sind. Es ist das Gegenteil von der Annahme »Ich bin, wie ich bin« (oder »Du bist, wie du bist«). Neue Methoden mit einem feststehenden Mindset einführen zu wollen, ist nach Hofert mindestens wirkungslos, wenn nicht sogar schädlich, und zwar für Individuen und Organisationen gleichermaßen.

Als positives Beispiel für das Leben und Arbeiten mit einem Growth Mindset führt Hofert *Deliberately Developmental Organizations*, kurz DDO an. Das sind Unternehmen, die das persönliche Wachstum jedes Einzelnen in den Mittelpunkt ihrer Organisationskultur stellen. Grenzen, auch Abteilungs- oder Unternehmensgrenzen, beim Wachstum zu überschreiten, ist nach diesem Organisationsprinzip nicht nur High Potentials vorbehalten oder eine Voraussetzung, um etwa eine neue Karrierestufe zu erklimmen. Grenzenloses Wachstum wird für jeden Mitarbeiter zu jeder Zeit in seiner Karriere eingeplant. Sowohl das Konzept vom Growth Mindset als auch das der DDOs verzichten vollständig auf fixe Zuschreibungen von Fähigkeiten und Eigenschaften. Nicht nur Svenja Hofert ist überzeugt davon, dass nur dann tatsächliches Wachstum und damit New Work stattfinden kann, wenn ein dynamisches Mindset gelebt wird.

Kann man ein dynamisches Mindset lernen?

So ein dynamisches Mindset ist laut Svenja Hofert zwar nicht schulbar, aber erlebbar. In einem Umfeld, in dem Menschen sich bewegen dürfen, werden diejenigen aktiv, die durch eine intrinsische, also innere, Kraft getrieben werden. Die von Natur aus unkonventioneller agieren und die Begabung mitbringen, ihre eigenen Stärken und Wünsche wahrzunehmen und diese in einen gemeinsamen Sinn oder Purpose einzubringen. So kann dann – Schritt für Schritt – eine Firmenkultur etabliert werden, die ebendiese Menschen als Motoren anzieht. Im besten Falle stecken ihre Lebensfreude und ihr Engagement auch diejenigen an, die eher mit einem fixen Mindset unterwegs sind, ihren Mut und ihre Experimentierfreude zu entdecken und – vielleicht vorsichtig – auszuleben. Im schlechtesten Fall werden Mitarbeiter mit einem wenig dynamischen Mindset in der neuen Kultur große Schwierigkeiten haben und in eine Krise geraten – oft aus Angst vor Misserfolg. Wenn zur Angst auch noch massives Gegenrudern oder ein vehementes Verhindern von Veränderungen hinzukommen, werden diese Mitarbeiter zur Bremse oder gar toxisch. Im letzten Fall müssten sie das Unternehmen verlassen.

Gnädig mit sich sein – und mit anderen

Hofert selbst lebt dieses dynamische Mindset von Natur aus, was ihr bisher geholfen hat, ihre – auch unkonventionellen – Entscheidungen zu treffen. Früher galt diese Gabe eher als karriereschädlich. Heute weiß sie um ihre Stärke. Dabei bleibt Hofert überzeugt, dass jeder sich jederzeit entscheiden kann, das Beste aus sich zu machen. Dafür braucht es als Erstes einen toleranten Umgang mit vermeintlichen eigenen Fehlern und den von anderen. In einer sehr leistungsorientierten Arbeitswelt ist so eine *positive Fehlerkultur* mit einer gewissen Fehlertoleranz nicht oft zu finden. Dabei geht es, so Hofert, ja gar nicht darum, dass Fehler, Fehlentscheidungen oder Schwächen egal wären. Im Gegenteil. »Wir streben alle danach, uns auszubalancieren. Wenn ich also etwas nicht besonders gut kann, ist es klug, daran zu arbeiten und wieder in die Balance zu kommen«, sagt sie. »Jede Seite hat eine Gegenseite. Struktur und Flexibilität gehören zusammen. Die wahre Stärke liegt darin, beides angemessen zu nutzen.« Oder Aufgaben gemäß der Stärken zu verteilen.

Mit Thorsten Visbal hat Hofert inzwischen einen Geschäftspartner gefunden, der sie gut ergänzt. »Wir sind sehr unterschiedlich«, sagt sie. »Ich habe viele Ideen, will immer alles ändern. Was mir an äußerer Struktur fehlt, kann Thorsten perfekt ausgleichen.« Was die Zusammenarbeit trägt, ist der gemeinsame Fokus. »Wir belegen unterschiedliche Themen, aber wollen das Gleiche.« Aus den früheren Fehlern hat sie gelernt. Die Balance zwischen Freundschaft und Geschäftsinteressen bleibt gewahrt, die beiden respektieren sich in ihren Unterschiedlichkeiten und teilen ihre Werte.

In der Zusammenarbeit hat Svenja Hofert eine neue Leidenschaft entdeckt: das Lernen zu lehren. Die beiden bilden Berater, Coaches und Führungskräfte zu Team- und Organisationsentwicklern sowie agilen Coaches und Kulturwandlern aus. Hofert findet das bereichernd. Sie arbeitet gern mit Menschen, die ihrerseits reflektiert sind und sich weiterentwickeln wollen. Das kommt ihrer Angst vor latenter Unterforderung sehr entgegen. Sie lehrt und lernt auf Augenhöhe, sie inspiriert und wird inspiriert und hat immer wieder Freude an neuen Projekten. Ihre Augen leuchten, wenn sie davon erzählt, Pippi Langstrumpf kommt wieder zum Vorschein. »Vielleicht trägt mich das jetzt bis zur Rente«, sagt sie. »Obwohl – ich glaube nicht.«

Wir glauben das auch nicht. Aber wir sind davon überzeugt, dass Svenja Hofert mit ihrem dynamischen Mindset immer wieder neue Arbeitsfelder für sich entwickeln wird.

Infoboxen in diesem Kapitel:

➤ *Werte*

➤ *Mindset*

➤ *Growth Mindset*

> *Deliberately Developmental Organization (DDO)*

> *Positive Fehlerkultur*

Werte

Was sind Werte und wofür sind sie gut?

Immer wieder ist im Zusammenhang mit New Work davon zu lesen und zu hören, dass Werte zueinanderpassen sollen. Bei Svenja Hofert, unserer Protagonistin des Kapitels zum Thema Mindset, sind gar zwei Teamgründungen daran gescheitert, dass nicht alle Werte zueinanderpassten. Aber auch im Zusammenhang mit Stellenbesetzungen von Unternehmen wird zunehmend darauf geachtet (oder soll darauf geachtet werden), dass die Werte des Unternehmens mit denen der Kandidatinnen und Kandidaten zueinanderpassen. Die Werte sind die Glaubenssätze und Ideale, das geteilte Gefühl für »das Richtige« innerhalb einer Organisation oder von einem Menschen.

So funktionieren Werte

Der Generation Y und Z wird gar unterstellt, sie arbeiteten gar nicht erst für Unternehmen, deren Werte nicht ihren eigenen entsprechen. Arbeitgeber sind aufgefordert, sich in ihren Werten an die der potenziellen Mitarbeiter wenn nicht anzupassen, so doch zumindest diese zu berücksichtigen, sonst würden sie keine Fachkräfte mehr bekommen. Ganze konzernweite Workshops werden angeboten, um sich über gemeinsame Werte bewusst zu werden und daraus Arbeitsverhalten abzuleiten.

Reflexion und Motivation

Werte scheinen also eine große Rolle für die Zusammenarbeit zu spielen. Das war nicht immer so. Noch in den 1990er- und 2000er-Jahren spielte dieser Begriff im Arbeitskontext kaum eine Rolle, geschweige denn, dass Unternehmen hier in einer Art Bringschuld gewesen wären. Es gab ein paar Spiegelstriche, die auf oberster Führungsebene definiert wurden und fortan zumeist ein Schattendasein unter einem Menüpunkt der Unternehmenswebsite führten. Heute gelten die Werte eines Unternehmens als Faktor, um Mitarbeiter zu bekommen und zu halten. Eine ausführliche Auseinandersetzung mit Werten und Purpose findet sich in der Infobox **Purpose** in Kapitel 1.

Journaling-Fragen:

➤ Welche Werte sind mir wichtig?

➤ Welche Werte bestimmen unsere Unternehmenskultur?

➤ Welche Werte möchte ich mehr in meine oder unsere Arbeit inte-grieren? Was kann ich dafür tun?

Wenn Sie mehr über Werte erfahren möchten:

➤ Janssen, Bodo (2016): *Die stille Revolution. Führen mit Sinn und Menschlichkeit.*

Mindset

Was ist ein Mindset und wofür ist es gut?

Im Kontext von New Work wird immer wieder von dem dafür notwendigen Mindset von Führungskräften, Mitarbeitern und sogar einer ganzen Organisation gesprochen. Der Begriff »Mindset« ist mit »Denkweise« nur unzureichend übersetzt. Vielmehr beschreibt er eine individuelle Haltung gegenüber einer Sache oder Situation. Sie setzt sich aus gelernten Werten, Glaubenssätzen und Normen zusammen. Spricht man von dem Mindset einer Organisation, ist meist deren tatsächlich gelebte Kultur gemeint, also die geteilten Einstellungen, Werte und Normen ihrer Mitglieder. Dazu zählt nach dem Sozialwissenschaftler, führenden Forscher zu Organisationskultur und Schöpfer des Kulturebenen-Modells Edgar Schein auch die (unbewusste) Grundannahme über »das Richtige«.[19]

So funktioniert ein Mindset

Ein Mindset »funktioniert« nicht und kann nie richtig oder falsch sein, sondern nur zu einem Kontext passen oder nicht. Es hat Einfluss auf Verhalten und Struktur einer Organisation sowie auf das Handeln der Einzelnen in der Organisation. Erzählen wir, die Autorinnen dieses Buches, dass wir mit der Veränderung der Arbeitswelt zu tun haben, mit New Work und der digitalen Transformation und ihren kulturellen Voraussetzungen, hören wir sehr häufig: »In unserem Unternehmen gibt es leider nicht das richtige Mindset dafür.« Das bringt Berater auf den Plan. Sie wollen das Mindset einer Organisation ändern, damit es bereit für den Wandel ist. Dabei darf eines nicht vergessen werden: Ein Mindset ist ein Teil der Identität der Mitglieder. Auch wenn man gemäß dem *Growth Mindset* davon ausgeht, dass dieses wandelbar ist, so kann dies doch nur von innen heraus geschehen. Die Veränderung eines Mindsets kann nicht verordnet werden.

Der bekannte Organisationspsychologe Professor Dr. Peter Kruse sagt dazu in einem auf YouTube veröffentlichten Video: »Kultur ist eine indirekte Variable. Kultur kann ich nicht erzeugen. (...) Ich kann nur Rahmenbedingungen erzeugen, in denen bestimmte Kulturmuster emergieren.«[20] Übertragen auf Unternehmen heißt das: Wer in seiner Organisation eine andere Kultur haben möchte – ein neues Mindset also –, hat nur eine Chance: Er muss Bedingungen schaffen, damit dieses Mindset von selbst entstehen kann. Dazu zählen die Förderung von Verschiedenartigkeit, eine positive Fehlerkultur, Vernetzung und Transparenz, Partizipation und Ermächtigung aller Mitarbeiter sowie Agilität. Der Managementberater Dr. Willms Buhse hat die Formel VOPA (Vernetzung, Offenheit, Partizipation und Agilität) entwickelt, anhand derer er das notwendige Mindset für zukunftsfähige, digital geprägte Unternehmen im VUKA-Umfeld darstellt (siehe Einleitung, *VUKA*). Julia von Winterfeldt, Gründerin der Strategie- und Purpose-Beratung Soulworx, schreibt dazu: »Das Potenzial jedes Einzelnen auszuschöpfen und richtig einzusetzen muss das Ziel einer zukunftsfähigen Organisation sein. Es muss eine Unternehmenskultur herrschen, wo der Mensch als das wertvollste Gut der Organisation gehandelt wird.«

Reflexion und Motivation

An dem letzten Zitat kann man ablesen, dass New Work selbst ein Mindset ist. Denn New Work stellt die Frage nach dem Warum, dem tiefer liegenden Sinn (Purpose) von Arbeitsverhalten, in den Mittelpunkt. Wertschöpfung wird erreicht, indem auf die Beantwortung des Warum gehört wird, und zwar dergestalt, dass dies in Organisationen verankert wird. Das Set an **Werten**, förderlichen Glaubenssätzen (siehe Kapitel 2, *Glaubenssätze*) und Normen beinhaltet, dass Selbstbestimmung, Eigenverantwortung, Vertrauen und Selbstvertrauen Teil der Unternehmenskultur als Ganzes werden. Daher ist die Frage nach dem passenden Mindset im Rahmen von New-Work-Diskussionen durchaus berechtigt. Jede und jeder muss dabei für sich selbst beantworten, welches Mindset ihm oder ihr entspricht, ob und wie er oder sie es verändern möchte oder das Arbeitsumfeld verändern oder ob er dieses lieber verlassen möchte.

Journaling-Fragen

➤ Wie würde ich mein eigenes Mindset in Bezug auf New Work beschreiben?

➤ Passt mein Mindset zu meinem Arbeitsumfeld?

➤ Was hält mich in meinem Arbeitsumfeld? Und was zieht mich weg?

Wenn Sie mehr über Mindset erfahren möchten:

➤ Dweck, Carol (2017): *Selbstbild. Wie unser Denken Erfolge oder Niederlagen bewirkt.*

➤ Hofert, Svenja (2018): *Das agile Mindset. Mitarbeiter entwickeln, Zukunft der Arbeit gestalten.*

➤ Borgert, Stephanie; Schulze, Sandra (2018): *Unkompliziert! Das Arbeitsbuch für komplexes Denken und Handeln in agilen Unternehmen.*

Growth Mindset

Was ist ein Growth Mindset und wofür ist es gut?

Für anpassungsfähiges Denken und Handeln – sowohl als Indivduum als auch als Organisation – ist ein sogenanntes Growth Mindset notwendig. Man spricht auch von einem dynamischen Mindset. Es ist das Gegenteil von einem Fixed Mindset, einer statischen Denk- und Handlungslogik, die die Idee des »Ich bin, wie ich bin« verkörpert (siehe auch Infobox *Mindset*). Charaktereigenschaften, Intelligenz und Persönlichkeitsmerkmale gelten bei einem statischen Mindset als angeboren oder zumindest unveränderlich. Ein wachstumsorientiertes oder dynamisches Mindset hingegen kann Grundannahmen bei Bedarf aktualisieren. Es wird auch inkrementelles Mindset genannt – ein Begriff, den wir aus den agilen Methoden kennen (siehe Kapitel 4, Infobox *Agilität*).

So funktioniert ein Growth Mindset

Die Stanford-Professorin Carol Dweck, die sich ausgiebig mit dem statischen und dem wachstumsorientierten Mindset befasst hat, hat herausgefunden, dass Kinder, deren Erziehung von einem dynamischen Mindset ausgeht, in Intelligenztests besser abschnitten. In Organisationen ist zu beobachten, dass Manager und Vorgesetzte ihr eigenes Mindset fast immer für dynamisch halten, in der täglichen Arbeit aber auf ein statisches Mindset zurückgreifen. Beispiel: »Wir müssen agiler werden. Ich möchte, dass wir künftig alle Prozesse mit Scrum planen und umsetzen.« Bei dieser Herangehensweise wird davon ausgegangen, dass das in jedem Fall besser ist und dass alle Mitarbeiter dies erlernen können und wollen. Ein dynamisches Mindset überprüft diese Grundannahmen kritisch und passt die Einführung neuer Methoden an eine tatsächlich ermittelte Situation an, davon ausgehend, dass diese sich ändern kann.

Wollen Sie selbst einmal überprüfen, ob Sie ein eher dynamisches oder ein fixes Mindset haben? Svenja Hofert empfiehlt dafür auf ihrem Blog Karriereblog.Svenja-Hofert.de die ehrliche Bewertung von vier Aussagen, die sie dem Fragebogen für ein dynamisches Mindset von Carol Dweck entnommen hat.[21] Sie können überprüfen, wie stark Sie diesen Aussagen zustimmen beziehungsweise sie ablehnen:

1. Menschen sind, wie sie sind, und können daran nicht viel ändern.

2. Jeder Mensch kann neue Dinge lernen, aber Intelligenz und Eigenschaften nicht entscheidend beeinflussen.

3. Man kann sich als Mensch jederzeit grundlegend verändern.

4. Jeder Mensch kann selbst beeinflussen, wie er ist, und auch, wie intelligent er ist.

Diese auf Individuen bezogene Überprüfung ist wichtig, um auch in Organisationen ein dynamisches Mindset zu verankern. Denn das kann nur gelingen, wenn Entscheider nicht nur sich selbst, sondern auch Organisationen zusprechen, sich verändern und wachsen zu können, und zwar auch bezüglich Eigenschaften und Merkmalen, die auf den ersten Blick unveränderbar scheinen. Die **Deliberately Developmental Organization** macht sich den Grundgedanken des Growth Mindset zu eigen und setzt ihn pragmatisch in ihrer Personalstruktur um.

Um sich über die eigene Haltung hinsichtlich des organisationalen Mindsets klar zu werden, eignet sich ein Blick auf Veränderungsprozesse in Unternehmen. Sind Sie eine initiierende Führungskraft? Dann wissen Sie sicher, dass man für Veränderungen »die Mitarbeiter mit ins Boot holen muss«, Ihnen »erklären muss, was für Vorteile sie von der Veränderung haben«, »sie zu Beteiligten machen soll« und sie »regelmäßig informieren muss«. Das lernt man zumindest in vielen Change-Management-Trainings. Wie aber gehen Sie damit um, wenn Sie feststellen, dass die Veränderung gar nicht wie geplant zum Unternehmen und seinen Mitarbeitern passt? Wenn all Ihre Bemühungen ins Leere laufen?

Zu beobachten ist, dass Menschen mit einem eher festen Mindset ihre bisherigen Bemühungen dann verstärken. Sie informieren noch mehr, erläutern noch überzeugender, halten immer mehr Meetings ab und legen noch und noch eine Folie auf. Bei einem dynamischen oder wachstumsorientierten Mindset hingegen würden sie Ihre Grundannahmen hinterfragen, und zwar sowohl in Bezug auf die Veränderung als auch auf sich selbst. Sie würden vielleicht Ihre Mitarbeiter fragen: »Was hindert euch daran, die Veränderungen umzusetzen? Warum? Wie könnte es besser gehen?« Und sie würden zuhören. Zuhören ist ein wichtiger Teil eines wachsenden Mindsets, vermeintlich selbstverständlich, aber oft »vergessen«. Sie würden auch Erkenntnisse über sich selbst einholen, die Ihnen bisher nicht bekannt waren. »Was braucht ihr von mir?« Und: »Was kann ich anders machen, damit der Prozess gelingt?« Und zuletzt würden sie den Veränderungsprozess infrage stellen: »Geht das, was geplant ist, zu diesem Zeitpunkt?« Und weiter: »Wenn nicht, welcher Teil davon ist realisierbar, welcher nicht?«

Das klingt vielleicht etwas leichter, als es ist. Aber gerade vom Mittel-management großer Konzerne wird erwartet, etwas umzusetzen. Dafür werden sie belohnt, zum Beispiel durch Boni, die für das erfolgreiche Implementieren einer Neuerung winken. Und nicht dafür, etwas zu hinterfragen. Wer ein dynamisches Mindset hat, kann die Erwartungen von der Unternehmensspitze mit der vorgefundenen Situation ausba-lancieren und wird seine Erkenntnisse nutzen, entweder Einfluss nach oben auszuüben oder den Veränderungsprozess so zu gestalten, wie es derzeit möglich ist. Menschen mit einem dynamischen Mindset, die in sehr starren Organisationen arbeiten, sind meist sehr unglücklich und verlassen die Organisation entweder oder – was für die Organisation ebenso wie für die Person schlimmer ist – machen lustlos Dienst nach Vorschrift.

Reflexion und Motivation

Die beschriebene Haltung gegenüber Veränderungsprozessen wird im New-Work-Kontext zunehmen. Hier spricht man analog von einem agi-len Mindset. In klassischen, von einem eher fixen Mindset dominierten Planungsprozessen gelten Ziele, Inhalt und Umfang eines Projekts als gegeben – als fix. Kosten und Zeit müssen dann in der Planung ent-sprechend angepasst werden und können variieren, siehe das Beispiel Elbphilharmonie. Im agilen Ansatz ist es genau andersherum. Man geht davon aus, dass Ziele, Inhalt und Umfang eines Projektes eben nicht vorhersehbar und damit fix sind. Fest stehen lediglich die Ressourcen. An diese sowie an das stetige Feedback aller Beteiligten wird das Ziel und der Inhalt eines Projektes beständig angepasst. Ein Veränderungs-prozess oder eine Projektentwicklung ist damit ein kontinuierlicher Lern- und Entwicklungsprozess. Er setzt voraus, dass allen Beteiligten vertraut wird, und zwar auch darin, sich notwendiges Wissen, Fähigkei-ten und sogar benötigte Eigenschaften anzueignen.

Journaling-Fragen

> Welche Fähigkeiten möchte ich gern ausbauen, habe ich aber bisher nicht angegangen, weil ich dachte, das nicht zu können?

> Was kann ich als ersten Schritt tun, um mir diese Fähigkeit zu eigen zu machen?

➤ Welche von mir initiierte Veränderung ist gescheitert, weil ich nicht die richtigen Leute an Bord hatte? Was war mein eigener Anteil daran? Was würde ich heute anders machen?

Wenn Sie mehr über das Growth Mindset erfahren möchten:

➤ Hofert, Svenja (2018): *Das agile Mindset. Mitarbeiter entwickeln, Zukunft der Arbeit gestalten.*

Deliberately Developmental Organization (DDO)

Was ist eine Deliberately Developmental Organization und wofür ist sie gut?

Deliberately Developmental Organizations (DDOs) sind Unternehmen, die Wachstum ganz bewusst in den Mittelpunkt ihrer Organisationskultur stellen. Dabei geht es vorrangig um das Wachstum jedes einzelnen Mitgliedes des Unternehmens, weil man davon ausgeht, dass persönliches Wachstum der größte Motivationsfaktor eines Menschen ist. Ist dieses Motiv erfüllt, wird auch das Unternehmen gedeihen und seine Produktivität langfristig steigen.

So funktioniert eine Deliberately Developmental Organization

Anders als in klassisch aufgebauten Unternehmen werden in DDOs Aufgaben bewusst so zugeteilt, dass jeder Mitarbeiter beständig etwas Neues lernt, und zwar so, dass er in einem Teilbereich stets leicht überfordert ist. Sobald sich Routine einstellt, wird ein Aufgabenbereich gesucht, in dem der Mitarbeiter neu ist. Dabei wird darauf geachtet, dass die neuen Aufgaben herausfordernd, aber auch machbar sind. In so einer Organisation ist jeder Lehrender und Lernender.

Die Aufgaben werden in DDOs stark interessengeleitet vergeben. Fähigkeiten werden nicht geprüft, weil man davon ausgeht, dass die notwendigen Fähigkeiten für eine neue Aufgabe erlernt werden können, solange der Mitarbeiter Interesse daran hat. Damit entspricht die Philosophie von DDOs einer der Kernideen von New Work: stärkengetriebenes Arbeiten, ein flexibles Mindset und lebenslanges Lernen.

Die Führungskräfte einer DDO haben die Aufgabe, ihre Mitarbeiter genau zu beobachten und ihnen schonungslos Rückmeldung zu geben. Eine fördernde und fordernde Feedbackkultur ist zentraler Bestandteil von DDOs. Es wird besprochen, warum etwas gut geklappt hat und warum nicht. Nur so kann herausgefunden werden, was der Mitarbeiter benötigt, um seine Kompetenzen entsprechend zu erweitern. Ist dies aufgrund von Unternehmensprozessen oder -zielen gerade nicht in einer Funktion erlernbar, wird über spezielle Projektarbeit oder Sonderaufgaben nachgedacht, die die Person und ihre Kompetenzen weiterentwickeln. Dabei agieren diese Unternehmen wirtschaftlich höchst transparent. Alle haben zu jeder Zeit Einblick in die Gewinn-und-Verlust-Rechnung. So weiß jeder, in welcher Weise er zum Erfolg des Unternehmens beiträgt. Was sich viele Unternehmen als »Purpose« oder »Mission« auf die Fahne schreiben, wird so ganz pragmatisch von selbst erreicht. Der Purpose einer durchaus erfolgsorientierten DDO ist, dass jeder Mitarbeiter sich entfalten kann, stetig lernt und damit zum Gesamterfolg des Unternehmens beiträgt.

Reflexion und Motivation

Die beständige, gesteuerte Überforderung, die schonungslose Offenheit sowie die zugrunde liegende Frage, warum jemand eine bestimmte Aufgabe lernen möchte und sollte, dienen einer langfristigen Stabilisierung des Unternehmenserfolgs – basierend auf persönlicher Entwicklung. Damit haben diese Unternehmen solchen etwas voraus, die bei der Entwicklung ihrer Leitkultur stecken bleiben und parallel weiterarbeiten wie bisher. DDOs leben ihre Werte bereits und sind höchst umsetzungsstark. Über eine besondere Lernerfahrung bloggt Maurice Lefebvre, der bei der kanadischen Firma Quantum Monkeys eine DDO erlebt und ausführlich reflektiert hat: »Wir erlangten schnell Selbstvertrauen – nicht immer in unser Wissen, denn wir haben oft gar nicht gemerkt, in welchem Tempo sich das erhöhte – aber in unsere Fähigkeit, Herausforderungen zu meistern.« Klar ist, dass Arbeit in DDOs nicht einfacher ist als in herkömmlichen Organisationen. Die Fähigkeit zur Selbstkritik, das Heraustreten aus der Komfortzone, das Sichtbarmachen von Fehlern, um daraus zu lernen, muss nicht nur gewollt, sondern permanent umgesetzt werden. Wer sich darauf einlässt, so die überwiegenden Berichte, erlebt eine in höchstem Maße befriedigende Form von Arbeit.

Journaling-Fragen

➤ Wann habe ich zuletzt meine Komfortzone bei der Arbeit verlassen? Was habe ich daraus gelernt? Werde ich von der neuen Kompetenz künftig profitieren können?

➤ Wie wichtig ist in meinem Unternehmen meine persönliche Entwicklung? Was kann ich selbst tun, um – vielleicht im Kleinen – mich weiterzuentwickeln?

➤ Welche Herausforderung möchte ich mir als Nächstes zumuten? Welche Unterstützung benötige ich dafür?

Wenn Sie mehr über Deliberately Developmental Organizations erfahren möchten

➤ Kegan, Robert; Laskow Lahey, Lisa (2016): *An Everyone Culture: Becoming a Deliberately Developmental Organisation.*

Positive Fehlerkultur

Was ist eine positive Fehlerkultur und wofür ist sie gut?

Für innovative Prozesse ist eine hohe Fehlertoleranz in Unternehmen notwendig. Darüber sind sich inzwischen fast alle einig. Nur: Die wenigsten Unternehmenslenker und Führungskräfte würden von sich behaupten, nicht fehlertolerant zu sein. »Natürlich dürfen in meiner Abteilung Fehler gemacht werden«, hört man allerorten. Dabei belegen Studien, dass Führungskräfte sich hier überschätzen (siehe Kapitel 6, Infobox *Digital Leadership*). Angst und mangelndes Vertrauen stehen hier oft im Weg. Und die Unsicherheit, an welcher Stelle welche Fehler denn nun erlaubt sind. Schließlich geht es bei Fehlertoleranz nicht darum, Scheitern oder gar echte Gefahren zum Prinzip zu erklären. Stattdessen geht es um die Haltung, dass Fehler notwendig sind, um aus ihnen zu lernen.

Zu einer positiven Fehlerkultur gehört eine offene, risikobereite Grundhaltung, aber durchaus auch das Bestreben, dass ein Fehler möglichst nicht wiederholt werden sollte. Das »Fail fast«-Prinzip aus agilen Organisationskulturen (siehe Kapitel 4, Infobox *Agilität*) meint, dass Fehler frühzeitig passieren sollten, damit sie schnell behoben werden können. Vorgesetzte mit einer hohen Fehlertoleranz fördern Experimentierfreude, Vertrauen in die grundsätzlichen Fähigkeiten ihrer Mitarbeiter und nehmen Fehler mit einer hohen Sachlichkeit zur Kenntnis. Großes Entsetzen ebenso wie mitfühlender Trost sind in einer fehlertoleranten Umgebung nicht notwendig oder sogar schädlich. Stattdessen werden schnell Ursachen erforscht und nach Möglichkeit behoben. Wird diese Haltung in einer Organisation mehrheitlich gelebt, ist ein Fehler nicht mehr mit Scham verbunden. Das ist wichtig, denn wer sich für seine Fehler schämt, wird versuchen, sie zu vertuschen. In dem Buch *Netzwerk schlägt Hierarchie* von Ines Gensinger und einer unserer Autorinnen, Christiane Brandes-Visbeck, führt Gensinger, Head of Business and Consumer Communications bei Microsoft, aus, dass Manager »qua Jobbeschreibung« signalisieren, alles im Griff zu haben. Es gehört demnach zu den Erwartungen an Führungskräfte, dass alles läuft und sie keine Fehler einräumen. Ähnlich wie auf sozialen Netzwerken, in denen uns eine glänzende Oberfläche präsentiert wird, versuchen auch Manager, ihre Fehler zu vertuschen oder (noch schlimmer) schönzureden. Organisationen, die derart geführt werden, werden kaum eine positive Fehlerkultur etablieren können.

So funktioniert eine positive Fehlerkultur

Vielleicht fällt uns das Konzept vom Umdenken leichter, wenn wir uns mit der Hirnforschung beschäftigen. Wissenschaftler wissen, dass Fehler nichts anderes sind als eine Variante von der Norm. Die Norm ist das, was wir als »richtig« ansehen, das, worauf wir uns in unseren Familien, bei der Arbeit oder in der Gesellschaft geeinigt haben. Doch das Gehirn ist kein perfektes Organ. Seine Leistung besteht darin, möglichst viele Eindrücke zu verarbeiten und Impulse zu geben, die uns zum Machen motivieren. Das Gehirn ist leistungsorientiert. Es verarbeitet Impulse. Dabei ist es ihm sozusagen egal, ob es Informationen richtig – im Sinne unserer Einigungen – verarbeitet oder nicht. Hauptsache, es verarbeitet überhaupt etwas. So kann es passieren, dass wir uns irren, uns etwas nicht richtig merken können oder sogar komplett vergessen.

Unser Gehirn produziert damit sozusagen per Zufall Verhaltensweisen, die von der Norm abweichen: Wir verlegen Schlüssel, reagieren unangemessen auf eine bestimmte Situation oder treffen Entscheidungen, die sich im Nachhinein als Fehlentscheidungen herausstellen. Wir finden das peinlich, unser Gehirn sagt uns eher: »Live with it!« So wurden durch Irrtümer in der Forschung Produkte wie Teflon, Post-its oder Viagra entwickelt. Fehler ermöglichen Evolution. Fehler sind die notwendige Voraussetzung für Innovation.

Wenn Sie auch innovativ sein und eine positive Fehlerkultur leben wollen, dann helfen Ihnen vielleicht diese fünf Thesen, die Christiane Brandes-Visbeck für ihrer t3n-Kolumne »Transform or die« aufgeschrieben hat:[22]

1. *»Nobody is perfect. In unserer Kultur dürfen Fehler gemacht werden. Niemand wird für einen Fehler bestraft. Keiner muss Angst davor haben, als Petze verschrien zu werden. Wenn ein Fehler passiert, übernimmt der Verursacher die Verantwortung und sucht mit Unterstützung von anderen eine Lösung, um ihn wiedergutzumachen.*

2. *Aus Fehlern lernen. Immer denselben Fehler zu machen entspricht nicht der Philosophie einer positiven Fehlerkultur. Die Idee ist, dass wir aus unseren Fehlern lernen und Konsequenzen ziehen. Also selbst dazulernen, einen fehleranfälligen Prozess zu optimieren oder mit einer Entscheidungslogik wie der Effectuation zu arbeiten, die es uns ermöglicht, auch in ambiguen, volatilen Zeiten plausible Entscheidungen zu fällen – ohne die berühmte Kristallkugel zu bemühen.*

3. *Fehler feiern. Oft geben wir – sogar in innovativen Umgebungen – ungern zu, dass wir uns mit unserer Projektidee verrannt haben, dass sie nicht funktionieren kann. Um uns den Abschied von einer »tollen« Idee zu erleichtern, können wir den »Fehler des Monats« oder den »Todestag der gescheiterten Projekte« feiern. Denn »Kill Your Darlings« funktioniert nur dann, wenn wir uns Raum zum Abschied geben und den Schmerz zulassen. In diesem Sinne feiern wir den Mut, zu unseren eigenen Fehlern zu stehen.*

4. *Aufstehen. Krone richten. Weitermachen. Die Abschiedsfeier macht den Kopf frei für neue Ideen. Dann habt ihr genügend Energie für Neues. Weil ihr nicht immer darüber nachdenken müsst, wie peinlich der Fehler war oder wie ihr den Imageverlust wiedergutmachen könnt. Dieses Denken muss man üben. Kulturelle Veränderungen brauchen oft Jahre, bis sie in Unternehmen gelebt werden. Sie funktionieren dann besonders gut, wenn sie von allen – vom Azubi bis in die Chefetage – offen und ehrlich gelebt werden.*

5. *Redet drüber. Die Digitalisierung ermöglicht es uns, uns mit ganz unterschiedlichen Menschen virtuell zu vernetzen. Findet Menschen in*

> *anderen Unternehmen, die auch eine positive Fehlerkultur leben, und tauscht euch aus. Inspiriert euch gegenseitig bei euren Leaning Journeys. Postet eure Erlebnisse auf sozialen Medien oder bloggt über eure Erfahrungen.«*

Reflexion und Motivation

Fehler zuzulassen fällt Menschen mit einem hohen Perfektionsanspruch oft schwer. Nicht perfekt zu sein ist für sie keine Option. Zu sehr ärgern sie sich, wenn ihnen selbst oder einem ihrer Mitarbeiter ein Fehler unterläuft. Daher gehört zur Fehlertoleranz auch die Abwesenheit von Perfektionismus. Und dafür braucht es wiederum eine gute Portion Selbstvertrauen. Nur wer grundsätzlich überzeugt ist, dass er oder sie selbst zu dem fähig ist, was er oder sie sich wünscht, wird dieses Vertrauen auch in andere setzen können. Wer damit Schwierigkeiten hat, muss sich damit – so er fehlertoleranter werden möchte – auseinandersetzen. Selbstkenntnis ist also ein Schlüssel zu einer hohen Fehlertoleranz. Wo liegen meine Hürden, was hält mich ab, in mich und andere zu vertrauen? Diese Fragen, deren Antwort oft in der Kindheit und Jugend zu verorten ist, sind notwendige Begleiter auf dem Weg zu mehr Fehlertoleranz an der richtigen Stelle. Gleichzeitig muss es aber auch darum gehen, ein gutes Ergebnis zu erreichen. Denn Fehler zu machen ist kein Selbstzweck. Es ist vielmehr ein natürlicher Bestandteil jedes ungetesteten Prozesses. Eine hohe Ergebnisorientierung steht einer hohen Fehlertoleranz daher nicht im Wege, im Gegenteil. Sie fördert einen gnädigen Umgang mit Stolpersteinen auf dem Weg zum optimalen Arbeitsergebnis oder zur richtigen Entscheidung. Die Managementlehre der 1970er-Jahre, die darauf aufbaute, einen einmal eingeschlagenen Plan möglichst nicht zu verlassen und eigene Entscheidungen möglichst konsequent durchzusetzen, ist für Fehlertoleranz und damit New Work ungeeignet.

Journaling-Fragen

➤ Was probiere ich nicht aus, aus Angst, einen Fehler zu machen und mich zu blamieren? Was wäre die letzte Konsequenz eines möglichen Fehlers?

➤ Welche Fehlerkultur herrscht in meinem Arbeitsumfeld? Was habe ich mir davon zu eigen gemacht?

➤ Wo könnte ich mir in naher Zukunft vorstellen, etwas weniger perfekt zu sein?

Wenn Sie mehr über eine positive Fehlerkultur erfahren möchten:

➤ Brandes-Visbeck, Christiane; Gensinger, Ines (2017): *Netzwerk schlägt Hierarchie. Neue Führung mit Digital Leadership.*

➤ Hofert, Svenja (2016): *Agiler führen: Einfache Maßnahmen für bessere Teamarbeit, mehr Leistung und höhere Kreativität.*

Kapitel 4
Methoden

Die Heldenreise von Andreas Ollmann »durch New Work« ist eigentlich eine Reise von Gefährten. Statt Sam, Merry, Pippin und Frodo heißen sie allerdings Andreas Ollmann, David Cummins, Marco Luschnat und Nis Niemeier. Und es geht keinesfalls um die Vernichtung eines Ringes, um die bösen Mächte zu besiegen, sondern um die Gestaltung von Arbeit. Mit Macht hat diese Geschichte allerdings auch etwas zu tun. Denn die vier Gefährten und auch die meisten ihrer teils treuen, teils temporären Wegbegleiter wussten von Anfang an, wie sie nicht arbeiten wollten: in von Hierarchien geprägten Strukturen, deren Entscheidungen basierend auf institutioneller Macht getroffen werden. Das allerdings beantwortet noch nicht die Kernfrage, die sich ihnen im Laufe ihrer Reise immer wieder stellte und stellt: Wie wollen wir arbeiten?

Wir durften für unser Buch mit Andreas Ollmann und David Cummins sprechen, die uns offen und ehrlich von ihrer Reise erzählten. Von neuen Methoden, die sie ausprobierten, für gut befanden oder für einigermaßen gut, und die sie dann anpassen mussten, von schmerzhaften und erstaunlichen Erfahrungen, von erfolgreichen Entscheidungen und zukunftsorientierten Entwicklungen, die sie mit ihrer Firma The Ministry Group erleben. Das Gespräch mit den beiden Visionären verdeutlichte uns mehr als alles andere bisher, dass New Work mehr ist als ein Konzept. Es gibt auch kein Rezept, dem man folgen kann. Es ist eben nichts, was man anwenden kann, und dann wird alles schön. New Work ist vielmehr die Fähigkeit, konstant die richtigen Fragen zu stellen und passende Antworten zu entwickeln. Dafür gibt es sicherlich hilfreiche Tools, Werkzeuge, Methoden – Dinge eben, die dabei helfen. Aber sie sind nicht die Antwort. Methoden im New-Work-Kontext sind nichts anderes als Hilfsmittel, die sich als sinnvoll erwiesen haben, um in einer modernen Arbeitswelt Erfolg zu generieren. Sie müssen sorgsam ausgewählt, geschliffen und gewartet werden. Und sie sind Mittel zum Zweck – nicht Zweck an sich.

So erzählt uns David Cummins, dass er als Softwareentwickler in einer Agentur die Methode **Scrum** niemals verwendet hatte. Obwohl sie heute an manchen Stellen als Mekka der Produktentwicklung schlechthin gefeiert wird und ihren Ursprung ja in der Softwareentwicklung hat, war sie für seine Arbeit nie geeignet. »Scrum ist dafür ausgelegt, über einen längeren Zeitraum an einem einzigen großen Projekt zu arbeiten. Aber es ist nicht geeignet, um eine Agentur zu steuern, in der an vielen kleinen Projekten gleichzeitig gearbeitet wird.« Um das zu tun, müsse man vielmehr verstehen, was Agilität eigentlich ist (siehe Infobox **Agilität**). Warum es Agilität gibt und wie sie wirkt und was das Mindset dahinter ist, welche Prinzipien und Glaubenssätze mit Agilität verbunden sind (siehe Infobox **Mindset** in Kapitel 3). Bei der Ministry Group wird statt mit Scrum mit **Kanban Boards** gearbeitet. Aber welche Methode auch immer sie anwenden: Zunächst stellten wir fest, dass Andreas Ollmann und David Cummins niemals etwas taten, ohne sich mit dem Grund für ihr Handeln auseinanderzusetzen.

Im Zentrum: Die Frage nach dem Warum

Die Erfolgsgeschichte der Gefährten rankt sich konsequent um die Frage »Wie wollen wir arbeiten?«. Und die wiederum beantworten beide grundsätzlich über eine weitere Frage, nämlich »Warum wollen wir das tun, was wir tun?«. Mit dieser Frage verwenden sie ein inzwischen populäres Konzept zeitgemäßer Führungskultur: **Start With Why** von Simon Sinek. Sinek beschreibt mit seinem Ansatz, warum manche Führungskräfte und Lenker aus Wirtschaft und Politik andere begeistern und inspirieren können. Er sagte dazu 2009 in seinem TED Talk *How great leaders inspire action*: »Jede einzelne

Person, jede einzelne Organisation auf diesem Planeten weiß, was sie tut. (...) Manche wissen auch, wie sie das tun. (...) Aber nur sehr, sehr wenige Menschen oder Organisationen wissen, WARUM sie das tun, was sie tun.«[23] Dabei ist genau das laut Sinek der Schlüssel zum Erfolg. Die meisten Führungskräfte – und auch der Großteil der Markenbotschafter – beginnen mit einer Erklärung über das, *was* getan werden soll (zum Beispiel Computer herstellen). Dann wird erklärt, *wie* das geschehen soll oder wie sich das auswirkt (Unsere Computer haben schnelle Prozessoren und sind benutzerfreundlich). Nach Sinek steht aber die Frage »*Warum* gibt es dieses Unternehmen?« im Vordergrund. Erst sie ermöglicht und vermittelt nachhaltigen Sinn und damit eine sinnstiftende Lebenswelt, die es ermöglicht, wirtschaftlichen Erfolg auch bei Veränderungen aufrechtzuerhalten.

Sineks Grundhaltung spiegelt die von Andreas Ollmann und David Cummins exakt wider. Als wir ihnen erzählen, dass wir in diesem Kapitel unseren Lesern und Leserinnen die Werkzeuge, die für New Work wichtig sind, näherbringen wollen, sind sie folgerichtig zunächst skeptisch. »Ausgerechnet dafür habt ihr uns ausgewählt? Wir glauben gar nicht daran, dass man New Work durch das Verwenden von Werkzeugen praktizieren kann!« Dann sprechen wir eine Weile darüber, was Werkzeuge eigentlich sind. Wir sind uns schnell einig, dass es dabei nicht um die Anwendung von Methoden geht. Sondern darum, hinter Methoden zu schauen. Sich zu fragen, welches ihre Prinzipien sind und warum sie an welcher Stelle hilfreich sein können, um erfolgreich zu arbeiten – und warum auch nicht. Erst dann wird ausprobiert, ob und wie sie funktionieren. Auf welche Weise muss eine Methode angewendet werden, damit sie im jeweiligen Zusammenhang wirkt? So verstehen wir Methoden ganz im Sinne von Simon Sineks »Start With Why« und eben auch im Sinne von Ollmann und Cummins. »Okay«, sagt Letzterer, »wenn wir den Begriff ›Werkzeuge‹ so definieren, sind wir wahrscheinlich Profis.«

Um besonders in diesem Kapitel mit dem »Warum« anzufangen, fragen wir jetzt, wie es überhaupt dazu kam, dass Andreas

Ollmann, David Cummins und die anderen Partner die Firma The Ministry Group führen, die heute unter einem Dach nicht nur Werbe-, Software-, Social-Media- und Filmproduktionsfirmen vereint, sondern auch als New-Work-Beratung erfolgreich ist.

Die vier kennen sich schon seit Schulzeiten beziehungsweise aus sehr frühen Anstellungsverhältnissen. Aus unterschiedlichen Firmen, darunter die Firma Ministry of Media und das von Andreas Ollmann aufgebaute Interactive-Team der Agentur Bartel, Brömmel, Struck (BBS), gründeten sie zunächst die Ministry.BBS. Vor allem die Ministry of Media war zuvor ordentlich durchgerüttelt worden, als Anfang der 2000er-Jahre die Dotcom-Blase platzte, überlebte aber, ohne nennenswert zu wachsen. Für das BBS-Team ergab sich durch den Zusammenschluss die Möglichkeit, das Digital Business stärker auszubauen. Das war 2006. Und schon damals fragte sich das Führungsteam, gestresst durch Arbeitsprozesse, die nicht auf digital geprägte Kundenanforderungen eingingen und auch intern zur Unzufriedenheit führten: »Wie funktioniert eigentlich ›agil‹?« Ein zu dieser Zeit wenig bekannter Begriff, bei dem es darum geht, schnell und flexibel auf neue Anforderungen reagieren zu können.

»Ich kam aus einem klassischen Agenturumfeld. Es gab Hierarchien und damit verbunden auch Druck. Ich wusste, dass ich das nicht wollte«, sagt Andreas Ollmann. Ihn interessierte das Agile Manifest (siehe Infobox *Agilität*). Das Agile Manifest ist die Grundlage aller agilen Methoden und beschreibt Prinzipien der Zusammenarbeit, wie sie in beweglichen, digital geprägten Arbeitsprozessen zugrunde gelegt werden sollten. Es wurde 2001 von IT-Spezialisten entwickelt und hat seinen Weg längst in sämtliche Wirtschaftsbereiche gefunden. Die vier grundsätzlichen Leitsätze sind:

1. **Individuen und Interaktionen** *sind wichtiger als* Prozesse und Werkzeuge.

2. **Funktionierende Software** *ist wichtiger als* umfassende Dokumentation.

3. **Zusammenarbeit mit dem Auftraggeber** *ist wichtiger als* Vertragsverhandlung.

4. **Reagieren auf Veränderung** *ist wichtiger als* das Befolgen eines Plans.[24]

Ollmann und Cummins konnten diesem Manifest und seinen zwölf dahinterliegenden Prinzipien viel abgewinnen. Sie fanden, dass auch unabhängig von IT-Prozessen eine klare Ausrichtung auf Individuen, ihre Bedürfnisse und Fähigkeiten und eine flexible und ergebnisorientierte Zusammenarbeit mit Kunden das Gebot der Stunde sei. Unternehmer und Führungskräfte, die Arbeit nach traditionellen Prinzipen gestalten, nicken zumeist leicht augenrollend, wenn man die Leitsätze und Prinzipien des Agilen Manifestes propagiert. Man arbeite doch seit jeher so, was daran denn nun so bahnbrechend neu sei, wird zumeist gefragt.

Dabei findet die tatsächliche klassische Arbeitswelt noch immer überwiegend jenseits der vier Grundsätze statt. Prozesse und Werkzeuge sollen helfen, Verträge zu erfüllen und einen Plan zu verfolgen. Und damit Erfolg oder Misserfolg am Ende des Prozesses analysiert werden können, muss gründlich dokumentiert werden. Unzufriedene Kunden, ausgebrannte Mitarbeiter, langsame Entscheidungsprozesse – auch bei plötzlich auftretenden Veränderungen – sowie ein unflexibler Kundenservice werden deshalb in der klassischen Welt mit Bedauern und Schulterzucken zur Kenntnis genommen.

Die Krise: »Erzählen, wie die Welt wirklich ist«

Das haben auch Ollmann und Cummings erlebt. Sechs Jahre lang versuchten sie, die klassische Agenturwelt mit der agil geprägten Ministry-Welt zu vereinen. Es gelang nicht. Ministry war sehr erfolgreich, aber es gab viele Reibereien, die das Geschäft blockierten. »Wir erzählten uns ständig gegenseitig, wie die Welt wirklich ist«, sagt Ollmann, »das blockiert.« Und so entschieden sich die inzwischen vier Gefährten 2012 zum Management-Buy-out, also als Geschäftsführer Ministry zu erwerben. Ihnen war klar: »Wir werden glücklicher, wenn wir alle unseren eigenen Weg verfolgen.«

Diese Trennung war zunächst schmerzhaft, aber auch prägend. Im Laufe der Zeit wurde sichtbar, dass es keine schlechtere oder bessere Welt gibt und dass agiles Arbeiten nicht einfacher ist. Sie wollten unbedingt ganz schnell nach der Neugründung dieses »neue Arbeiten« einführen und gemäß neuer Regeln leben. Aber welche waren das konkret?

Das Managementteam, die vier Gefährten also, kamen zu einem dreitätigen Strategiemeeting zusammen. »Da haben wir etwas getan, was vorher bei Ministry.BBS niemals stattfand. Wir haben ausschließlich über das Warum gesprochen.« Sineks bereits beschriebene Frage nach dem Warum wurde als Basis genommen, um den Kern zu definieren. »Warum stehen wir morgens auf? Nicht, um Leuten zu sagen, was sie tun sollen«, erzählt Ollmann. So viel war immerhin klar. Auch auf die Fragen »Warum sollen Menschen bei Ministry arbeiten wollen?« und »Was soll sie motivieren?« fanden sie Antworten: »Spaß und Stolz«, also Erfüllung und Befriedigung bei der Arbeit und Zufriedenheit mit dem Ergebnis der Arbeit. Etwas zu schaffen, was großartig ist. Und als Drittes fanden die vier heraus, dass nichts von dem, was sie aktuell sehr erfolgreich umsetzten, fünf Jahre zuvor bereits existiert hatte. Es gab kein kommerziell genutztes Facebook zum Beispiel, viele heute erfolgreich eingesetzte Apps und Methoden kannte man noch gar nicht. Daraufhin war klar, dass es einen klassischen Businessplan mit kurz-, mittel- und langfristigen Zielen, der die Basis für die Geschäftstätigkeit von klassischen Unternehmen darstellt, für die Ministry nicht geben wird: »Wir können nicht wissen, was in fünf Jahren ist.« Das war eine wichtige Erkenntnis, die vor allem Offenheit für Entwicklungen und den an ihnen beteiligten Menschen zur Folge hatte.

Stolperstein: Die Struktur funktioniert nicht mehr

Mit diesen drei Erkenntnissen im Gepäck kamen die vier zurück und fingen an, entsprechend zu arbeiten. Bis zum nächsten Strategiemeeting im Jahr 2013. Inzwischen hatte sich die Anzahl der Mitarbeiter verdoppelt. Der Erfolg gab den vieren also recht. Doch jetzt funktionierte das Strukturkonzept, das auf 25 und nicht auf 50 Mitglieder ausgerichtet war, überhaupt nicht mehr. Also sprachen sie jetzt über passende Organisationsformen für wachsende Unternehmen. Als Wirtschaftswissenschaftler erinnerte sich Ollmann an Organigramme, an das Einziehen von neuen Entscheidungshierarchien und das Etablieren von neuen Führungspositionen mit Titeln wie »Head of Irgendwas«. Doch dann besann man sich auf die Erkenntnisse des vorherigen Strategiemeetings: So wie ein klassischer Businessplan kann auch eine klassische Unternehmensstruktur nicht funktionieren. Eine Pyramidenstruktur wäre viel zu langsam, die Entscheidungswege viel zu lang. Und transparent sind sie schon einmal gar nicht. Sie erinnerten sich daran, wie schwierig es in der alten Agentur war, »an den Außenstellen zu fühlen und die Erkenntnisse nach innen zu transportieren«. In einer Pyramide gibt es Machtspiele, im Mittelmanagement werden Misserfolge beschönigt und Erfolge an die eigene Brust geheftet. Das macht unzufrieden. Das also kann es nicht sein. Aber was dann? Hier kam David Cummins ins Spiel.

Wissen ausbauen und Erfahrungen sammeln lassen

»Ich wollte immer schon einmal ausprobieren, wie man feste Teams in einem agil geprägten Mindset etablieren kann!«, erzählte er. Also machte er sich daran, das Arbeiten in festen Teams zu konzipieren. »Feste Teams benötigen jede Funktion mindestens zweimal«, so Cummings. Aber wie sollte nun die Verantwortung verteilt werden? Man entschied sich, nur für bestimmte

Tätigkeiten eine übergeordnete Verantwortung festzulegen. Die Rollen wurden auf der Basis von Wissen und Erfahrung vergeben. Für diese Vorgehensweise ist es eine wichtige Voraussetzung, dass Mitarbeiter während der Arbeit ihr Wissen ausbauen und weitere Erfahrungen sammeln können. An dieser Stelle sei auf das Prinzip des Growth Mindset aus Kapitel 3 sowie die radikale Form der Deliberately Developmental Organizations (DDO) verwiesen, für welches das Wachstum ihrer Mitglieder ein organisationales Grundprinzip ist.

Werkzeug: Maximal notwendige Transparenz

Außerdem wurde beschlossen, dass jedes Team über Arbeitszeiten, Arbeitsort und Urlaubsvergabe selbst bestimmen sollte. Sie sollten auch die Verantwortung für ihre Projekte und deren Planung selbst übernehmen. Voraussetzung dafür war maximale Transparenz. Nur wenn die Unternehmenszahlen zu jeder Zeit allen zugänglich waren, konnte diese Verantwortung zielführend übernommen werden. Dabei geht es beim Thema Transparenz nicht um etwas Grundsätzliches, sondern sie ist bei Ministry an einen Zweck gebunden. Transparenz soll gegeben sein, um Teams zu ermächtigen. Sie brauchen Informationen über ihre Erfolge und deren Anteil am Gesamtunternehmenserfolg und -misserfolg, um sich selbst steuern und Verantwortung übernehmen zu können.

Diese Beschlüsse der Geschäftsführung zogen einigen Aufwand nach sich. Alle Unternehmenszahlen mussten nun so aufbereitet werden, dass sie für jeden verständlich und nachvollziehbar sind. »Das ist viel Arbeit!«, so Cummins. Nach einiger Zeit wurden die Zahlen des operativen Geschäfts allen Mitarbeitern zugänglich gemacht.

Crossfunktionale, agile und selbstorganisierte Teams als Lösung?

Das Thema Teamgestaltung hatte ebenfalls seine Tücken – eine der wichtigsten Lernerfahrungen der vier Gefährten im New-Work-Kontext. Für sie war klar, dass Teamverantwortung größtmögliche Eigenverantwortung voraussetzt. »Denn«, so Ollmann, »alles, was die Teams tun, dient der Erstellung des Produkts. Daher sollen sie alle Entscheidungen für das Produkt selbst fällen können. Unser Job als Management liegt darin, dass sie diese Kompetenz bekommen.« Damit alle für das Produkt benötigten Kompetenzen in jedem Team vorhanden sind, mussten diese festen Teams möglichst crossfunktional aufgestellt werden. Die sogenannten selbstorganisierten X-Teams waren geboren. Theoretisch waren nun alle in der Lage, jeweils unabhängig vom Rest der Company für ihren Kunden zu arbeiten und Entscheidungen über Projekte, Arbeitszeiten, Freelance-Unterstützung und neue Teammitglieder selbst zu treffen. Wie radikal anders diese Form der Teamorganisation war, war den vier Managern in dem Moment überhaupt nicht bewusst. Sie empfanden diese Lösung als eine logische Konsequenz aus ihren Überlegungen und Erfahrungen der Vergangenheit. Und sie waren davon überzeugt, dass es keine Alternative dazu gibt. Doch ihre neu formierten Teams waren nicht nur begeistert.

»Wir haben einiges übersehen«, reflektiert Ollmann. Zunächst einmal war unsere Wahrnehmung, dass dies ein logischer, evolutionärer Schritt war und keine Revolution, komplett falsch. Die Mitarbeiter wollten, dass wir »wie so wohlwollende Papas agieren«, zitiert Ollmann eine kununu-Bewertung aus der Zeit. Statt für Ermächtigung zu sorgen und die Menschen zu stärken, haben sie mit der Verschiebung der Verantwortung von sich auf ihre Teams zunächst ein Vakuum geschaffen. Die Teams fühlten sich alleingelassen, trotz der Serviceteams, die den Projektteams einige Aufgaben wie Rekrutierung, Buchhaltung, Hardware-Reparaturen und Ähnliches abnehmen sollten. Das reichte nicht aus. Statt Applaus erntete die Geschäftsführung Kritik dafür, dass sie die Verantwortung in die Teams abgegeben hatte. Und das, ohne zu fragen, ob die Teams sie überhaupt haben wollten. »Ein Kardinalfehler war sicherlich, dass wir diese Entscheidung in einem Expertenteam gefällt haben. Wir haben unsere Mitarbeiter nicht einbezogen!«, resümiert Ollmann. »Sie waren nicht Teil des Prozesses. Damit haben wir genau das ignoriert, was wir eigentlich einführen wollten: die Beteiligung.«

Die vier haben noch etwas anderes unterschätzt: nämlich wie stark wir Menschen von dem geprägt sind, was wir schon in der Schule gelernt haben. Ollmann zählt auf:

➤ Abschreiben ist doof.

➤ Schul- und Hausaufgabenzeiten sind starr, und wir dürfen nicht entscheiden, wann wir lernen wollen.

➤ Fächer sind voneinander getrennte Silos, die miteinander nichts zu tun haben.

➤ Fehler machen ist ganz schlecht, denn dann kriegt man keine guten Noten und hat weniger Chancen auf dem Arbeitsmarkt.

➤ Leistung heißt Reproduktion von Wissen, und zwar zur Zufriedenheit von Lehrern.

➤ Lehrer denken, sie wissen alles. Und wir müssen das akzeptieren.

Schmerzvolle Erkenntnis: Prägung dominiert

Was in der Schule gelernt wurde, ist genau konträr zu dem, was wir mit Eigenverantwortung und Experimentierfreude erreichen wollen. Ollmann und seine Gefährten sind dennoch davon überzeugt, dass ihr Vorhaben, Teams so zu strukturieren, dass jeder so gut wie möglich sein möchte und auch motiviert ist, wenn die Arbeitsweise ihnen entspricht, richtig ist. Mit dieser Einstellung vertreten sie die Y-Theorie (siehe Infobox *Motivation*), die besagt, dass Menschen von Geburt an motiviert sind, erfolgreich sein wollen, gerne Sachen ausprobieren und damit Neues kreieren. Die X-Theorie dagegen basiert auf der Idee, dass Menschen eine externe Motivation benötigen, um etwas zu schaffen. Wer also beispielweise keine Lust hat, immer dieselben Zahlen in eine Excel-Tabelle zu tippen, sollte eine Funktion programmieren, die ihm diese Arbeit abnimmt. »Doch auf solche Impulse haben wir eine lähmende Schicht gepackt bekommen, die uns als Erwachsene prägt.«

Menschen trauen sich oft nicht mehr, etwas zu verändern und damit Verantwortung zu übernehmen. Sie entsprechen nun dem Menschenbild der X-Theorie und nicht mehr dem engagierten Menschentypus der Y-Theorie. Mit ihrer logischen Teamstruktur haben die Ministry-Manager ein Mitarbeiterverhalten gemäß der Y-Theorie erwartet und eines gemäß der X-Theorie kennengelernt. Damit haben Ollmann und Kollegen ein Phänomen erlebt, das in fast allen Unternehmen oder Unternehmensbereichen vorkommt, wenn Manager ihre Organisation eigenverantwortlicher und agiler gestalten wollen. Statt Dankbarkeit und Freude gibt es häufig Widerstände und Verlustängste. Statt intrinsischer Motivation dominiert die Prägung des Rechtmachenwollens. Diese Erkenntnis tat weh.

Braucht man Leadership in selbstorganisierten Teams?

Wie man aus diesem Tal der Schmerzen wieder herauskommen kann, ist vor allem eine Frage von Führung. Die Rolle der Führung war nicht besetzt. Es herrschte ein Leadership-Vakuum. Um dies zu füllen, sollten die Teams zunächst selbst Führungskräfte bestimmen. Es gibt ja in jedem Team natürliche

Führungspersönlichkeiten, die nur gefunden und als solche benannt werden müssen, so die Annahme von Ollmann, Cummins und Kollegen. Wenn die Teams also selbst herausfinden, wer sie führen kann und soll, dann könnte das Vakuum durch diese Personen geschlossen werden. Doch auch das funktionierte nicht. Denn was die vom Team auserkorenen Führungskräfte in ihre Rolle interpretierten, war: »Es ist vom Management gar nicht gewünscht, dass wir als Leader Entscheidungen treffen. Diese sollen demokratisch im Team gefällt werden, also da, wo die Kompetenz liegt.« Und so gab es weiterhin niemanden, der Entscheidungsprozesse steuerte. Zwar wurden einzelne Leadership-Rollen definiert, aber es fehlte eine Person, die die Experten orchestriert und, so wie ein Dirigent, der Entscheider ist. Oder eine Person, die wie der Rektor einer Schule die Fäden zusammenführt. Ein paar Mitarbeiter störte das so sehr, dass sie sich zusammentaten und auf die vier Gefährten zugingen. »Das geht so nicht! Ihr müsst mehr Ansagen machen!«, forderten sie. Ollmann, Cummins und Co. hörten sich diese Forderungen an und sagten nichts. Am nächsten Tag – und dann immer wieder – kam die Mannschaft von Ministry zusammen, um zu definieren: »Was heißt bei uns Leadership?« Immer wieder wurden Verantwortlichkeiten definiert, Entscheidungskompetenzen festgelegt, verworfen, angepasst oder neu definiert.

Und dann ging es auch ohne Teamleader

Dieses Modell mit den festen Teamleads haben sie genau zweieinhalb Jahre lang gelebt. Dann konnten diese Leadership-Rollen aufgegeben werden. Man brauchte sie einfach nicht mehr. Nun war der richtige Zeitpunkt gekommen, um in tatsächlich selbstgesteuerten Teams zu arbeiten. Einzig die Company Manager, die eine oder mehrere Firmen verantworten, übernehmen klassische Führungsaufgaben und treffen übergeordnete Entscheidungen. Doch auch in selbstorganisierten Teams muss definiert werden, wie Entscheidungen getroffen werden. An diesem Prozess arbeiten Ollmann und Kollegen stetig weiter. Die Klaviatur zwischen

»Wir müssen alles entscheiden« bis »Wir dürfen gar nichts entscheiden« muss immer wieder neu gespielt werden. Interessant
ist, dass Führung in den einzelnen Teams bei Ministry ganz unterschiedlich umgesetzt wird: Von der basisdemokratischen bis
hin zur fast klassisch organisierten Teamstruktur gibt es alle möglichen Spielarten. Auch das ist eine unerwartete Erkenntnis: Jedes
Team entscheidet selbst, wie es arbeiten und führen will. So wie
sich jeder Mitarbeiter von seiner Führungskraft wünscht, individuell geführt zu werden, erwarten die Teams dasselbe von ihren
Geschäftsführern.

Wenn wir über vielfältige Führungsansätze und selbstorganisie-
rende Systeme schreiben, dann müsste die nächste Infobox wohl
»#newpay« heißen. In herkömmlichen Unternehmen wird das
Recht, Entscheidungen treffen zu dürfen, höher bezahlt. Die
Funktion »Entscheidungen treffen« wird als eine gewichtige Bür-
de begriffen, deren Relevanz und Folgenschwere höhere Gehäl-
ter rechtfertigt. Führt eine solche Organisation selbstorganisierte
Teams ein, wird man vielleicht Sätze hören wie »Warum sollen
wir das entscheiden? Unser Chef wird doch dafür bezahlt, diese
Entscheidung zu treffen!«.

Solche Sätze hörten die vier Gefährten nie. Denn ein Team zu führen und Entscheidungen zu treffen war bei Ministry keine Funktion, sondern eine Rolle. Damit war Führung nicht an Hierarchien
gebunden, sondern an Kompetenz und Situation. Die Entkopp-
lung von Führung und Gehalt ist eine notwendige Voraussetzung
für selbstorganisierte Teams. Viele Organisationen scheitern daran. Denn klassische Karriereschritte sind so definiert, dass man
eine höhere Funktion einnimmt, wichtigere Entscheidungen fällen darf und deshalb ein höheres Gehalt bekommt. In aller Konsequenz heißt diese Erkenntnis, dass Agilität und Selbstorganisation in hierarchisch strukturierten Unternehmen eigentlich nicht
funktionieren können. Es geht nur, wenn Führung eine Rolle ist,
die jeder mal übernehmen kann, und kein Kriterium für die Höhe
des Einkommens.

Bei Ministry gibt es heute drei Arten von Führung. Zunächst ist es die rein fachliche Führung. Jemand kann etwas besser und hat mehr Erfahrung in einem Bereich und kann dieses Wissen an andere weitergeben.

Dann gibt es eine Variante der disziplinarischen Führung – die Eins-zu-eins-Führungskraft als Coach. Hier geht es darum, jemanden dabei zu unterstützen, seine Ziele zu definieren und diese Ziele zu erreichen. Hierfür ist weniger fachliche Kompetenz, sondern eher Empathie und Erfahrung im Umgang mit Menschen notwendig.

Die dritte Form der Führung ist die strategische Führung einer Organisation. Hier werden Fragen beantwortet wie »Wo wollen wir als Team, als Firma hin? Welche Produkte wollen wir entwickeln? Welche Schwerpunkte wollen wir setzen?«. Hierfür ist es notwendig, auf einer gewissen Abstraktionsebene denken zu können. »Die Bedürfnisse des einzelnen Menschen müssen mir bei der dritten Art der Führung eigentlich egal sein«, so Ollmann. Daher findet er es schwer, alle drei Formen der Führung gleichzeitig zu beherrschen. Der fachlich versierte Entwickler ist vielleicht nicht das empathischste aller Teammitglieder. Der Menschenmotivierer hat vielleicht nicht immer Überblick über Organisationsentwicklung und Märkte. In klassischen Führungsstrukturen nannte man fachliche Führung Management und die strategische Führung eines Unternehmens Leadership. Die zweite Funktion von Führung, die Motivation von Menschen, wurde meist nicht explizit erwähnt, im Idealfall mitgedacht. Bei der Ministry Group gibt es Company Manager, Eins-zu-eins-Coaches und fachliche Führungsrollen nebeneinander.

Je größer das Unternehmen wird, desto mehr kann es sich leisten, zusätzliche Führungsrollen zu etablieren, aber in der Regel nicht in Personalunion, wie es oft in herkömmlichen Organisationen praktiziert wird. Denn eines haben die vier Inhaber verinnerlicht: Egal, wie viel oder wenig und welche Art von Führung benötigt wird, eine aufgesetzte Entscheidung zur Organisation wie seinerzeit bei den X-Teams, die würden sie nicht mehr fällen. Heute verstehen sie sich als Impulsgeber. Wenn es die gesamte Organisation betrifft, arbeiten alle gemeinsam die Umsetzung aus.

Übungsfeld für kollektive Entscheidungsfindung: Urlaub

Diesen Grundsatz haben die vier Gefährten geübt, beispielsweise am Thema Urlaub. Das Bundesurlaubsgesetz lädt laut Ollmann dazu ein, mit Urlaub wie mit einem monetären Gut umzugehen. Er wird aufgespart, ausgelassen, womöglich melden sich Mitarbeiter fälschlicherweise krank, um Urlaub zu sparen – sie tun jedenfalls aus finanziellen Gründen Dinge, die nicht gut für sie sind. Weder erholen sich die Mitarbeiter ausreichend noch wird das Unternehmen davor geschützt, dass sich Urlaubstage ansammeln, die dann im ersten Quartal des neuen Jahres genommen werden müssen. Dieses Vorgehen sollte geändert werden. Und so wurde das Thema bei einem gemeinsamen Business-Frühstück angesprochen. Wer Interesse hatte, daran mitzuarbeiten, sollte sich melden.

Was passierte, war zunächst das Folgende: Mehrere Teams kamen beim nächsten Treffen mit verschiedenen Rückmeldungen zurück. »Wir finden, dass jeder Mitarbeiter über fünf Tage Urlaub selbst entscheiden darf«, vermeldete das eine. Ein anderes fand das Thema schwierig und wollte alles belassen, wie es ist. So war der Aufruf aber gar nicht gemeint, sondern es sollte ja eine kollektive Entscheidung getroffen werden. Inzwischen hat die Urlaubstaskforce eine Lösung erarbeitet, bei der tatsächlich jeder Mitarbeiter über eine bestimmte Anzahl von Urlaubstagen frei verfügen darf. Das Beispiel illustriert, dass das Implementieren von neuen Regeln, ohne dass diese von oben vorgegeben werden, Übung und Erfahrung, Mut und Experimentierfreude bedarf.

Herausforderung: Entscheidungsfindung

Egal, in welcher Organisationsstruktur man arbeitet: Das Treffen von Entscheidungen bleibt eine echte Herausforderung. Insbesondere dann, wenn Entscheidungen in einer Gruppe getroffen werden sollen. Ollmann und Kollegen agieren nach dem Prinzip »Entscheidungen sollen da getroffen werden, wo das Wissen um ihre Notwendigkeit ist und wo die Kompetenz dafür liegt«. Die Ministry Group orientiert sich damit an einem Prinzip von Uwe Lübbermann, Chef und Gründer der Firma Premium Cola, die ebenfalls als Vorreiter für Selbstorganisation gilt und schon früh viele New-Work-Aspekte im Unternehmen implementiert hat. Das Entscheidungsprinzip Lübbermanns besteht aus drei Kategorien: Die erste Kategorie sind Fragen, die eine Person alleine betreffen und die derjenige selber entscheiden kann. Bei der zweiten Kategorie handelt es sich um Entscheidungen zwischen mehreren Parteien oder Gruppen. Die dritte Kategorie betrifft Entscheidungen, die für das ganze Unternehmen relevant sind und die von allen Beteiligten gefällt werden sollten.[25]

Dabei kann jeder bei Bedarf eine Entscheidung eine Etage weiter nach oben schieben. Um dieses Prinzip greifbarer zu gestalten, verwendet die Ministry Group ein Tool, das Jurgen Appelo **Delegation Board** nennt. Dieses Board hilft zu visualisieren, welche Entscheidung überhaupt von wem gefällt werden soll. Das Delegation Board baut auf den »Seven Levels of Delegation« auf und koppelt Entscheidungsbefugnisse an Aufgaben, nicht an Hierarchielevel. Damit wird Kontrolle dezentralisiert, eine Entscheidungsbefugnis aber nicht als grenzenlos verstanden. Passiert Letzteres, geraten Menschen irgendwann an elektrische Zäune, weil sie auf dem falschen Delegationslevel agiert haben. Beim Delegation Board gibt es sieben Delegationsstufen, von »Tell«, also Anordnen, bis »Delegate«, also tatsächliches Delegieren. Bei der Ministry Group wurden die sieben Level auf fünf reduziert. Interessant ist, dass bei Ministry immer zunehmend mehr Entscheidungen auf das Teamlevel wandern.

Entscheidungen per Widerstandsabfrage

Schwieriger ist es, Kriterien für die Entscheidungen an sich zu finden. Insbesondere dann, wenn es für die Entscheidungsgrundlage keine brauchbaren Erfahrungen aus der Vergangenheit gibt, die als Blaupause dienen könnten. Bei Ministry gibt es inzwischen einen agilen Coach, der sich diesem Thema angenommen hat. Er arbeitet als Entscheidungsgrundlage mit dem Prinzip der Widerstandsabfrage. Dabei misst sie den Widerstand gegenüber einer Entscheidung und vergleicht ihn mit dem Istzustand. Es geht um Antworten auf diese Fragen: »Möchte ich etwas ändern?«, »Möchte ich, dass es bleibt, wie es ist?« oder »Lohnt sich der Aufwand der Änderung?«. Das Managementteam, also die Inhaber und Company Manager, behalten sich immer wieder übergreifende Entscheidungen vor, die sie nach der Methode gemeinsam treffen.

Eine weitere Schwierigkeit besteht darin, Entscheidungs- und Diskussionsthemen voneinander zu unterscheiden. Denn sobald es eine Diskussion zu einem Thema gibt, ist es keine Entscheidungsfrage mehr, sondern eben ein Diskussionsthema. Das kann in einen äußerst langwierigen und bisweilen umständlichen Prozess münden.

Und selbst wenn klar ist, dass es sich um ein Entscheidungsthema handelt, ist es trotz aller Tools und Prinzipien dennoch schwierig, mit dem Thema Entscheidungen umzugehen. Ollmann beschönigt hier nichts. Weder das Delegation Board noch das »Lübbermann-Prinzip« bewahren vor Frustration, Missverständnissen und Unklarheiten. »Das betrifft uns doch alle!« oder »Warum hat er oder sie das nicht entschieden?« sind menschliche Regungen, die mit Methoden nicht ausgeschaltet werden können. Im Gegenteil: Manchmal führen sie zu Unmut einer Methode gegenüber. Den eigenen Unmut immer wieder zu reflektieren und auch Unangenehmes aushalten zu können, sind, so Ollmann, die einzigen Möglichkeiten, um zu wachsen und immer besser zu werden.

Andreas Ollmann, David Cummins, ihre Gefährten und Teams wissen, dass diese und andere Erkenntnisse, die sie auf ihrer Heldenreise in die New-Work-Welt gewonnen haben, wertvoll sind – und zwar nicht nur für ihr eigenes Unternehmen, sondern auch für andere. Daher arbeiten sie gerade daran, aus den eigenen Erfahrungen ein Beratungsprodukt zu gestalten. Keine leichte Aufgabe, da Voraussetzungen und Ziele bei jedem Unternehmen sehr verschieden sind. Deshalb bedienen sie sich auch hierbei einer Methode, die eine maßgeschneiderte Produktentwicklung möglich macht: **Design Thinking**. Zwar ist New Work kein Produkt und es lässt sich auch schwer auf Powerpoint-Folien bannen. Aber mithilfe von Design Thinking wird die Ministry Group etwas im New-Work-Kontext entwickeln, das auch für andere Organisationen nutzbringend ist. Wir sind gespannt.

Alles ist im Fluss

Und während wir Andreas Ollmann und David Cummins zuhören, stellen wir erneut fest, dass eine Heldenreise zu New Work verdammt spannend und verdammt anstrengend ist. Es ist ein stetiges Selbstbeobachten und Analysieren, ein »Constant Beta Test«, der als Kontrolle wichtig ist. Funktioniert etwas nicht, muss neu gedacht und neu getestet, also pivotiert – umgedreht – werden. Hier gilt die Binsenweisheit »Geht eine Tür zu, geht eine andere auf«. Dies auszuhalten ist für Organisationen überhaupt nicht banal. Und der anhaltende Stresstest zeigt, dass es niemals fertige Strukturen geben wird. Es gibt keine Methode, die vor den Herausforderungen des stetigen Wandels schützt. Ein Unternehmen, das sich New Work verschrieben hat, ist eine ständige Betaversion seiner selbst.

Aktuell diskutiert die Ministry Group das Thema Finanzen. Es gibt keine Budgets, Geld darf dann ausgegeben werden, wenn es gut begründet und von anderen verstanden wird. Im Moment liegen relativ viele Finanzentscheidungen bei den Inhabern und Company Managern. Das liegt daran, dass sie als Einzige, so Ollmann, den notwendigen Überblick über die Gesamtorganisation haben. Ein Team kann manche finanziellen Entscheidungen nicht treffen, weil die Mitglieder einfach nicht wissen, was in der Gesamtorganisation gerade los ist. Ob das so bleibt oder geändert werden soll, ist derzeit unklar. Mit solcherlei und anderen offenen Fragen muss ein nach New-Work-Prinzipien arbeitendes Unternehmen umgehen können.

Working Out Loud

Sich als ständige Betaversion wahrzunehmen heißt auch, dass manche Prozesse nicht schneller, sondern langsamer vorangehen als in traditionellen Organisationen. Und es bedeutet, dass jedes einzelne Mitglied der Organisation an seine Grenzen stoßen wird. Wie bei einer Art »kleines Scheitern« werden alle früher oder später feststellen, dass sie so nicht weiterkommen. Dann wird es Zeit, umzudenken. Das ist natürlich auch in klassischen Unternehmen der Fall. In diesen Organisationen wird das aber möglichst lange vertuscht. Denken wir nur an die Diesel-Skandale oder die Probleme der HSH Nordbank. Wer seine Organisation als ständige Betaversion versteht, versteht, dass Begrenzungen, Schwierigkeiten oder gar Scheitern dazugehören. Und dass man sich immer wieder etwas einfallen lassen muss. Stetiges Lernen und offen für Neues zu sein ist das Mindset der Wahl.

Bei der Ministry Group wird, wie in vielen klassischen Unternehmen inzwischen auch, das Prinzip des *Working Out Loud* von John Stepper unterstützt. Praktiziert wird es von denen, die an Grenzen stoßen. Working Out Loud (WOL), also die eigene Arbeitsweise »laut« zu machen und mit anderen gemeinsam dazuzulernen, ist eine unternehmensübergreifende Form des Netzwerkens, bei der in kleinen Gruppen, sogenannten Circles, mit ganz unterschiedlichen Menschen Probleme gelöst werden. In einem zwölfwöchigen, sehr strukturierten Prozess werden Lösungen für Herausforderungen gefunden, die weder allein noch innerhalb nur einer

Organisation zu finden wären. WOL Circles können nicht vorgegeben werden, sondern sie entstehen freiwillig und zumeist außerhalb der Arbeitszeit. Das Besondere: Überhaupt zu formulieren, dass man in einer Sache nicht weiterkommt, dass man ein Problem hat, vielleicht schon gescheitert ist. Im WOL wird wertschätzend und offen zusammengearbeitet. Wer jemals Teil eines WOL Circles war, ist zumeist begeistert, wie effektiv eine Lösungsfindung sein kann, wenn Verstecken und Vertuschen von Schwächen unnötig ist und man sich stattdessen gegenseitig unvoreingenommen hilft. Gerade sehr ergebnisorientierte Menschen schätzen die Kraft, die ein WOL Circle entfalten kann.

Veränderungen wie eine Bahnfahrt im ICE

Den Bedarf, sich selbst immer wieder zu hinterfragen, um in einer sich verändernden Welt leben zu können, vergleicht Andreas Ollmann mit einer Bahnfahrt im ICE, bei der sich die Landschaft immer verändert, ohne dass man es so recht merkt. Während der Fahrt in einer S-Bahn oder einem Regionalexpress, gleich einem klassischen Unternehmen, bemerkt man ständig Haltestellen, die Bahn bremst ab, beschleunigt, bei jedem Blick aus dem Fenster ändert sich etwas – jeder Innovationssprung wird bemerkt. Im New-Work-ICE, in dem man sich konstant verändert und kaum merkt, wie man auf 260 Stundenkilometer kommt, stellt man Veränderungen erst dann fest, wenn man aufschaut und aus dem Fenster blickt – oder eben auf den Bildschirm. Erst dann bemerkt man auch die Geschwindigkeit, mit der man von Fulda nach Hamburg gekommen ist.

New Work-Unternehmen gehen nicht davon aus, dass die Umwelt stabil ist. Sie leben in der VUKA-Welt. Sie glauben auch nicht an Change-Prozesse à la Kotter[26], mit einem Anfang und einem Ende, da Veränderungen ja niemals abgeschlossen sind. Als Folge davon wird ständig etwas Neues ausprobiert. Bis neue Prinzipien, Strukturen oder Methoden auch funktionieren, muss viel feinjustiert werden, und das in einem sehr schnellen Tempo. Dabei können solche Anpassungen fast unbemerkt ablaufen oder den Zug brutal zum Stillstand bringen. Um aber immer einmal wieder anzuhalten, innezuhalten und »aus dem Fenster zu schauen«, wurden bei Ministry besondere Tage eingeführt, an denen Bewusstsein geschaffen wird für das, was sich jüngst verändert hat, wie es sich auf die Organisation auswirkt und wie es allen damit geht. »Feiertach« wird das bei Ministry genannt – ein schöner Begriff für Retrospektiven, der an die Anfänge ihrer Heldenreise erinnert, an den Grund, warum die Mitarbeiter dort gern arbeiten sollen: »aus Spaß und Stolz«. Wir haben das Gefühl, das ist es wert.

Infoboxen in diesem Kapitel:

➤ *Scrum*

➤ *Agilität*

➤ *Kanban Board*

➤ *»Start With Why«*

➤ *Motivation*

➤ *Delegation Board*

➤ *Design Thinking*

➤ *Working Out Loud*

Scrum

Was ist Scrum und wofür ist es gut?

Die am häufigsten verwendete agile Methode ist Scrum, entwickelt von Ken Schwaber und Jeff Sutherland. Dabei handelt es sich um eine strukturierte Projektplanungs- und Umsetzungsmethode. Die Teams von zumeist fünf bis neun Teammitgliedern sind dabei nach Rollen organisiert. Die Rollen können unabhängig von Hierarchiestufen definiert werden. Dabei orientieren sich die Rollen der Beteiligten grundsätzlich an den jeweiligen Kompetenzen und den Zielen. Bei den Rollen handelt es sich um folgende:

> Product Owner: Dieser ist für die Wertmaximierung – also den Erfolg – des Projektes verantwortlich. Was soll am Ende des Prozesses geschaffen worden sein? Daraus entwickelt er Anforderungen der einzelnen Teammitglieder, welche im sogenannten Product Backlog festgehalten werden. Es gibt stets nur einen Product Owner, und er ist der Einzige, der die Verantwortung für das Product Backlog trägt. Seine Aufgaben sind die Priorisierung der Einträge im Product Backlog, die Rücksprache mit dem Management und anderen Stakeholdern sowie die Fortschrittskontrolle einzelner Sprints durch Sprint Reviews. Aus dem Feedback der Sprint Review Meetings werden neue Subziele definiert oder bereits definierte Subziele entsprechend angepasst.

> Scrum Master: Ein Scrum-Prozess ist selbstgesteuert und kommt ohne Projektleiter aus. Allerdings nicht ohne die Funktion eines Moderators und Vermittlers. Diese Funktion übernimmt der Scrum Master. Er räumt Hindernisse aus dem Weg und vermittelt zwischen den unterschiedlichen Rollen. Damit stellt er die Einhaltung des Prozesses sicher und sorgt dafür, dass das Team störungsfrei arbeiten kann. Darüber hinaus moderiert und klärt er bei Konflikten. Zuletzt ist er dafür verantwortlich, den Scrum-Prozess auch innerhalb der Organisation zu vertreten und für dessen Akzeptanz zu sorgen.

> Team: Das Team ist für die Umsetzung der Funktionalitäten eines Produktes oder Prozesses verantwortlich. Seine Aufgaben sind im Backlog festgelegt, wobei das Team dies selbst vornimmt. Zwar darf der Product Owner hier Prioritäten vorgeben, aber die Art der Umsetzung obliegt allein dem Team. Teams im Scrum-Prozess müssen möglichst unterschiedlich zusammengesetzt sein, denn sie sollen störungsfrei, fokussiert und unabhängig in ihren jeweiligen Sprints arbeiten. Es müssen also unterschiedliche Kompetenzen vereint sein.

So funktioniert Scrum

Die Aktivitäten eines Scrum-Prozesses unterliegen strengen Zeitfenstern und stellen sich wie folgt dar:

1. Erstellung und Aktualisierung des Product Backlogs: Hier wird geklärt, was die Anforderungen an das zu entwickelnde Produkt sind und in welcher Reihenfolge sie erledigt werden sollen.

2. Sprint Planning: Hier wird die wichtigste Anforderung definiert und der Zeitaufwand geschätzt. Zudem wird die sogenannte Definition of Done definiert, also was genau erreicht sein soll, damit diese Anforderung als erledigt gilt.

3. Daily Scrum: bei diesem kurzen Zusammentreffen (10 bis 15 Minuten maximal) kommen alle Teammitglieder, der Scrum Master sowie meist auch der Product Owner zusammen. Jeder Einzelne präsentiert kurz die folgenden drei Punkte:

   ➤ Was ist seit gestern erledigt?

   ➤ Was soll morgen erledigt werden?

   ➤ Welche Hindernisse gab es?

4. Ein Daily Scrum Meeting oder auch Daily-Stand-up- oder Stand-up-Meeting findet im Stehen statt und beinhaltet ausdrücklich keine übergreifenden Probleme oder Konflikte.

5. Sprint Review: Bei diesem Zusammentreffen aller Beteiligten (und gegebenenfalls weiterer Interessierter) wird geprüft, ob die Definition of Done innerhalb des Spints erreicht wurde. Dazu dürfen sich alle Anwesenden äußern. Bei Bedarf wird der Product Backlog basierend auf dem Sprint Review angepasst. Meist finden diese Treffen alle zwei oder vier Wochen statt.

Sprint Retrospektive: Auch dieses Treffen findet am Ende eines Sprints statt. Inhalt hier sind aber nicht die Ergebnisse, sondern die Arbeitsweise des Teams und der Prozess an sich. Der Scrum Master moderiert und hilft, Verbesserungen in der Zusammenarbeit zu finden und Konflikte zu lösen. Sowohl das Daily-Stand-up-Meeting als auch die Retrospektive können auch losgelöst von Scrum angewendet werden. Bei der Ministry Group wird beispielsweise ein frei gestaltetes *Kanban Board* mit einem Daily-Stand-up-Meeting kombiniert.

Reflexion und Motivation

Der Scrum-Prozess an sich ist nicht für alle Prozesse geeignet. Scrum ist dann geeignet, wenn innovative und umfangreiche Prozesse gesteuert werden sollen. Für kleine Aufträge, kleinteilige Aufgaben oder solche, die eine reine Umsetzung mit hoher Standardisierung beinhalten, ist Scrum nicht anwendbar. Auch macht es überhaupt keinen Sinn, mit Scrum zu arbeiten, wenn fast alle Prozessabschnitte und die anzustrebenden Ergebnisse von vornherein feststehen. Die Bauplanung von Flugzeugteilen etwa – die 50 Jahre Bestand haben sollen –, die sehr klaren Anforderungen unterliegt und deren Erstellung in unflexible Projektschritte unterteilt ist, kann mit Scrum ebenso wenig verbessert werden wie das regelmäßige Finanzreporting einer Controllingabteilung. Wer aber innerhalb einer Abteilung eine größere Veränderung mit vielen unbekannten Variablen schaffen will, kann Scrum als Methode durchaus probieren, unabhängig von Branche und Tätigkeit. Allerdings sollte hierbei sichergestellt sein, dass die Teammitglieder mit eigenverantwortlicher Arbeit ohne »demand and control« vertraut und geübt sind. Ansonsten können schnell Missverständnisse, Unsicherheit und ein übermäßig hoher Abstimmungsbedarf entstehen, der die Vorteile des Scrum-Prozesses ins Gegenteil verkehrt.

Journaling-Fragen

➤ Kann ich mir vorstellen, eines unserer Arbeitsprojekte mit Scrum zu gestalten?

➤ Wenn ja: Wie würde ich das angehen? Wenn nein: Warum nicht?

Wenn Sie mehr über Scrum erfahren möchten:

➤ Sutherland, Jeff; Pappenberger, Sebastian (2018): *Die Scrum Revolution. Management mit der bahnbrechenden Methode der erfolgreichsten Unternehmen.*

Agilität

Was ist Agilität und wofür ist sie gut?

Wer in etablierten Arbeitsumfeldern den Begriff »Agilität« verwendet, erntet nicht selten offenes oder verhohlenes Augenrollen. Nicht immer zu Unrecht, aus mehreren Gründen. Einer besteht darin, dass der Begriff oft falsch interpretiert wird. Alles muss plötzlich schnell gehen, oberflächliche Planung löst ein gründliches Herangehen an wichtige Entscheidungen ab, die Qualität sinkt, es gibt weniger Ressourcen und keiner entscheidet. So wird Agilität nicht selten missverstanden, und zwar auch von denen, die es in ihren Organisationen einfordern.

Mit Agilität hat all das aber nichts zu tun. Agilität meint die Fähigkeit eines Unternehmens oder eines Unternehmensteils, flexibel auf Veränderungen zu reagieren. Da die Veränderungsgeschwindigkeit steigt, kann damit zwar auch ein höheres Tempo einhergehen, aber das ist nicht zwangsläufig der Fall und schon gar nicht Sinn und Zweck von Agilität. Am ehesten ist der Begriff vielleicht mit »Wendigkeit« gleichzusetzen. Ein weiteres Merkmal von Agilität ist ein radikaler Fokus auf den Kunden, wobei mit Kunden auch interne Unternehmensbereiche oder Mitarbeiterinnen und Mitarbeiter gemeint sein können. Ändern sich also Kundenbedürfnisse während eines Prozesses, kann das in einem agil geprägten Planungsprozess umgehend berücksichtigt werden. Diese Fähigkeit gilt für Organisationen als erfolgsrelevant in einer volatilen, unsicheren, komplexen und ambivalenten Arbeitswelt (siehe Infobox **VUKA**).

Dabei muss festgehalten werden, dass der Begriff »Agilität« weder von IT-Spezialisten noch vom Internet erfunden wurde. Er erfährt lediglich eine Renaissance und durch die Digitalisierung sämtlicher Arbeitsprozesse eine neue Ausrichtung. Seinen Ursprung hat der der Begriff als Konzept in den 1950er-Jahren in Form des AGIL-Schemas. Dieses bezeichnet ein Grundkonzept, demzufolge jedes System vier Funktionen erfüllen muss, um sich selbst zu erhalten. Diese sind:

1. Adaptation (Anpassung),

2. Goal Attainment (Zielverfolgung),

3. Integration (Eingliederung, Zusammenhalt) – damit ist die Fähigkeit eines Systems gemeint, Zusammenhalt und Inklusion herzustellen und zu sichern,

4. Latency/Latent Pattern Maintenance (Aufrechterhaltung von Werten und Strukturen).

In den frühen 1990er-Jahren wurde der Begriff »Agilität« auf Produktionsprozesse bezogen, man spricht hierbei von »Agile Manufacturing«. Dieses Konzept gilt als Teilbereich der Lean Production und hat zum Ziel, Produktionsprozesse zu flexibilisieren und dadurch die Bedürfnisse der Kunden besser zu erfüllen. Eine schnelle Produktentwicklung, verschiedenartige ermächtigte Teams sowie eine permanente Optimierung von Produktionsprozessen sind Merkmale von »Agile Manufacturing«. Damit ist dieses Konzept als Vorläufer des heutigen Verständnisses von Agilität zu sehen.

Seit Beginn der 2000er-Jahre ist Agilität im Rahmen von agiler Softwareentwicklung in aller Munde und wird durch Methoden wie **Scrum** repräsentiert. Den Ursprung agiler Softwareentwicklung kann man im Absatz zum Agilen Manifest weiter unten nachlesen. Schon in dieser Definition von Agilität ist erkennbar, dass es sich hierbei nicht um eine Methode oder einen Werkzeugkoffer handelt, sondern vielmehr um Arbeitsprinzipien, die anhand von unterschiedlichen Methoden umgesetzt werden können. Im Mittelpunkt steht dabei aber stets eine Haltung, die bestimmte Handlungsentscheidungen nach sich zieht. In der agilen Softwareentwicklung steht im Vordergrund, entwickelte Systeme, Prozesse oder Produkte möglichst frühzeitig am Kunden zu erproben mit dem Ziel, das Risiko einer Fehlplanung zu minimieren. Durch höchste Transparenz, selbstgesteuerte und ermächtigte Teams, regelmäßiges Feedback durch Kunden und Prozessbeteiligte sowie eine schnelle Fehlerbehebung schon im Entwicklungsprozess sollen Anpassungen vorgenommen werden, um sich flexibel auf Veränderungen einzustellen. Letztlich geht es dabei also um den Anspruch, die Qualität einer Entwicklung zu erhöhen – entgegen dem der Agilität vorauseilenden Ruf, sie mache Entwicklungen oberflächlicher und damit schlechter.

Das Agile Manifest ist die Zusammenfassung der Leitsätze und Prinzipien, auf denen alle agile Methoden aufbauen. Es wurde 2001 von einer Gruppe von IT-Spezialisten in Utah entwickelt und kann unter *agile-manifesto.org* nachgelesen werden. Es besteht aus vier Leitsätzen, aus denen sich wiederum zwölf Prinzipien ableiten. Die vier Leitsätze sind:

1. »Individuen und Interaktionen *sind wichtiger als* Prozesse und Werkzeuge.«

2. »Funktionierende Software *ist wichtiger als* umfassende Dokumentation.«

3. »Zusammenarbeit mit dem Auftraggeber *ist wichtiger als* Vertrags-verhandlung.«

4. »Reagieren auf Veränderung *ist wichtiger als* das Befolgen eines Plans.«

Der jeweils hintere Satzteil wird dabei ebenso als wichtig erachtet, tritt aber im Zweifel zurück. Basierend auf diesen vier Leitsätzen arbeiten Verfechter des Agilen Manifestes nach zwölf Prinzipien, laut denen zusammengefasst die folgenden Aspekte im Mittelpunkt stehen sollen:

1. Kundenzufriedenheit als oberste Priorität,

2. Aufgeschlossenheit Anforderungsänderungen gegenüber,

3. Einhalten kurzer Lieferzeiten,

4. Wille zur täglichen Zusammenarbeit der Fachexperten,

5. Vertrauen motivierten Individuen gegenüber und ihre Unterstützung,

6. Bereitschaft, miteinander direkt zu kommunizieren,

7. Funktionalität der Software als wichtigstes Fortschrittsmaß,

8. Einhaltung eines gleichmäßigen Arbeitstempos,

9. ständige Fokussierung auf auf technische Exzellenz und gutes Design,

10. Einfachheit,

11. Selbstorganisation der Teams,

12. Selbstreflexion zur ständigen Verbesserung der Effizienz.[27]

So funktioniert Agilität

Agile Prozesse finden in Iterationen statt, also in kurzen, sehr konzentrierten Arbeitsphasen (oft als Sprints bezeichnet). In diesen Phasen sollen Arbeitsteams mit möglichst hoher, hierarchieübergreifender Eigenverantwortung und von äußeren Faktoren ungestört an ihren Aufgaben arbeiten. Die Aufgaben sind auf ein Subziel ausgerichtet, das Teil des Gesamtziels eines Projektes ist. Störfaktoren schließen dabei auch

Kontrollen durch Führungskräfte ein, zudem alle anderen Einflüsse, die den Fokus auf die jeweilige Arbeitsphase stören können. Statt langfristige Prozesse mit ständiger Unterbrechung oder Korrektur handhaben zu müssen, werden einzelne Prozessphasen verkürzt und deren Zwischenergebnisse in regelmäßigen Feedbackschleifen überprüft und Ziele gegebenenfalls angepasst. Dieses Vorgehen hat vermutlich das Vorurteil, agiles Arbeiten bedeute per se schnelles Arbeiten, genährt. Tatsächlich werden die Planungszyklen ja kürzer. Aber es geht dabei um eine zügige Anpassung an Kundenbedürfnisse und Marktentwicklungen, nicht um eine Beschleunigung des Prozesses oder gar um eine generelle Verknappung von Ressourcen.

Dabei sollen die Zwischenergebnisse von Schleife zu Schleife besser und vollständiger werden. Diese stufenweise Verbesserung bezeichnet man auch als »inkrementelles Vorgehen«, das ebenfalls Bestandteil agiler Prozesse ist.

Inzwischen hat sich Agilität insofern emanzipiert, als dass sie aus der Nische der Softwareentwickung herausgetreten ist. Alle zuvor beschriebenen Prinzipien und deren zugrunde liegende Haltung haben sich zu einem übergreifenden Organisationsprinzip entwickelt. Dieses erfordert organisationsweit eine bestimmte Kultur, in der agile Prozesse umgesetzt werden können. Diese Kultur schließt dabei auch nicht agile Prozesse mit ein. Sie umfasst im Wesentlichen die folgenden Merkmale: Entbürokratisierung und insbesondere die hierarchieunabhängige Verlagerung von Entscheidungskompetenz in die Teams, der Verzicht auf kleinteilige Vorgaben und deren Kontrolle, wann immer dies möglich ist, Experimentierfreude und unmittelbar damit verknüpft eine positive Fehlerkultur (siehe Kapitel 3, **positive Fehlerkultur**). Damit ist keine Gleichgültigkeit gegenüber Fehlern gemeint, sondern im Gegenteil die Haltung, Fehler machen zu dürfen, um aus ihnen zu lernen. Durch das bewusste Einkalkulieren von Irrtümern und Fehlentscheidungen können Prozesse schnell verbessert werden (»fail fast«). Dazu gehört auch eine Kultur wertschätzenden und konstruktiven Feedbacks sowie einer Kommunikation auf Augenhöhe.

Reflexion und Motivation

Mehrere Studienergebnisse deuten inzwischen darauf hin, dass die Anwendung agiler Prinzipien und Methoden die Effektivität von Organisationen signifikant erhöht. Für die Studie »Status Quo Agile 2016/2017« der Universität Koblenz aus dem Jahr 2017 wurden Mitarbeiter von über

1000 Firmen in 30 Ländern zur Effektivität agiler Methoden interviewt. 91 Prozent der Befragten bewerteten die Verbesserungen durch agiles Vorgehen höher als den Aufwand, der durch die Einführung agiler Methoden entsteht. Interessant ist, dass 72 Prozent der Anwender agiler Methoden Wandel als Bestandteil der Unternehmenskultur sahen. Im klassischen Umfeld lag dieser Anteil nur bei 50 Prozent. Daraus kann abgelesen werden, dass Agilität dann eine unterstützende Unternehmenskultur darstellt, wenn Wandel für den Erfolg eines Unternehmens eine große Rolle spielt. Weniger als 5 Prozent der Befragten sorgten sich dabei um mangelnde Qualität oder fehlende Disziplin. Die Topdrei-Gründe für die Anwendung agiler Methoden waren eine kürzere Produkteinführungszeit, die Optimierung der Qualität und die Reduktion der Risiken des Projekts.[28] Diese Zahlen belegen den Nutzen von Agilität und helfen, mit den Vorurteilen dieses Organisationskonzepts aufzuräumen, wenngleich Agilität nicht als Wundermedizin gegen ineffektive Prozesse und Unternehmen gepriesen werden sollte. Unternehmensbereiche, deren Erfolg nach wie vor durch Langfristigkeit oder immer wiederkehrende Abläufe determiniert ist, werden von Agilität weniger profitieren. Hier kann eine erzwungene Umsetzung agiler Prinzipien sogar zu hoher Verunsicherung und Ineffektivität führen.

Journaling-Fragen

➤ Entspricht eine agile Vorgehensweise grundsätzlich meinem Arbeitsansatz oder müsste ich mich anstrengen, um nach agilen Prinzipien zu arbeiten? Warum?

➤ Welcher Arbeitsprozess, den ich erlebt habe, wäre unter Anwendung agiler Prinzipien besser verlaufen?

➤ Was kann ich tun, um in meinem Arbeitsumfeld Agilität dort zu fördern, wo es Sinn machen würde?

Wenn Sie mehr über Agilität erfahren möchten

➤ Preußig, Jörg (2015): Agiles Projektmanagement. *Scrum, Use Cases, Task Boards & Co.*

Kanban Board

Was ist ein Kanban Board und wofür ist es gut?

Kanban ist eine einfache Optimierungsmethode, die schnell und un-kompliziert in agilen und klassischen Firmenstrukturen angewendet werden kann. Ein Kanban Board visualisiert Projektabschnitte mit dem Ziel, kontinuierlich besser zu werden. Kanban kommt aus dem Japani-schen und heißt so viel wie »Signal«, »Karte« oder »Etikett«. Ursprünglich wurde Kanban vom Hersteller Toyota entwickelt, um Lagerbestände zu minimieren und Produktionsabläufe zu optimieren. Es ging vorrangig darum, nur das zu produzieren, was auch tatsächlich gebraucht wurde. Damit entspricht Kanban der Lean-Production-Philosophie. 2007 hat David J. Anderson Kanban auf die Softwareentwicklung übertragen.

So funktioniert Kanban

Kanban folgt gemäß Anderson folgenden vier Grundsätzen:

➤ Dort beginnen, wo man sich gerade befindet.

➤ Inkrementelle, evolutionäre Veränderungen anstreben.

➤ Auf bestehenden Rollen, Abläufen und Prozessen aufsetzen und diese respektieren.

➤ Leadership auf allen Ebenen in der Organisation fördern.[29]

Hieran ist abzulesen, dass Kanban umgesetzt werden kann, ohne gleich die ganze Organisation, ihre Rollen oder Funktionen umzukrempeln. Ein Kanban Board funktioniert dabei nach den folgenden Prinzipien:

➤ Visualisierung,

➤ Limitierung,

➤ Workflow/Messung von Kennzahlen,

➤ klare Regeln,

➤ kontinuierliche Verbesserung (Kaizen),

➤ Führung.

Die Visualisierung besteht aus einem Board (zum Beispiel Whiteboard, Metaplanwand), das in drei Spalten aufgeteilt ist:

➤ To-do/Aufgabe: Alle zu erledigenden Aufgaben werden hier zunächst aufgelistet, zumeist in Form von Klebezetteln. Diese Liste wird wie in anderen agilen Methoden auch Backlog genannt.

➤ Doing/in Bearbeitung: Sobald begonnen wurde, an einer Aufgabe zu arbeiten, wird der Zettel hierunter geheftet.

➤ Done/erledigt: Dort wandert die vollständig erledigte Aufgabe hin.

Dem Prinzip der Limitierung kommt dabei eine besondere Bedeutung zu. Als Grundsatz gilt: lieber zwei erledigte als zehn angefangene Aufgaben. Die jeweils zuständigen Mitarbeiter können farbigen Klebezetteln zugeordnet werden. Der Prozessfluss oder Workflow kann so ständig anhand von Kennzahlen gemessen und darauf aufbauend verbessert werden.

Reflexion und Motivation

Durch die einfache Visualisierung eines Prozesses sind viele ansonsten zeitaufwendige Abstimmungen nicht notwendig, sie sind ja am Kanban Board sichtbar. Dadurch ist auch schnell zu erkennen, ob ein Projekt »überläuft«, also zu komplex ist, ob es ins Stocken geraten ist oder wo es Engpässe gibt. Da aus der »To-do-Liste« die Aufgaben von den Teammitgliedern quasi »abgeholt« werden, ist Kanban zudem eine motivierende Methode und fördert die Selbststeuerung von Teams. Allerdings funktioniert das Kanban Board nicht für sehr komplexe Projekte und es erfordert, dass Aufgaben überhaupt klar voneinander zu trennen sind. Zudem muss sichergestellt sein, dass mehrere Personen mehrere Aufgaben übernehmen können. Ansonsten wird es schwierig sein, das Backlog komplett abzuarbeiten. Ein Kanban Board kann sehr schnell und einfach ausprobiert werden, auch wenn ansonsten eher klassisch gearbeitet wird. Zumeist wirkt es belebend auf ein vielleicht eher träge gewordenes Team, das still vor sich hin arbeitet. Allein die Visualisierung der eigenen Aufgaben motiviert und macht Spaß.

Journaling-Frage

➤ Welche meiner Aufgaben oder die meines Teams würde ich gern in einem Kanban Board visualisieren? Warum?

Wenn Sie mehr über das Kanban Board erfahren möchten:

➤ Leopold, Klaus; Kaltenecker, Siegfried (2018): *Kanban in der IT: Eine Kultur der kontinuierlichen Verbesserung schaffen.*

➤ Eisenberg, Florian (2018): *Kanban – mehr als Zettel. Wie die Methode Ihnen zu echtem Mehrwert verhilft.*

»Start With Why«

Was ist »Start With Why« und wofür ist es gut?

Simon Sinek beschreibt in seinem viel zitierten Buch und gleichnamigen Konzept, warum manche führende Persönlichkeiten Menschen inspirieren und zum Handeln bewegen, während es anderen nicht gelingt. Die Antwort liegt nach Sinek in der Frage nach dem Warum. Und mit »Warum« ist nicht gemeint, dass sie Gewinn erzielen wollen. Das ist vielmehr das Resultat. Mit »Warum« ist gemeint, welchen Zweck ein Mensch oder eine Organisation verfolgt, was der Grund ihres Handelns ist und woran sie glaubt. »Warum existiert deine Organisation?« Die meisten Menschen denken dabei von außen nach innen, wobei Sinek das Bild von drei Kreisen zeichnet. Im äußeren liegt das Was, im mittleren das Wie und im Inneren das Warum. Wir denken zumeist vom Was über das Wie zum Warum. Vom Offensichtlichen zum weniger Klaren.

So funktioniert »Start With Why«

Sinek verdeutlicht das am Beispiel von Apple. Apples Marketingbotschaft könnte sein: »Wir stellen großartige Computer her. (Was) Sie sind optisch ansprechend und besonders benutzerfreundlich. (Wie) Wollen Sie einen kaufen?« Man würde wohl kaum zucken, an dieser Botschaft ist nichts Inspirierendes, das einen auffordert, etwas zu tun oder womöglich Geld auszugeben. Aber Apple kommuniziert seit jeher anders. Die Botschaft lautet: »Wir stellen in allem, was wir tun, Bestehendes infrage. Wir glauben, dass man anders denken sollte als die große Mehrheit (Warum). Wir hinterfragen den Status quo, indem wir Computer herstellen, die schön sind und besonders benutzerfreundlich (Wie). Und so kam es, dass wir großartige Computer hergestellt haben (Was).

Wollen Sie einen kaufen?« Eine völlig andere Aussage, aber mit gleichem Inhalt – nur eben von innen nach außen gedacht. »Menschen kaufen nicht, was wir tun. Sie kaufen, warum wir etwas tun«, sagt Sinek. Folgerichtig heißt sein Buch *Start With Why* in der deutschen Übersetzung *Frag immer erst: warum*. Die Produkte, die Apple anbietet, gibt es auch bei anderen Anbietern, ähnlich gut. Aber nicht den Grund, den Kerngedanken, der hinter den Produkten steht. Sinek nennt das auch den »Golden Circle«.

Von innen nach außen zu kommunizieren hilft zudem, komplizierte Zusammenhänge zu verstehen, sie in Bezug zu setzen. Welche Features hat ein Produkt? Das verstehen wir besser, wenn wir verstehen, warum es das Produkt gibt. Denn wenn wir von innen nach außen kommunizieren, erreichen wir direkt diejenigen Gehirnregionen, die für unsere Verhaltenssteuerung zuständig sind, genauer: dafür, welche Entscheidungen wir treffen. Es handelt sich um das limbische System. Erst nachdem Informationen das limbische System durchlaufen haben, werden sie rational begründet. Wir kennen ja alle die Zweifel, die oft bleiben, obwohl wir hervorragend informiert sind. »Es fühlt sich nicht richtig an«, denken wir dann. Dann haben die Informationen das limbische System nicht erreicht. Die Antwort auf das Warum, der Sinn hinter einer Aufforderung, zielt aber direkt auf das limbische System und damit das Gefühl, das uns am Ende Entscheidungen treffen lässt.

Reflexion und Motivation

Diese Erkenntnisse von Sinek, in jeder Kommunikation das Warum in den Mittelpunkt zu stellen, ist auf sämtliche Arbeitsprozesse übertragbar. Menschen, die wissen, warum sie etwas tun, sind aktivierter als solche, die das nicht wissen. Geschäftsentscheidungen, die auf der Antwort auf ein Warum basieren statt auf der Frage »Was wollen wir machen?« oder auf der Frage »Wie wollen wir es machen?«, sind nachhaltiger und resistenter gegenüber Krisen von außen. In der neuern Managementliteratur nimmt der Begriff »Purpose« daher eine immer größere Rolle ein (siehe Infobox *Purpose* in Kapitel 1). Zur Gestaltung und Kommunikation von Prozessen nach außen und innen gehört im Zusammenhang mit New Work immer auch die Frage nach dem Warum. Letztlich ist sie der Weg zum Ursprung von New Work: der Frage nach dem, was wir »wirklich wirklich wollen«, also der Verbindung zu uns selbst, zu unserem inneren Kern (vergleiche Frithjof Bergmann in der Infobox *New Work* in der Einleitung).

Journaling-Fragen

➤ Warum tue ich meine Arbeit?

➤ Was begeistert mich an meiner Arbeit?

➤ Was kann ich tun, um meiner Arbeit mehr Sinn zu geben?

➤ Womit kann ich anfangen?

Wenn Sie mehr über »Start With Why« erfahren möchten

➤ Sinek, Simon (2014): *Frag immer erst: warum. Wie Führungskräfte zum Erfolg inspirieren.*

Motivation

Was ist Motivation und wofür ist sie gut?

Ganze Bibliotheksabteilungen füllen das Thema Motivation. Zum einen, weil die Frage aller Fragen für Führungskräfte lautet: »Wie motiviere ich meine Mitarbeiter?«, zum anderen, weil es darauf natürlich keine abschließende Antwort gibt. An dieser Stelle soll nur auf den Teil von Motivation eingegangen werden, der im New-Work-Kontext relevant ist.

Einige Populärwissenschaftler, darunter Reinhard Sprenger[30], behaupten, man könne überhaupt niemanden motivieren, etwas zu tun. Das stimmt so nicht, aber was er damit sagen will, schon: Er meint, dass die Handlungsmotive des Einzelnen nicht von außen veränderbar sind, sondern lediglich das Verhalten, das diese Motive aktiviert. Motive sind dabei Bedürfnisse, denen ein Ziel zugeordnet wird. Hat jemand also etwa ein großes Bedürfnis nach Freiheit, so wird sein Motiv im Arbeitsleben sein, dass er oder sie möglichst viele Entscheidungen treffen kann. Um jemanden mit diesem Bedürfnis zu motivieren, muss ich also den Entscheidungsraum möglichst groß halten. Hat jemand ein sehr hohes Sicherheitsbedürfnis, wird sein Motiv vielleicht Vorhersehbarkeit sein, und ich kann diese Person durch die Zuteilung von Aufgaben motivieren, deren Ausgang einigermaßen gut abzuschätzen ist. Diese Unterscheidung ist wichtig, denn viele Führungskräfte und Unternehmenslenker gehen davon aus, dass andere durch dieselbe Bedürfniserfüllung motiviert werden wie sie selbst. Das ist ein Irrtum, der zu Demotivation führt. Motivation entsteht durch den Rahmen und die Bedingungen, unter denen wir arbeiten. Daher können wir für uns motivierende und uns demotivierende Arbeitsbedingungen vorfinden.

So funktioniert Motivation

Einig sind sich Motivationsforscher darin, dass es extrinsische und intrinsische Motivation gibt. Bei extrinsischer Motivation steht das Ziel im Fokus, eine bestimmte Leistung zum Erlangen eines Vorteils (Belohnung) oder zur Vermeidung eines Nachteils (Bestrafung) zu erbringen. Intrinsische Motivation hingegen beinhaltet das Bestreben, etwas aus eigenem Antrieb von innen heraus zu tun, weil es zum Beispiel Spaß macht, den eigenen Interessen entspricht oder eine persönliche Herausforderung darstellt. Sind wir intrinsisch motiviert, etwas zu tun, halten wir unser Vorgehen für sinnvoll, ohne eine Belohnung von außen zu benötigen oder zu erwarten. Wer intrinsisch motiviert wird, kann in den sogenannten Zustand des Flow kommen. Flow entsteht, wenn unsere Kompetenzen mit den Anforderungen im Einklang sind, wenn wir weder über- noch unterfordert sind sowie Autonomie verspüren. Im Zustand des Flow verwenden wir, neurologisch betrachtet, die uns zur Verfügung stehende Datenbandbreite und sind durch andere Sinneseindrücke nicht mehr ablenkbar. Wer im Flow ein spannendes Buch in der Bahn gelesen hat, ist sicher schon einmal ein paar Stationen zu weit gefahren. Dan Pink hat das Prinzip der Motivation unter Abwesenheit von Belohnungssystemen auf den Punkt gebracht. Der Flow heißt bei ihm »Mastery«. Er beschreibt, wie hinderlich Belohnungen dafür sind, dauerhaft gute Leistungen zu bringen, zumindest wenn es sich um komplexe oder kreative Aufgaben handelt. Wer sich mit Motivationsforschung befassen möchte, kommt an seinem Werk *Drive* nicht vorbei. Als Beispiel für seine These sei hier ein spannendes Experiment wiedergegeben, das seine Theorie belegt.[31] In diesem wurden Kinder in zwei verschiedene Gruppen eingeteilt und dann jeweils für eine Stunde mit Stiften und Papier alleine in einem Raum gelassen. Während Gruppe 1 wortlos in den Raum geschickt wurde, erhielt Gruppe 2 den Hinweis, dass sie für das Malen von Bildern am Ende Süßigkeiten bekommt. Beide Gruppen nutzten die Zeit, um Bilder zu malen. Eine Woche später wiederholte man das Experiment, sodass sich bei Gruppe 2 nun fest das Muster eingeprägt hatte: Wenn ich male, bekomme ich Süßigkeiten. Gruppe 1 malte die Bilder zum Zeitvertreib, weil sie daran Spaß hatte. Bereits zu diesem Zeitpunkt zeigte sich, dass die Kinder, die für die Belohnung malten, weniger Interesse am Malen hatten. Sie taten es nur noch für die Süßigkeiten. In der dritten Woche bekam Gruppe 2 dann wie Gruppe 1 keine Süßigkeiten mehr. Hier zeigte sich das wahre Ausmaß der unterschiedlichen Vorgeschichte. Die zweite Gruppe war größtenteils nicht mehr bereit, die Zeit zum Malen zu nutzen. Selbst Kinder, die in ihrer Freizeit sonst gerne malten und damit eigentlich eine hohe intrinsische Motivation mitbrachten, weigerten sich in dieser Belohnungsumgebung, Bilder zu malen.

Diese Beispiele und Erkenntnisse, dass man Menschen intrinsisch motivieren, sie gar in einen Flow versetzen kann, gehen auf die X-Y-Theorie nach McGregor zurück. X und Y stellen dabei zwei unterschiedliche Menschenbilder dar. Nach der X-Theorie sind Menschen grundsätzlich faul. Sie benötigen die Aussicht auf Belohnung oder die Androhung von Strafe, um sich überhaupt in eine bestimmte Richtung zu bewegen. Die Y-Theorie hingegen geht davon aus, dass Menschen grundsätzlich leistungsbereit sind und durch Arbeit innere Zufriedenheit erlangen können. Wer sich mit den Zielen und Werten seiner Organisation und mit seinen Aufgaben identifiziert, wird demnach im Sinne der Organisation handeln, kreativ sein, Verantwortung übernehmen und Probleme lösen.

Wer andere dergestalt motivieren möchte, muss sich mit deren Bedürfnissen auseinandersetzen. Strebt jemand nach Anerkennung? Ist Sicherheit wesentlich, um sich aktiviert zu fühlen, oder eher Zugehörigkeit? Braucht jemand viel Freiheit oder eher Struktur? Die Kenntnis über solche Bedürfnisse ist Voraussetzung, um ein motivierendes Umfeld zu schaffen. Übrigens auch, um sich selbst zu motivieren.

Reflexion und Motivation

Bei New Work steht die Y-Theorie im Mittelpunkt. Unternehmen, die Menschen und ihre innere Motivation bestärken, die sie ermutigen, Entscheidungen zu treffen und ihnen Raum für Kreativität geben, sind demnach erfolgreicher und gleichzeitig anpassungsfähiger an Veränderungen von außen. Sie geben ihren Mitgliedern einen Sinn, also das Gefühl, zu etwas Größerem beizutragen, das ihnen entspricht.

Journaling-Fragen

➤ Welchen Sinn sehe ich in meiner Arbeit?

➤ Zu was trage ich durch meine Arbeit bei?

➤ Was motiviert mich? Sind meine wichtigsten Bedürfnisse durch meine Arbeit erfüllt? Was kann ich tun, um dem näherzukommen?

➤ Wie gut kenne ich die Bedürfnisse und Kompetenzen meiner Kollegen? Was kann ich künftig tun, um diese besser zu berücksichtigen?

Wer mehr über Motivation erfahren wollen

➤ Pink, Daniel H. (2010): *Drive. Was Sie wirklich motiviert.*

Delegation Board

Was ist das Delegation Board und wofür ist es gut?

Das Delegation Board ist eine agile Delegationsmethode, mit der sichtbar wird, auf welcher Ebene Verantwortung und Entscheidungsbefugnisse innerhalb einer gestellten Aufgabe liegen. Das Konzept von delegierten Entscheidungen hat Jurgen Appelo mit »Seven Levels of Delegation« entwickelt. Dabei wird für jede Aufgabe definiert, auf welchem Level Verantwortung und Entscheidungsbefugnis liegen. Auf diese Weise werden Verantwortungsübernahme und Entscheidungsbefugnisse auf allen Hierarchieebenen denkbar. Wer auf welchem Level was entscheiden darf, wird auf dem Delegation Board transparent und nachvollziehbar festgehalten. Mit dieser Systematik soll verhindert werden, dass Mitarbeiter an »unsichtbare elektrische Zäune stoßen«, weil sie zwar entscheiden dürfen, aber unbewusst und unabsichtlich ihren Kompetenzrahmen überschritten haben.

So funktioniert ein Delegation Board

Für Aufgaben innerhalb eines Teams gibt es sieben Delegationsebenen[32]:

1. Tell: Der Vorgesetzte entscheidet allein. Die Entscheidung steht nicht zur Diskussion.

2. Sell: Der Vorgesetzte entscheidet zwar, versucht aber im Anschluss, sein oder ihr Team von der Richtigkeit der Entscheidung zu überzeugen.

3. Consult: Der Vorgesetzte fragt nach Input und entscheidet unter Berücksichtigung der Meinungen der anderen.

4. Agree: Einer Entscheidung geht eine Diskussion voraus. Entschieden wird erst, wenn sich alle geeinigt haben.

5. Advise: Der Vorgesetzte bietet sein Know-how an, aber die Entscheidung liegt beim Team.

6. Inquire: Das Team entscheidet und hat im Anschluss die Aufgabe, den Vorgesetzten von der Richtigkeit der Entscheidung zu überzeugen.

7. Delegate: Auf diesem Level wird vollständig delegiert. Der Vorgesetzte gibt alle Entscheidung ans Team ab und will so wenig wie möglich über Details wissen.

Für die Entwicklung des Delegation Boards schlägt Jurgen Appelo das sogenannte Delegation Poker vor. Es funktioniert wie folgt: Jeder Spieler erhält vor Spielbeginn einen Satz mit Karten, die von eins bis sieben, also den Delegationslevels, durchnummeriert sind. Für eine ausgewählte Aufgabe wie »Entscheidung über eine Projektannahme«, »Anschaffungen unter 100 Euro« oder »Einstellen neuer Mitarbeiter« überlegt sich nun jeder im Stillen, welches Delegationslevel er bei dieser Entscheidung wählen würde. Dann werden alle Karten aufgedeckt und die jeweiligen Level begründet. Von dem Ergebnis des Spiels wird abgeleitet, wer welche Aufgabe auf welchem Delegationslevel entscheiden darf.

Reflexion und Motivation

Delegation Poker zeigt sehr deutlich, dass Delegation keine rein binäre Entscheidung ist (dürfen oder nicht dürfen), sondern dass es zahlreiche Grautöne gibt, die ausgehandelt werden können. Zudem ist Delegation nach diesem Prinzip ein schrittweiser Prozess, der langfristig zu einem erhöhten Maß an Selbstorganisation führt. Als Einführung in die Denk- und Arbeitsweise im New-Work-Kontext ist diese Methode hilfreich. Sie berücksichtigt nicht nur das Wissen aller Beteiligten, sondern auch deren persönliche Wahrnehmung und deren Wunsch, in einer bestimmten Tiefe mitzugestalten – oder auch nicht. Gleichzeitig wird ein effektiver und klarer Prozess sichergestellt. Für die Definition von zu liefernden Ergebnissen, Zielen oder die Abarbeitung von umfangreichen Arbeitspaketen ist das Delegation Board nicht geeignet.

Journaling-Fragen

> Bei welchen Aufgaben in meinem Arbeitsleben würde ich gern mehr mitentscheiden? Bei welchen weniger?

> Wäre das Delegation Board eine gute Alternative für mich, um meine Arbeit im Team zu gestalten? Was gefällt mir daran?

> Bei welchen Themen kann ich die Arbeit mit einem Delegation Board selbst vorschlagen und zeitnah umsetzen?

Wenn Sie mehr über das Delegation Board erfahren möchten

> Appelo, Jurgen (2016): *Managing for Happiness. Übungen, Werkzeuge und Praktiken, um jedes Team zu motivieren.*

Design Thinking

Was ist Design Thinking und wofür ist es gut?

Design Thinking ist eine der bekanntesten agilen Methoden, um den Kundennutzen von Innovationen und Produkten herauszuarbeiten. Es ist der Lean-Start-up-Philosophie zuzuordnen, nach der mit möglichst wenig Ressourcen möglichst schnell ein Prototyp eines Produktes, einer Dienstleistung oder einer Unternehmung erstellt werden kann, weil von Anfang an das Feedback von Nutzern und potenziellen Kunden einfließt.

Entwickelt wurde diese Innovationsmethode zu Beginn der 1990er-Jahre von David Kelley, Larry Leifer und Terry Winograd im Silicon Valley. Inzwischen hat sich Design Thinking weltweit etabliert, es gibt zahlreiche Institute, die es lehren und stetig weiterentwickeln. Zu den bekanntesten im deutschsprachigen Raum gehören das Hasso-Plattner-Institut sowie die Macromedia Hochschule für Medien und Kommunikation.

Design Thinking schließt die drei Komponenten Mensch, Technik und Wirtschaftlichkeit als gleichwertig in den Planungsprozess ein. Damit – und mit der radikalen Kundenorientierung – unterscheidet es sich von herkömmlichen Produktentwicklungsmethoden, bei denen zumeist die technische Lösbarkeit einer Aufgabe im Mittelpunkt steht. So steht Design Thinking gleichzeitig für einen Innovationsprozess und eine Arbeitskultur. In einer Kultur, in der Produktentscheidungen nicht von Anwendern, sondern in der Chefetage getroffen werden, kann Design Thinking nicht wirklich angewendet werden. Design Thinking ist an keine Branche gekoppelt und kann in Großkonzernen ebenso eingesetzt werden wie im Mittelstand oder von Entrepeneuren – vorausgesetzt, es geht tatsächlich um die Erschaffung von etwas Neuem. Für Optimierungen bestehender Produkte oder Prozesse, das Entwickeln von Varianten oder schon sehr feststehenden erwarteten Arbeitsergebnissen eignet sich Design Thinking nicht.

So funktioniert Design Thinking

Ein Design-Thinking-Team ist möglichst heterogen und interdisziplinär. Analytiker, Ingenieure und Wirtschaftswissenschaftler etwa arbeiten gemeinsam mit Designern, Vertrieblern und Marketingfachleuten. Ganz bewusst werden von Anfang an unterschiedliche Perspektiven integriert, die in den Lösungsprozess einfließen. So entsteht eine Schnittmenge aus Wirtschaftlichkeit, Machbarkeit und Nutzerwünschen. »Problems can be complicated – solutions not«, sagt der Design Thinker.

Der Design-Thinking-Prozess wird oft in zwei rautenförmigen »Diamanten« verbildlicht. Zu Beginn fragen Design Thinker die Nutzer nach ihren Bedürfnissen in einem bestimmten Umfeld oder zu einem bestimmten Produktthema, bevor die eigentliche Innovationsaufgabe definiert wird. Erst durch die Nutzerantworten kristallisiert sich eine Richtung heraus. Es werden also zunächst alle möglichen Optionen aufgemacht (der Diamant öffnet sich), die sich erst im weiteren Verlauf zu einer Aufgabe, einer Innovationsidee, verdichten (der Diamant schließt sich wieder). In einem weiteren rautenförmigen Diamanten werden dann im späteren Verlauf zahlreiche – auch zunächst unrealistische – Ideen entwickelt (der Diamant öffnet sich), aus denen dann ein Prototyp (Diamant schließt sich) geschaffen wird.

Der typische, mit rautenförmigen Diamanten dargestellte Design-Thinking-Prozess besteht aus sechs Schritten:

1. Verstehen: Hier wird die zentrale Fragestellung einer Aufgabe definiert. Für wen soll eine Lösung entwickelt werden? Was ist möglicherweise das Bedürfnis oder Problem? An diesem Punkt recherchiert ein Design-Thinking-Team, versetzt sich in die Lage möglicher Zielgruppen und entwickelt daraus einen Fragenkatalog, den potenzielle Nutzer beantworten.

2. Beobachten: Das sehr genaue Beobachten der Zielgruppe ist ein wichtiger Teil der Recherchephase. Oft werden mögliche Nutzer und ihr Verhalten im Innovationsfeld genau unter die Lupe genommen. Wer etwa eine innovative Idee zu einer Uhr hat, beobachtet Menschen bei der Nutzung oder dem Kauf ihrer Uhren. Wer bevorzugt klassische Uhren mit Lederarmbändern, wer technologisch orientierte Uhren wie die Apple Watch? Warum? Hier ist es wichtig, sich empathisch in die Menschen hineinzuversetzen. Dabei werden gern extreme Nutzer oder extreme Nicht-Nutzer beobachtet. Warum verwenden sie ein Produkt exzessiv oder lehnen es kategorisch ab? Alle Beobachtungen, die durch Gespräche angereichert werden können, werden dokumentiert und verdichten sich am Ende dieser Phase zum Start des eigentlichen Projekts (erster Diamant).

3. Point of View: Diese Einsichten werden nun zu einem Gesamtbild zusammengefügt, aus dem wiederum ein prototypischer Nutzer entwickelt wird. Dafür ist ein Austausch über alle Beobachtungen und Erfahrungen essenziell. Dabei werden gemeinsame Muster herausgearbeitet, meist durch die Visualisierung von Beobachtungen und Storytelling. Wichtig ist, dass alle Teammitglieder denselben Wissensstand haben und mit den gleichen Informationen arbeiten, denn der daraus ermittelte Nutzerprototyp mit seinen Bedürfnissen ist die Basis für alle nachfolgenden Entwicklungsschritte.

4. Ideenfindung: Diese Phase ist der eigentliche Kreativprozess. Hier werden gemeinsam Ideen entwickelt und visualisiert. Oft per Brainstorming und auf großen Papieren, die auf dem Tisch ausgebreitet werden. In diesem Punkt des Design-Thinking-Prozesses sind Maximen für die Vorgehensweise maßgeblich, die unten kurz dargestellt werden. Es ist essenziell, dass auch die abwegigsten Ideen geäußert

werden dürfen und dass im Zweifel der Mensch und seine Wünsche Vorrang haben vor Wirtschaftlichkeit und technologischer Umsetzbarkeit. Kritische Stimmen werden in dieser Phase zurückgestellt – und fällt es noch so schwer (zweiter Diamant)!

5. Prototyping: Nun wird basierend auf den prototypischen Nutzerbedürfnissen und nach Zusammenführung aller Ideen ein Prototyp erstellt. Oft sind es auch mehrere Prototypen, die an potenziellen Nutzern erprobt werden. Häufig sind mehrere Iterationsschleifen notwendig, um zu einem Prototyp zu gelangen, der immer nur eine sehr grobe, einfache Version des eigentlichen Produktes oder der Dienstleistung ist.

6. Verfeinerung: Vom Prototyping geht der Prozess nun (zum Teil fließend) in die Verfeinerung über. Das Produkt wird so lange immer wieder optimiert, bis es dem Bedürfnis des Nutzers entspricht. Es kann auch sein, dass ein Produkt oder eine Idee wieder verworfen werden muss oder dass an einer früheren Stelle des Prozesses noch einmal neu angesetzt werden muss. Hier gilt das »Fail-Fast-Prinzip«, denn bis hierhin sind ja noch keine Produktionskosten entstanden. Erst wenn diese Phase zufriedenstellend beendet ist, gilt eine Idee als umsetzungsreifes Produkt.

Design Thinking unterliegt, wie oben bereits erwähnt, bestimmten Maximen, die vorrangig im Brainstorming anzuwenden sind, aber für den gesamten Prozess gelten. Hier wird auch ersichtlich, dass Design Thinking eben nicht nur eine Methode ist, sondern eine Arbeitskultur[33]:

➤ Arbeite visuell (be visual).

➤ Nur einer spricht (one conversation at a time).

➤ Fördere verrückte Ideen (encourage wild ideas).

➤ Stelle Kritik zurück (defer judgement).

➤ Quantität ist wichtig (go for quantity).

➤ Bleib beim Thema (stay on topic).

➤ Baue auf den Ideen anderer auf (build on the ideas of others).

Reflexion und Motivation

Die Innovationsmethode Design Thinking benötigt ein bestimmtes Arbeitsumfeld und stellt bestimmte Anforderungen an das Mindset aller Beteiligten. Wer gegen einen übervollen Terminkalender ankämpft oder Hunderte E-Mails pro Tag abarbeiten muss, wird kaum »verrückte Ideen« entwickeln können. Diese Arbeitskultur erfordert Führungskräfte, die dafür Raum (auch im wörtlichen Sinne), Zeit und Freiheit zur Verfügung stellen. In einer Struktur, in der Egos und Machtsicherung vorherrschen, wird es kaum gelingen, eine Idee auf der nächsten aufzubauen oder gar Produkte zu verwerfen, weil sie sich als untauglich erweisen. Die monetäre Belohnung für die Erreichung von vorgegebenen Einzelzielen wirkt einer Design-Thinking-Kultur ebenfalls entgegen. Auch das Zurückstellen von Kritik ist gar nicht so leicht. Wir sind sehr geprägt von dem Postulat des Wirtschaftlichen und Machbaren. »Klingt gut, aber …« oder »Wäre toll, wenn …« sind Totschlagargumente, die in keinen Kreativprozess gehören. Und woher wissen Design Thinker, ob sie mit ihrer Methode richtigliegen? Inga Wiele von gezeitenraum, die seit sechs Jahren mit Design Thinking arbeitet, hat auf ihrem Blog folgende Einschätzung veröffentlicht:

»Design Thinking bietet Ansätze, die helfen, den Umgang mit Unsicherheit erträglich zu machen. (...) Du musst lernen, darauf zu vertrauen, dass die Nutzung von Design Thinking dich über die Zeit mit höherer Wahrscheinlichkeit zum Ziel bringt als vermeintliche Sicherheit durch das Ignorieren von Hindernissen.«[34]

Journaling-Fragen:

➤ Gibt es eine Idee, die ich gern mit einem Design-Thinking-Prozess entwickeln würde?

➤ Wen könnte ich einladen, Teil meines Design-Thinking-Teams zu werden?

➤ Welche Phasen des Design-Thinking-Prozesses kann ich auskoppeln und schon einmal üben?

Wenn Sie mehr über Design Thinking erfahren möchten

➤ Das Design-Thinking-Blog *gezeitenraum. meer. innovation,* https://www.gezeitenraum.com/

➤ Lewrick, Michael; Link, Patrick (2018): *Das Design Thinking Playbook: Mit traditionellen, aktuellen und zukünftigen Erfolgsfaktoren.*

➤ Gerstbach, Ingrid (2017): *77 Tools für Design Thinker. Insider-Tipps aus der Design-Thinking-Praxis.*

Working Out Loud

Was ist Working Out Loud und wofür ist es gut?

Das Prinzip des Working Out Loud (WOL) erfreut sich zunehmender Beliebtheit. Working Out Loud ist eine Form des Netzwerkens (Arbeit »laut« machen), um gemeinsam an Problemen und Schwierigkeiten zu arbeiten. Inzwischen sind viele Großkonzerne stolze Vertreter davon, aber seinen Ursprung hat WOL in der Not von Einzelnen, die mit ihren Themen und Fragestellungen einfach nicht weiterkamen und nicht länger gewillt waren, das zu vertuschen. So zu tun, als wäre alles super, obwohl sie allein keine Lösung für etwas fanden.

So funktioniert Working Out Loud

Das Prinzip von WOL funktioniert wie folgt: In kleinen Gruppen von vier bis fünf Personen, sogenannten Circles, finden Menschen zusammen, die an einem gewählten Ziel arbeiten. In dieser Gruppe, die innerhalb eines Unternehmens, aber auch übergreifend, persönlich oder virtuell zusammenarbeitet, trifft man sich Innerhalb von zwölf Wochen wöchentlich für eine Stunde. Die Arbeitsziele werden untereinander transparent gemacht, Probleme offen angesprochen und Hürden benannt. Das Team ist dabei bestrebt, zusätzliche Beziehungen zu knüpfen, ganz nach dem Motto »Ich kenne jemanden, der dir da weiterhelfen kann«. Je sichtbarer dieser Austausch in sozialen Netzwerken ist, desto einfacher ist das

Netzwerken. Die wöchentlichen Treffen basieren auf höchstem Vertrauen untereinander. Es geht darum, zu lernen und zu wachsen, und darum, ein Ziel zu erreichen oder ein Problem zu lösen. Angst vor Gesichtsverlust und Profilierungswille haben bei WOL keinen Raum. Liest man Blogposts über WOL-Erfahrungen, erkennt man, dass das gerade das Besondere ist: dass es um ganz pragmatische Problemlösungen geht, die in einer ausgesprochen menschlichen und wertschätzenden Zusammenarbeit gefunden werden. Selbstwirksamkeit und Verbundenheit sind urmenschliche Bedürfnisse, die durch WOL erfüllt werden.

Die Methode wurde von John Stepper, basierend auf der Grundidee von Bryce Williams, entwickelt und bekannt gemacht. Er definiert dabei **fünf Prinzipien**[35]:

1. Beziehungen (Relationships)
   Entscheidend ist der Aufbau eines möglichst vielfältigen Netzwerkes, das bei der Bewältigung von Herausforderungen hilft. Im Arbeitsalltag kommt dies oft zu kurz.

2. Großzügigkeit (Generosity)
   Gefordert ist Hilfsbereitschaft statt Selbstdarstellung. Ganz nach dem Motto »Sharing is Caring« wird eigenes Wissen oder Erfahrung zur Verfügung gestellt. Darauf baut die vertrauensvolle Zusammenarbeit auf.

3. Sichtbare Arbeit (Visible Work)
   Auch unfertige Arbeit und Unperfektes darf gezeigt werden. Denn es geht ja darum, andere in die Problemlösung mit einzubeziehen.

4. Zielgerichtetes Verhalten (Purposeful Discovery)
   WOL verfolgt keinen Selbstzweck, sondern ist Mittel zum Zweck. Es geht weniger um das Erlebnis (auch wenn es inspirierend und schön sein mag), sondern um das Erreichen von Zielen.

5. Wachstumsorientiertes Denken (Growth Mindset)
   Es werden Vernetzungen geschaffen, die innerhalb des angestammten Arbeitsbereiches nicht existieren. Daher wird der Blickwinkel erweitert und der einzelne Teilnehmer wächst in seinen Fähigkeiten.

Reflexion und Motivation

WOL ist ansteckend. Die Methode ist einfach, naheliegend und macht Spaß. Man arbeitet mit Menschen zusammen, die in anderen Kontexten unterwegs sind, und kommt gemeinsam zu Erkenntnissen. Zudem ist sie transparent. Unter https://workingoutloud.com/ gibt es sämtliche Erkenntnisse, Regeln und Methodenbausteine zum kostenlosen Download.

Journaling-Fragen

> Möchte ich mich darin üben, ein Growth Mindset zu entwickeln?

> Welches Problem möchte ich schon lange lösen, komme damit aber allein nicht weiter?

> Könnte ich mir vorstellen, an einem WOL Circle teilzunehmen oder sogar einen neuen zu gründen? Warum oder warum nicht?

> Wen würde ich als Erstes ich für meinen WOL Circle ansprechen oder anschreiben? Was würde ich der Person mitteilen? Könnte ich mir vorstellen, dies in naher Zukunft zu tun?

Wenn Sie mehr über Working Out Loud erfahren möchten

> Stepper, John (2015): *Working Out Loud: For a better career and life.*

> Lipkowski, Sylvia (2017): »Working-Out-Loud-Camp: Eine Bewegung begegnet sich«. In: *Manager Seminare 12/2017.*

Kapitel 5
Netzwerken

Im letzten Kapitel haben uns »die Gefährten« Andreas Ollmann und David Cummins ausführlich erzählt, wie sie gemeinsam Vorgehensweisen und Methoden für die Zusammenarbeit von Teams in der digitalisierten Arbeitswelt entwickelt haben und bei der Ministry Group und ihren Kunden zum Einsatz bringen. In diesem Kapitel denken wir das Thema Collaboration noch etwas weiter und behaupten: Im Zeitalter von New Work kann und sollte jeder seine Positionierung und seinen Einfluss nicht nur im Team, sondern vor allem in der Welt selbst bestimmen. Der wichtigste Hebel dafür ist der Grad der persönlichen Vernetzung. Beim Netzwerken geht es nicht nur um die Menschen, die wir aus der Schule, den ersten Berufsjahren und von Fachtagungen kennen, sondern um alle, die wir online und offline treffen, die mit uns, unserem Wissen und Sein etwas anfangen können.

Wir denken das Thema systemisch, gemäß der Idee »Jeder Mensch ist ein Knotenpunkt in einem vernetzten System«. Natürlich war das schon immer so. In jedem Dorf, in jedem Betrieb, beim Sportverein und im Kirchenchor. Doch wie wichtig solche vielfältigen sozialen Verbindungen auch für die berufliche Entwicklung sind, haben viele Menschen im leistungs- und zielorientierten Kosmos der Zahlen, Daten, Fakten und dem Lean Management vergessen. Denn für alle sozialen Systeme gilt: Diejenigen, die besonders angesehen sind, weil sie den anderen im System einen entscheidenden Mehrwert liefern, haben viele und aktive Kontakte. Dabei haben viele der gut vernetzten Persönlichkeiten unter wirtschaftlichen Gesichtspunkten eher absichtslos angefangen, ihre Gedanken, Erlebnisse und ihr Wissen zu teilen. Doch ihre Sichtbarkeit macht sie einflussreich, sie werden neudeutsch zu »Influencern«. Wenn Menschen, die sich mit sozialen Netzwerken nicht so gut auskennen, sich darüber wundern, dass eine junge Frau wie Caro Daur mit 23 Jahren 1,5 Millionen Follower auf Instagram hat und damit geschätzt eine Millionen Euro im Jahr verdient, dann liegt das daran, dass sich mit dem, was sie tut, sehr viele Menschen identifizieren können oder wollen. Und wenn Kylie Jenner aus dem Kardashian-Clan angeblich 900 Millionen Dollar auf dem Konto hat und ihre Fans online Geld sammeln, um sie möglichst schnell zur Milliardärin zu machen, dann hat die 20-jährige Kosmetikunternehmerin vieles richtig gemacht. Sie wird sicherlich geschäftlich und vielleicht auch strategisch von guten Leuten im Hintergrund beraten. Aber sie hat auch gelernt, eine Firma zu leiten und Menschen so sehr für sich und ihre Produkte zu begeistern, dass sie alles dafür tun, ihrem Idol zu noch mehr Erfolg zu verhelfen.

Influencer gibt es aber nicht nur in der glänzenden Welt der Models, Mode und Kosmetik. In nahezu allen Bereichen des Lebens etablieren sich Personen als Influencer, die Einfluss auf unser Wirtschafts- und Gesellschaftsleben nehmen. Familien-Blogger, Vertreter von Industrie- und Dienstleistungszweigen oder der Politik, aber auch Netzwerker zu Nischenthemen von Handwerk und Handarbeit über Ernährung, Sportarten oder Reisen dominieren inzwischen Meinungen, Haltungen und Trends – und damit auch Kaufverhalten und Wirtschaftsströme. So entstehen kleine oder auch wirklich große Ökosysteme allein durch Vernetzung.

Vom Netzwerker zum Markenbotschafter

Wenn wir nun Menschen als Knotenpunkte in einem Netzwerk betrachten, dann wird sehr offensichtlich, welche Möglichkeiten die digitale Vernetzung für den eigenen Reputationsaufbau bietet – auch ohne gleich millionenschwerer Influencer im großen Stil zu werden. Nicht umsonst sprechen alle Digitalisierungsexperten von der *Hypervernetzung*. In Zeiten des Internets können

Menschen über soziale Medien wie Instagram, Twitter, Facebook und LinkedIn Tausende, ja sogar Millionen von Followern haben. Je mehr Menschen ihnen folgen und je aktiver und vernetzter wiederum diese Follower sind, desto größer wird ihr Einfluss. Das funktioniert wie beim Schneeballsystem: Sie sind auf einmal Influencer, was nichts anderes bedeutet, als dass es viele Menschen gibt, die ihre Social-Media-Postings wahrnehmen und – wenn der Inhalt sie anspricht – ihnen folgen: Wenn ihre Idole so denken wie sie, sich so kleiden, wie sie es gern würden, oder eben das Internet genauso nutzen, wie sie es bewundern. Diese Follower-Power kommt nicht von ungefähr. Influencer haben in ihren Ökosystemen systematisch gute Kontakte zu einflussreichen Menschen und Marken aufgebaut beziehungsweise wissen sie zu nutzen – übrigens fast immer auch dadurch, dass sie gute Laune verbreiten, zum Lachen anregen oder polarisieren. Viele von ihnen haben ein Herz für ihre Fans und für Menschen überhaupt. Manch eine, wie das Hamburger Model Marie von den Benken aka @regendelfin (250 000 Abonnenten), ist mutiger als andere und nutzt ihre Reichweite, um die Welt zu einem besseren Ort zu machen: »Mir ist Tierschutz wichtig. Mir ist Menschlichkeit wichtig. Mir ist Verständnis wichtig. Mir ist Nächstenliebe wichtig«, schreibt die *Stern*-Kolumnistin auf Netzwirtschaft.de.[36]

Wenn Menschen über das Internet berühmt werden, dann werden sie über ihren Content definiert. Ihre Inhalte sind so überzeugend, dass sich die Zahl ihrer Follower und damit ihre Sichtbarkeit erhöht. Nun werden auch klassische Medien auf sie aufmerksam und berichten über sie. Damit haben sich die YouTube-, Instagram- und sogar musical.ly-Stars wie die 15-jährigen Zwillinge @lisaandlena mit rund 13,5 Millionen Instagram-Abonnenten eine Bekanntheit in der Welt erarbeitet, die ehedem Präsidenten einflussreicher Länder oder CEOs von internationalen Großkonzernen vorbehalten waren. Heute ist es hinsichtlich Sichtbarkeit egal, ob man an einer Ivory-League-Universität studiert hat und später zum Konzernchef berufen wurde oder ob man sich während der Schulzeit über Social-Media-Kanäle bekannt gemacht und so zur

Kosmetikunternehmerin hochgearbeitet hat. In der Kommunika-
tionswissenschaft heißt dieses Phänomen Reputation. Reputationsaufbau aber ist eine entscheidende Voraussetzung für Erfolg –
auch und gerade im New-Work-Umfeld. Denn hier bestimmt das
Netzwerk die Hierarchie. Wer als New Worker von der eigenen Arbeit gut leben möchte und damit ein inspirierendes Vorbild, ein
Role Model, ist, hat sich den Ruf erarbeitet, etwas zu können, Dinge voranzutreiben und im besten Sinne menschlich zu denken und
zu handeln.

Eigene Träume leben statt Angst und Unsicherheit

Wenn Sie sich entschlossen haben, im New-Work-Kontext erfolgreich zu sein und Ihr persönliches Warum gefunden haben (siehe Infobox *Start With Why* in Kapitel 4), dann ist es im nächsten
Schritt wichtig, aktiv zu netzwerken und darüber ein sehr sichtbarer Knotenpunkt zu werden. Die Arbeit an der eigenen, strategisch relevanten Sichtbarkeit nennen Public-Relations-Experten
und Kommunikationswissenschaftler *Personal Branding*. Doch
wie genau funktioniert das mit dem Reputationsaufbau über
Netzwerke und New Work? Fundierte Antworten auf diese entscheidende Frage liefert uns die Heldenreise der promovierten
Germanistin, gelernten Journalistin und heutigen Kommunikationsberaterin, Vortragsrednerin und Buchautorin Dr. Kerstin Hoffmann, einigen unserer Leser sicherlich auch als »PR-Doktor« bekannt. Hoffmann hat nach mehr als zehn Jahren als Journalistin
und diversen Erfahrungen in der PR und Werbung die Kommunikationsabteilung eines großen Technikmuseums geleitet, bis sie
sich 2008 selbstständig machte und zum »PR-Doktor« wurde. Ihr
gleichnamiges Onlinemagazin *PR-Doktor. Unternehmenskommunikation & Marketing im digitalen Wandel* gehört zu den meistgele-
senen Publikationen der Kommunikationsbranche. Ihr neuestes
Buch *Lotsen in der Informationsflut* hat sich in der aktuellen Diskussion um (Corporate) Influencer zu einem viel zitierten Stan-
dardwerk entwickelt. Dabei hat sich ihre eigene Selbstständigkeit

überhaupt erst aus dem Netzwerken heraus entwickelt, wofür sie zutiefst dankbar ist: »Der Austausch in Online-Communitys und dann in sozialen Netzwerken hat dazu geführt, dass ich selbst begonnen habe, online zu publizieren. Dies wiederum hat Sichtbarkeit erzeugt und damit Nachfrage nach meiner Beratung und meinen Vorträgen. Ohne den Austausch mit und die Empfehlungen von Kolleginnen und Kollegen stünde ich heute nicht da, wo ich stehe.«

Vom ewigen Kampf mit der Angst vor dem Neuen

Als wir uns mit Kerstin Hoffmann über ihre Heldenreise für das vorliegende Buch unterhalten haben, sagte sie uns sofort, welches Thema sie aktuell bewegt: »Wie man Arbeit, genauer Zusammenarbeit, am besten organisiert, interessiert mich gerade sehr. Meine Kunden wollen und müssen digitaler werden. Sie wissen, dass ihre Contentstrategien ganzheitlich gedacht werden müssen. Soziale Netzwerke und Mikronetzwerke wie in Messengern spielen dabei in steigendem Ausmaß eine Rolle. Dazu muss man Strukturen anschauen und nicht nur nach außen blicken, sondern zunächst bei der internen Kommunikation mit allen Menschen im Unternehmen ansetzen.«

Doch Veränderung erzeugt immer Angst, bei Verantwortlichen ebenso wie bei allen anderen Beteiligten. Ängsten begegnet man am besten mit Informationen, aber dazu muss man verstehen, welche Ängste und Hoffnungen den Einzelnen bewegen. Folglich ist jede Umstrukturierung auch ein Kommunikationsprojekt. Wenn Geschäftsleitung und Kommunikationsentscheider verstanden haben, dass E-Mails nicht nur im Falle von Kommunikationskrisen oder Shitstorms ein adäquates Kollaborationstool darstellen, zeigt sich zugleich, dass zu starre und zu steile Hierarchien ebenfalls nicht mehr funktionieren. Sie sind in Zeiten des schnellen Austauschs schlicht zu langsam. Interne wie externe Stakeholder erwarten Antworten und Dialog in Echtzeit. Logisch, dass die in

hierarchisch strukturierten Unternehmen übliche Kommunika-
tionsweise, bei der jede Äußerung vom Chef freigegeben werden
muss, wenig mit der effektiven und unkomplizierten Kommunikation auf Augenhöhe mit Echtzeittools wie WhatsApp, Slack oder
Facebook Messenger zu tun hat. Wenn klassisch sozialisierte Vorgesetzte auch noch erkennen müssen, wie schnelllebig die Weiterentwicklung von digitalen Plattformen und Analysetools ist und
es – seien wir ehrlich – für jede Aufgabe gefühlt 25 verschiedene Anwendungen und Tools gibt, dann nimmt die Verunsicherung unternehmensseitig eher zu. Auf einmal lernen Marketing-
und Kommunikationsverantwortliche, dass sie sich als Folge der
zunehmenden Digitalisierung in einem Hybridmarkt bewegen, in
dem es weder »das Internet« noch »die Netzgemeinde« oder die
eine »richtige« Vorgehensweise gibt.

Denn angemessen und richtig ist allein das, was am besten
funktioniert.

Sharing is Caring

In der Welt des effektiven Reputationsaufbaus über digitale Medi-
en sind Influencer wie Kylie, Caro und Marie klar im Vorteil. Sie
müssen nicht erst den Mut entwickeln, um Silostrukturen abzu-
schaffen, damit sie relevanten Content produzieren können. Wer
»from scratch«, also mit nichts als einer persönlichen Vision von
Erfolg und einem Social-Media-Kanal, beginnt, hat es mit der au-
thentischen Contentproduktion möglicherweise leichter. Alle diese
Influencer leben, sicherlich oft intuitiv, nach der bekannten Social-
Media-Regel »Sharing is Caring«. Auch Hoffmann hat den Vorteil,
dass sie das schnelllebige Arbeiten mit immer neuen Tools und Methoden seit Jahrzehnten kennt. Sie mag es, neue Social-Media- und
Collaboration-Tools zu testen. Sie denkt gern darüber nach, welche
interessanten Kommunikationsmöglichkeiten durch die Anwendung neuer digitaler Werkzeuge entstehen können. Und wie viele,
die beruflich »was mit Medien« machen, ist sie den Umgang mit

medialen Umbrüchen gewohnt. Die Kommunikationsexpertin erinnert sich: Vor 25 Jahren wurde in manchen Redaktionen gerade erst das Fax eingeführt. Ende der 1990er-Jahre gewann das World Wide Web an Bedeutung und mit ihm frühe, teils sehr komplex zu bedienende Contentmanagementsysteme. Damals, vor der Zeit der beweglichen Laptops und der smarten Mobiltelefonie, wurden in der Zeitungsredaktion die Bilder für die Ausgabe des nächsten Tages per Kurier abgeholt und Papiermanuskripte von »Eingeberinnen« in das Redaktionssystem getippt. »Je weiter die Digitalisierung die Medien erfasst hat, desto freier wurden wir im Austausch und in der räumlichen Beweglichkeit«, resümiert sie.

Schon in der Zeit, als Hoffmann noch als Journalistin unterwegs war, war sie mit ebenfalls digital experimentierenden Kolleginnen über Foren wie die Journalisten-Community jonet verbunden – gegründet von Jochen Wegner, dem heutigen Chefredakteur von ZEIT Online. »Ich konnte immer und jederzeit auf mein erweitertes Netzwerk zurückgreifen und Hilfe und Anregungen für meine Arbeit bekommen – und natürlich auch selbst anderen weiterhelfen«, erklärt sie. »In diesem Umfeld war es ganz selbstverständlich, das eigene Wissen mit anderen zu teilen. Einige der Journalistinnen und Journalisten, die die ersten deutschen Onlinepräsenzen von Leitmedien in die Welt riefen – etwa Spiegel Online oder ZEIT Online – waren zugleich bereits Blogger (siehe Infobox **Bloggen**). Hierüber lernte ich weitere Blogs und Blogger kennen. Wir alle waren von dem Gedanken getragen, gemeinsam Themen voranzubringen. Diskussionen fanden nicht nur in Foren und Mailinglisten, sondern auch in Blogkommentaren statt«, schreibt Hoffmann dazu in ihrem Onlinemagazin PR-Doktor.[37] Das ständige Lernen über Netzwerke ist bis heute Antrieb für ihre Arbeit und für ihren Erfolg. Und wenn dieses Wissen auch für andere Menschen relevant ist, gibt sie es über Social Media weiter. »Alles, was ich weiß, schreibe ich ins Internet«, beschreibt sie ihre Arbeitsweise.

Das Teilen von Wissen nahm in den Jahren 2007 und 2008 so richtig an Fahrt auf. Hoffmanns Vertrag als stellvertretende

Museums- und Amtsleiterin im Museum der Deutschen Binnen-
schifffahrt in Duisburg, wo sie auch die Kommunikationsabteilung
geleitet hat, lief aus. Nach einem kleinen Abstecher in die Agen-
turlandschaft entschied sie, sich selbstständig zu machen. »Damit
gewannen Aktivitäten wie Netzwerken, eigenes Publizieren und
Sichtbarkeit erzeugen eine größere Bedeutung. Irgendwann merkte ich, dass andere auf meine Beiträge aufmerksam wurden und
sie in Diskussionen einbezogen. Ich begann, häufiger zu bloggen
und darüber nachzudenken, wie ich dem Ganzen eine wiederer-
kennbare Form verleihen könnte«, beschreibt Hoffmann die Anfänge ihrer Zeit als »PR-Doktor«. Der Name fiel der promovierten Kommunikationsfrau unter der Dusche ein. Auf ihrem Blog
schreibt die gut vernetzte Beraterin: »Sichtbarkeit, Reichweite
und Resonanz aber verdanke ich weniger dieser Namensidee, sondern vor allem den Weggefährtinnen und -gefährten, die von Anfang an meine oft vielleicht noch etwas unbeholfenen Statements,
Tipps, Wissenssammlungen, Anleitungen und Ratgeberbeiträge
kommentiert, weiterempfohlen und verlinkt haben. Dazu gehören
auch Sie und Ihr, die Leserinnen und Leser. Viele von ihnen begleiten mich seit vielen Jahren; neue kommen immer noch hinzu,
und sehr viele nehmen sich die Zeit, mir hier und anderswo – etwa auf Facebook, LinkedIn oder Twitter – Feedback zu geben.«[38]

Der Erfolg ihres Blogs hat aus unserer Sicht vor allem damit zu tun,
dass Hoffmann wirklich relevanten Content für Medienschaffen-
de, Kommunikationsprofis und Marketeers produziert. Mit »Sharing is Caring« hat es Kerstin Hoffmann geschafft, zu einer bekannten Kommunikationsexpertin in Deutschland zu werden. Sie
hat sich als Fachfrau für Markenkommunikation und Markenbotschafter einen Namen gemacht. Und sie versteht die Regeln der
digitalen Contentverbreitung und Kommunikation auf Augenhöhe. Die Methode, relevanten Content zu produzieren, die übrigens jeder erfolgreiche Reichweiten-Redakteur und Communi-
ty-Manager verinnerlicht hat, basiert auf der einfachen Erkenntnis
»Nützliches Wissen ist relevant«. Relevanz bringt Reichweite.
Reichweite bringt Reputation. Reputation bringt Erfolg. Und so

ist die soziale Fähigkeit, Wissen zu teilen (und nicht eifersüchtig für sich zu behalten), auf einmal eine notwendige Superkraft, um über den Kontakt zu anderen Menschen Erfolg für sich und die eigene Unternehmung zu generieren. Dieses Konzept können auch diejenigen anwenden, die sich nicht für einen geborenen Netzwerker oder besonders menschenkompatibel halten. Oder?

Netzwerken und das »Prinzip kostenlos«

Kerstin Hoffmann hat das Netzwerken mit zwölf oder 13 Jahren von ihrem Vater gelernt: »Er nahm mich beiseite und erklärte mir seine Auffassung vom Netzwerken: ›Für jedes Problem oder Anliegen gibt es jemanden, der dir helfen kann. Und wenn derjenige es nicht weiß, kennt er garantiert jemand anders, der Rat weiß und an den er dich weiterempfehlen kann. Menschen helfen anderen gerne, wenn man mit offenen Karten spielt. Frag also nicht jemanden um Rat, wenn du eigentlich einen Job willst – und genauso umgekehrt. Wenn du jemanden um 20 Minuten seiner Zeit gebeten hast, dann steh nach 15 Minuten auf und bedanke dich. Überleg vor allem immer, wie du anderen weiterhelfen kannst, ehe du jemanden um etwas bittest.‹« Heute sind Netzwerken und das systematische Aufbereiten von Wissen als sogenannter »How-to«-Content die Basis für Hoffmanns Geschäftsmodell: Wissen wird verschenkt, Können wird verkauft. Mit ihrem Mantra »Verschenke das, was du weißt, und verkaufe das, was du kannst« hat die kluge Kommunikationsberaterin in den letzten zehn Jahren eine Vielfalt von Produkten entwickelt, die sich im Kern um ihren Bestseller *Prinzip kostenlos. Wissen verschenken – Aufmerksamkeit steigern – Kunden gewinnen* ranken. Ihre Botschaften, mit denen sie sich an Freelancer, Geschäftsführer, Kommunikationsverantwortliche, Personalmanager und Einzelunternehmer gleichermaßen wendet, folgen drei wichtigen Netzwerkerregeln:

➤ **Kommuniziere mit offenen Karten.** Sage präzise und ehrlich, was du brauchst, und trickse niemanden aus. »Abgreifer«

lassen sich anhand ihrer verdeckten Intentionen entlarven. Sie sagen beispielsweise, dass sie jemanden als Referenten buchen wollen. In Wirklichkeit wollen sie aber nur wissen, ob ihre Workshop-Agenda auch vor einem Experten Bestand hat. Netzwerkerprofis haben feine Antennen für solche Abgreifer entwickelt. Wenn jemand sie ausnutzen will, verhalten sie sich, je nach Temperament, zurückhaltend bis ablehnend.

➤ **Erst geben, dann nehmen.** Wer noch nicht so lange als Netzwerker unterwegs ist, sollte sich erst einmal mit der Kultur der jeweiligen Filterblase vertraut machen. Dazu gehört auch, erst zu geben und dann zu nehmen. »Listen. Learn. Act« ist eine weitere wichtige Social-Media-Regel, die zu beachten ist. Wer über eine längere Zeit sein neues Netzwerk mit Likes und Shares bereichert, dem folgen irgendwann auch die Einflussreichen. Oder sie zeichnen den Content des Newcomers durch Kommentare und Teilen aus. Leider erleben wir häufig in digitalen Gruppen und sozialen Netzwerken, dass Menschen alter Schule, die das »Sharing is Caring«-Prinzip noch nicht verinnerlicht haben, sofort mit der Kaltakquise anfangen: »Hallo, hier bin ich! Hier ist meine Visitenkarte.« Danach folgt die Kontaktanfrage über XING, und wenn die Anfrage angenommen wurde, erhält man sofort eine persönliche Werbebotschaft. So wird das nichts. Das Prinzip »First give, then take« steht dafür, dass man erst einmal einen Mehrwert bieten muss, bevor man um Unterstützung oder gar Kunden bitten darf. Sollten Sie also die Usancen eines Mediums nicht so gut kennen, lassen Sie sich beraten. Social Media People und New Worker unterstützen gern. Wenn Ihnen dann geholfen wurde, geben Sie diese Hilfsbereitschaft weiter: »What goes around – comes around.«

➤ **Das Unteilbare ist honorarpflichtig.** Wo verläuft die Grenze zwischen kostenlos weiterverteilbarem Wissen und kostenpflichtigem Können, also der Beratung? Dies voneinander zu trennen, fällt nicht immer jedem leicht. Im Grunde ist es ganz

einfach. Als Beispiel hierfür nennt Kerstin Hoffmann das Thema Feedback: »Ist Feedback etwas, was ich verschenken kann,
oder sollte ich für mein Feedback ein Honorar verlangen?«
Hoffmann beantwortet die Frage so: »Feedback basiert auf der
persönlichen Einschätzung einer einzelnen Leistung oder einer
bestimmten Situation. Je erfahrener eine Person in dem Thema ist, desto wertvoller ist ihr Feedback.« Die eingesetzte Zeit
kann nur einmal vergeben und für nichts anderes verwendet
werden – ist also unteilbar. Damit fällt Feedback-Geben in die
Kategorie honorarpflichtig. Natürlich wird man nicht für jedes
kurze Feedback gleich eine Rechnung stellen. Zumal man oft
in einem Akquisegespräch schon Einblicke in das eigene Können gibt. Doch es sollte klar sein, dass es sich hier um eine Ausnahme handelt oder ein Geschenk von besonderem Wert. Hoffmann fügt lachend hinzu: »Mein persönlicher Lerneffekt dabei
ist: Wer dieses Thema für sich geklärt hat, bewahrt sich selbst
auch davor, ständig ungefragtes Feedback im eigenen Fachge-
biet zu geben – ein Verhalten, das unter Beratern sehr verbreitet
ist und auf der Gegenseite nicht immer als Geschenk von Wert
ankommt, sondern häufig als ungefragte Einmischung.«

Tun, wohin es das Herz zieht, oder Entscheidungen aus der Fülle

Das finden Sie jetzt alles kompliziert? Dann sind Sie vielleicht
noch nicht ganz davon überzeugt, warum es Sinn ergibt, seine
Perspektive auf das eigene Leben zu verändern. Das geht vielen
Menschen erst mal so. Auch Kerstin Hoffmann hat im Laufe ihrer persönlichen Heldenreise gelernt, dass es wenig nützt, sich
selbst oder anderen Menschen die eigene Vorstellung davon zu
verkaufen, welches Potenzial eine Veränderung hat. Dass es keinen Sinn macht, nur darüber zu reden, wie toll die Zukunft sein
wird, wenn man diesem oder jenem wichtigen Rat folgt oder
die eine oder andere großartige Maßnahme umsetzt. »Du ver-
lierst Menschen, wenn du ihnen nur das Potenzial zeigst. Wer

Fortschritt und Veränderungen bewirken möchte, braucht innerhalb dieses Prozesses Empathie und den Blick auf die tatsächlichen Bedürfnisse des Gegenübers«, erklärt sie. Sie selbst hat dazu einige Lernerfahrungen gehabt und Turnarounds in ihrem Leben vollzogen. Dabei hatte sie meist Menschen an ihrer Seite, die sie unterstützt haben.[39]

Früher, zu Beginn ihrer Selbstständigkeit, hat Hoffmann vieles getan, weil sie sich dafür Belohnung und Anerkennung erhofft hat. Von ihren Kunden, innerhalb der Familie oder in ihren Netzwerken. Also war sie superfleißig, genau und gewissenhaft, hat Wissen auf Wissen gehäuft und jede Anfrage bedient, die an sie gerichtet wurde. Wie so viele Menschen in unserem Kulturkreis war sie von der Vorstellung beseelt, dass nur fundiertes Wissen und harte Arbeit zählen. »Qualität kommt von Quälen« war ein weitverbreiteter Ausbildungssatz – auch im Journalismus. Heute weiß Hoffmann, was sie kann. Sie muss sich und anderen nichts mehr beweisen. Sie hat gelernt, solche ihr fremden Glaubenssätze zu ignorieren und ihre Entscheidungen aus der Fülle heraus und mit dem Herzen zu treffen. Sie empfindet es als Glück und Privileg, nur noch solche Kunden zu haben, mit denen sie gern zusammenarbeitet. »Ich arbeite sehr gerne mit anderen und für andere. Aber ich tue nichts mehr, bei dem ich nicht aus eigener Überzeugung dahinterstehe«, sagt Kerstin Hoffmann aus tiefstem Herzen. Auf dem Zenit ihres Erfolgs muss sich die gefragte Vortragsrednerin und Buchautorin nicht mehr nach den Urteilen anderer richten. Sie steht für sich selbst. Dazu gehört auch, Verantwortung für sich selbst zu übernehmen und die eigenen Ängste zu überwinden. Als Hoffmann in ihrer Rolle als PR-Doktor immer erfolgreicher wurde und zunehmend häufiger für Vorträge und Seminare unterwegs war, hat sie beispielsweise gelernt, ihre langjährige Flugangst zu überwinden. Dieses Sich-ihrer-selbst-bewusst-Sein, dieses Austesten der eigenen Möglichkeiten, bildet das Rückgrat für den eigenen Erfolg. »Man ist nur gut in dem, was man wirklich will.« Dieses Wissen trägt sie. Es gibt ihr Zeit und Energie für den eigenen Reputationsaufbau, der erfolgreiches Netzwerken erst möglich macht.

Die Klarheit über das eigene Warum ist vor allem notwendig, um relevanten Content zu erstellen. Wer sich also mit der Planung und Erstellung von Inhalten befasst, sollte sich zunächst mit den Bedürfnissen derjenigen auseinandersetzen, die daran beteiligt sind: die Vorgesetzten, das Team, andere interne Interessengruppen. »Wenn man als Berater etwas bewirken will, muss man herausfinden, was den anderen dazu bewegt, das Notwendige zu tun – oder warum er oder sie nicht dazu bereit ist.« Für den Aufbau Ihres eigenen Netzwerkes bedeutet diese Erkenntnis, dass Sie, wenn Sie in einem Netzwerk agieren und die Unterstützung eines Netzwerkpartners beanspruchen möchten, wissen sollten, was ihn oder sie antreibt. Welche Motivation hat diese Person, in Ihrem Netzwerk zu sein? Möchte sie auch Unterstützer für die eigene Sache finden, dann unterstützen Sie sich gegenseitig. Möchte die Person von Ihrem Können profitieren? Dann geben Sie ihr Aufmerksamkeit, bevor Sie Ihrerseits um einen Gefallen bitten.

»In komplexen Unternehmensstrukturen ist es oftmals gar nicht so leicht herauszufinden, was andere antreibt«, erklärt Hoffmann. Hier hilft ein Sparringspartner mit seinem Blick von außen. Oftmals kann es eine Weile dauern, bis der gewünschte Effekt eintritt. Wer etwas im Netzwerk, mit Kunden und überhaupt zusammen mit anderen bewegen will, ist nicht immer schnell. Dazu Hoffmann: »Ich bin eher der ergebnisorientierte Typ. Erst mit der Zeit habe ich gelernt, den Prozessen ihre Zeit zu geben, die sie brauchen, um zu reifen.« Vor allem der Prozess der Veränderung eines Unternehmens erfordert Geduld. Geduld für Menschen, die in ihren Strukturen verhaftet und damit vielleicht betriebsblind geworden sind. Geduld für Unternehmen, in denen die Mühlen langsam mahlen, weil die Chefetage nicht so schnell zu einer Entscheidung kommt oder die Ressourcen für das Projekt erst nach Monaten zur Verfügung stehen.

Vom Zeitmanagement zum Energiemanagement

So ist nachvollziehbar, dass New Worker nicht mehr vom Zeitmanagement sprechen, sondern von *Energiemanagement*. Es geht ihnen vor allem darum, ermüdende Tätigkeiten auf ein Minimum zu reduzieren und toxische Menschen möglichst zu meiden. Dabei spielt es auch eine Rolle, wie man selbst das Leben betrachtet. Bei unserem Gespräch für dieses Kapitel erzählte uns Hoffmann, dass es für sie ein prägendes Thema geworden ist, Menschen empathisch und auf der Herzensebene wahrzunehmen. Denn wenn ein Prozess gut funktioniert und sich Erfolge einstellen, macht das die Menschen, die daran beteiligt sind, glücklich. Um dieses Glück empfinden zu können, gehört es unbedingt dazu, für sich selbst oder gemeinsam mit dem Kunden eine Vision zu entwickeln. »Wenn ich davon spreche, wohin meine eigene Reise noch gehen soll, spreche ich nicht unbedingt von Zielen, sondern eher von Ausrichtung und Klarheit«, erläutert Hoffmann. Gerade für den Reputationsaufbau ist es besonders entscheidend, sich darüber im Klaren zu sein, was man im Leben erreichen möchte. Dabei geht es Kerstin Hoffmann eben nicht um Pflichterfüllung im »Du musst«-Stil, sondern eher um so eine Art persönliche Bucket List. Sie selbst beispielsweise findet es spannend, in naher Zukunft zu erleben, was man in der Kommunikation noch alles mit Machine Learning und Bots anstellen wird. Sie interessiert sich dafür, wie man Organisationen so verändern kann, dass Arbeitnehmer freiwillig und mit Spaß relevanten Markencontent produzieren. Sie möchte ihr Wissen an die nächste Generation weitergeben. Unter anderem lehrt sie deshalb an der Heinrich-Heine-Universität Düsseldorf Public Relations und digitale Strategien. Denn irgendwie möchte sie auch ein Menschen-glücklich-Macher sein. Wer sich so gut kennt und auch mit dem Herzen denkt, kann die Entlastung, die das mit sich bringt, regelrecht spüren: »Ich muss nicht mehr alles machen, tun oder können. Das Leben darf leichter sein. Ich darf auch mal nichts tun und die Seele baumeln lassen.«

Diese Arbeit an sich selbst, etwas zu tun, was einem am Herzen liegt und aus der Fülle zu leben, funktioniert nur dann, wenn man sich immer wieder selbst reflektiert. Dieses Selbstmanagement (siehe Infobox *Selbstführung* in Kapitel 6) kostet mindestens so viel Energie wie die Beratung, Konzeption oder Contentproduktion. Es ist vor allem für New Worker wie Kerstin Hoffmann wichtig, mit der eigenen Energie zu haushalten. »Jeder Energieaufwand hat seinen Preis«, resümiert die Unternehmerin. »Menschen, die eine Gabe haben, sollten diese mit einem angemessenen Energieaufwand in die Welt tragen – also zu einem angemessenen Preis.«

Think big, act small, start now

Wer über eine solche Klarheit und Gelassenheit verfügt, kann sich besser entscheiden, welche Reputationsstrategie am besten zu ihm selbst passt. Wer bin ich? Wer möchte ich sein? Was dürfen andere Menschen über mich wissen? Was sollen sie von mir halten? Nur so macht Netzwerken Spaß. Es sollte einem leichtfallen und nicht anstrengend sein. Denn die überzogene Erwartung an sich selbst, als New Worker sofort ein exzellenter eigener Markenbotschafter zu werden, kann einen überfordern. Man darf langsam machen. Take it slow. Besonders dann, wenn man im beruflichen Kontext zwar nicht überfordert, aber mit dem alltäglichen Tun überlastet ist (siehe Kapitel 3: »Mindset«). Innere Stärke kann nur derjenige entwickeln, der die Verantwortung für sein Leben selbst übernimmt und keine Schuld verschiebt. Hier ist Umdenken gefragt. Es geht um das Prinzip der großen Vorhaben und kleinen Schritte. Nur wer losgeht, kann erfolgreich sein. Auch dieser Erkenntnis liegt ein Social-Media-Prinzip der ersten Stunde zugrunde, das unter anderen Stephanie Schierholz, einst junge PR-Managerin und die »Godmother of Social Media« bei der NASA, postuliert hat: »Think big. Act small. Start now.«

Jeder, der schon einmal beruflich oder ehrenamtlich mit Social Media gearbeitet hat, weiß, dass es oft gar nicht darauf ankommt, den Job perfekt zu machen, sondern anzufangen und am Ball zu bleiben. Die Anforderungen an jemanden, der »always on« ist, sind so vielfältig, es prasseln so viele Aufgaben gleichzeitig auf einen ein, dass man froh sein kann, wenn man irgendwie hinterherkommt. Wer sich gerade Twitter beibringt, wird am Anfang vielleicht erst einmal nur mitlesen, vielleicht einen Tweet der Person, der man folgt, mit einem Herzchen versehen oder an die eigenen Follower weiterleiten, also retweeten. Erst in dem Moment, in dem man sich mit dem Medium vertraut fühlt, hat man den Mut, eigene Tweets zu verfassen oder die Tweets anderer Twitterer mit einem Kommentar zu versehen. So ein vorsichtiges Vorgehen, das Prinzip der kleinen Schritte, empfiehlt auch Kommunikationsberaterin Hoffmann. Sie rät allen, die mit dem Netzwerken über Social Media nicht so vertraut sind, sich zu überlegen, welches soziale Netzwerk einem Spaß machen könnte, und dort zuerst zu schauen und mitzulesen, um dann nach und nach aktiver zu werden.

Schaffe ich das? Viele Menschen erklären an dieser Stelle gern, dass sie keine Zeit für Social Media finden. Wenn das bei Ihnen auch so ist, dann ist es ratsam zu überlegen, welche Aufgaben oder Tätigkeiten Sie aus Ihrer Alltagsroutine weglassen können. Denn nur wenn Sie auf etwas Gewohntes verzichten können, haben Sie Raum und Zeit für etwas Neues. Fragen Sie sich also: »Ist es wichtig, jeden abonnierten Newsletter gründlich durchzulesen, oder reicht ein Überfliegen aus? Kann man ihn auch einfach mal wegklicken oder kündigen?« Mit jeder dieser Aktivitäten lassen sich ein paar Minuten einsparen, die Sie auf Twitter, Facebook, LinkedIn oder Instagram verbringen können. Auch wenn Sie regelmäßig Zeit für Ihr virtuelles Netzwerken gefunden haben, kann es immer noch passieren, dass etwas Wichtiges dazwischenkommt. In so einer Situation ist zu überlegen, ob der Reputationsaufbau oder das andere Thema gerade wichtiger ist. Wie treffe ich eine solche Entscheidung? Wenn Sie sich für das Twittern entscheiden, dann erhoffen Sie sich vielleicht neue Follower und positive Reaktionen. Wenn Sie lieber den Newsletter lesen, haben Sie vielleicht Sorge, etwas Unpassendes zu posten, und nehmen lieber neues Wissen auf. Es ist nicht verkehrt, diesen Impulsen zu folgen, wenn man sie analysiert und mit den Konsequenzen leben kann.

Fehler machen gehört dazu

Und hiermit kommen wir zu dem entscheidenden Thema, warum so viele Menschen ungern öffentlich sichtbar sind: Sie haben Angst davor, einen Fehler zu machen. Fehler aber, das haben wir schon als Kinder gelernt, gilt es zu vermeiden. Und macht man doch einen, wird er vertuscht. Es gibt Unternehmen, in denen herrscht eine »Null-Fehler-Toleranz«. Das war noch zu Beginn dieses Jahrtausends ein positives Alleinstellungsmerkmal. Doch heute, in der VUKA-Welt, in der Disruption und Innovation gefordert sind, ändern sich auch in großen Konzernen die Spielregeln. Allerorten wird aktuell über Fehler diskutiert. Denn wer Neues ausprobiert, kann sich irren. Er kann Entscheidungen treffen, die sich im Nachhinein als falsch herausstellen. Oder sich einfach vertun, weil alles so schnell gehen muss. Wenn Sie nicht in einer positiven Fehlerkultur (siehe Infobox *Positive Fehlerkultur* in Kapitel 3) leben und arbeiten, also Fehler gemacht werden dürfen, solange sie schnell entdeckt und korrigiert werden können, ist das kein Problem. Aus diesem Grund haben die meisten sozialen Netzwerke eine Bearbeiten-Funktion eingeführt. Wenn Sie etwas posten und später merken, dass Sie einen Tippfehler gemacht oder einen Sachverhalt falsch dargestellt haben, können Sie Ihren Post überarbeiten. Überall, nur nicht auf Twitter. Da bleiben Ihre Fehler für jeden sichtbar. Aber ist das ein Grund, weniger zu kommunizieren? Nein. Leben wir einfach damit, nicht unfehlbar zu sein. Nutzen Sie das Konzept von der »Psychological Safety« und sagen Sie sich selbst: »Ich werde nicht bestraft, wenn ich komische Ideen entwickele oder auch mal einen Fehler mache. Und wenn schon?«

Digital Detox für mehr Muße

Zur Ihrem psychologischen Sicherheitsprogramm sollte aber auch gehören, sich selbst Auszeiten zu gönnen und damit vor Burnout zu schützen. Gerade Menschen, die mit dem Herzen arbeiten, wollen oft nicht wahrhaben, dass sie an ihre eigenen Energiegrenzen gekommen sind und dass es an der Zeit ist, die Batterien aufzuladen. In Unternehmen war es früher die Aufgabe des Betriebsrates, sich für das Wohl der Arbeitnehmer einzusetzen. Er kämpfte für kürzere Arbeitszeiten, bestimmte Ruhezeiten zwischen zwei Arbeitseinsätzen, für eine angemessene Zahl an Urlaubstagen und für Elternzeit. Heute sind es die Betriebsräte und Personalräte im öffentlichen Dienst, die mit der Chefetage über die Social-Media-Kommunikation am Wochenende verhandeln oder die Nutzung von E-Mails nach Feierabend technisch verhindern lassen. Als New Worker sind Sie nicht nur Ihr eigener CEO, sondern auch Ihr eigener Betriebsrat. Sie müssen sich nun selbst darum kümmern, ob Sie sich überfordern und krank oder arbeitsunfähig werden. Und soziale Netzwerke sind für anfällige Menschen durchaus geeignet, den Fokus zu verlieren und sich in kommunikativer Überforderung zu verrennen. Eine Methode ist, sich selbst bestimmte Zeitblöcke für die Kommunikation mit digitalen Medien zu reservieren und sich am Wochenende oder im Urlaub *Digital Detox* zu verordnen. Das ist gerade für Menschen, die wie ein Motor die Welt zur Veränderung antreiben, ein schwieriges Angehen. Wir jedenfalls freuen uns über Kerstins Hoffmanns Produktivität und sind gespannt auf ihr nächstes Kommunikationsabenteuer.

Infoboxen in diesem Kapitel:

➤ *Hypervernetzung*

➤ *Personal Branding*

➤ *Bloggen*

> *Energiemanagement*

> *Digital Detox*

Hypervernetzung

Was ist Hypervernetzung und wofür ist sie gut?

Der Begriff »Hypervernetzung« ist uns zum ersten Mal 2015 bei einem Gespräch mit Otto Schell begegnet. Schell ist Global Enterprise SAP Business Architect, Head des Customer Center of Expertice bei SAP CCoE sowie Vorstand IoT/Business Transformation der DSAG, einem Verein für deutschsprachige SAP-Anwender. Der erfahrene SAP-Berater arbeitet mit großen, international ausgerichteten Firmen und begleitet sie bei deren digitalen Transformationen. Schon früh hat Schell es sich zur Aufgabe gemacht, Wirtschaftslenker von der Notwendigkeit der Hypervernetzung auf allen Ebenen zu überzeugen. In einem kürzlich erschienenen Interview beantwortete er die Frage, wie weit global tätige Unternehmen seiner Ansicht nach mit ihrer digitalen Transformation bekommen sind: »Die Frage ist aber eher, ob es ausreicht, alleine ›weit zu sein‹, oder ob sie ›weit im Netzwerk‹ sein müssen, um die entsprechenden Investitionen stemmen zu können.« Er fährt fort: »Das wirkliche Dilemma ist, dass Globalisierung mit dem Internet of Things für jedermann möglich ist, viele das aber noch nicht erkannt haben oder sich in ihren derzeitigen Geschäftsbeziehungen verhaftet fühlen.«[40]

Unter Hypervernetzung verstehen wir die weitreichende, unüberschaubare Vernetzung aller mit allem, die durch die zunehmende Digitalisierung technisch möglich ist. Wenn alles mit allem vernetzt ist, gibt es keine festen Grenzen mehr. Davon profitieren Start-ups wie WorkGenius, Unternehmen, die Vernetzung ermöglichen, wie SAP, aber auch jeder Einzelne. Wie wir es im vorliegenden Kapitel 5 über das Netzwerken beschrieben haben, hat jeder die Chance, die eigene Relevanz durch kluges und strategisches Netzwerken zu erhöhen. Das bedeutet, dass die Hypervernetzung auch ein neues Wirtschaftssystem formt.

So funktioniert Hypervernetzung

Wenn wir uns die technische Seite von Hypervernetzung ansehen, sind laut Schell diese drei Schritte notwendig:

1. Die bessere Vernetzung von CIOs. Viele Unternehmen sind technisch nicht auf dem neuesten Stand, da »CIOs Margen optimiert haben und nicht parallel Maßnahmen ergriffen haben, um zu inspirieren«.

2. Die aktive Teilnahme der CIOs an Diskussionen zur Einbindung neuer Rahmenbedingungen.

3. Die Aufhebung der Grenze zwischen Fachbereich und IT und der Aufbau von Kompetenzzentren durch die CIOs.[41]

Wie der kommunikative Aspekt von Hypervernetzung funktioniert, beschreiben wir in der Infobox *Personal Branding*.

Reflexion und Motivation

Die Folge der technisch möglichen Hypervernetzung sind IoT-Anwendungen über Firmengrenzen hinaus. Ebenso aber die Chance, mit eigenen Projekten und Gründungen Movements, also Bewegungen, starten zu können, die unsere aktuellen wirtschaftlichen und gesellschaftlichen Ordnungen kräftig durcheinanderbringen. Das ist Facebook gelungen, Google ebenso. Auch der Erfolg von New Work wird durch die Hypervernetzung von Gleichgesinnten in Unternehmen getragen. Dieselben Mechanismen ermöglichen den politischen Backlash, dem wir aktuell begegnen. Angst schürender Social-Media-Content, extreme Äußerungen von Politikern, die das Overton-Fenster verschieben, und frei erfundene Fake News werden wie ein moderner Feldzug geplant und orchestriert, um Menschen in unterschiedliche politische Lager zu spalten, die irgendwann so ideologisiert sind, dass sie nicht mehr miteinander reden können.

In letzter Konsequenz gefährdet die Hypervernetzung also alle uns bekannten Ordnungen. Deshalb ist es so wichtig, sich zu überlegen, wo man selbst in der Welt steht und in welcher Welt wir leben wollen. Jeder muss sich selbst den Fokus geben und überlegen, mit wem er vernetzt sein möchte, damit seine Vorstellungen von der Welt gehört werden.

Journaling-Fragen

➤ Gibt es eine Art von Hypervernetzung, an der ich gern mitwirken möchte?

➤ Wo erlebe ich die Chancen und Risiken der Hypervernetzung in meinem beruflichen und privaten Alltag?

➤ In welcher Welt möchte ich leben?

➤ Mit welchen Menschen und Organisationen möchte ich mich vernetzten, um mehr Impact zu bekommen?

Wenn Sie mehr über Hypervernetzung erfahren möchten

➤ Keen, Andrew (2015): *Das digitale Debakel. Warum das Internet gescheitert ist – und wie wir es retten können.*

Personal Branding

Was ist Personal Branding und wofür ist es gut?

Was haben Mesut Özil, Anja Reschke und Richard Branson gemeinsam? Sie sind alle zu einer Personenmarke geworden. Personal Branding heißt das, wenn ein Mensch zu einer Marke aufgebaut wird beziehungsweise dies selber tut. Eine Personenmarke beschränkt sich nicht auf die Fähigkeiten und Handlungen einer Person, sondern basiert auch auf besonderen Persönlichkeitsmerkmalen wie auf ihrer Haltung und ihren Werten. Mesut Özil hat weltweit 31 Millionen Fans auf Facebook, 23 000 Follower auf Twitter und 17 Millionen auf Instagram – die meisten schätzen ihn als überragenden Fußballer und einen Deutschen, der seine türkisch-muslimischen Wurzeln nicht leugnet. Anja Reschke ist Fernsehjournalistin, leitet die Abteilung Innenpolitik beim NDR und moderiert das Fernsehmagazin *Panorama*. Sie ist eine hervorragende politische Journalistin, doch die breitere Öffentlichkeit kennt sie vor allem wegen ihrer mutigen Kommentare, die so überzeugend sind, dass sie auf den sozialen Medien viral gehen. Und Richard Branson, einst das

Enfant terrible in der seriösen Wirtschaftswelt, gilt heute als humaner Vorzeigeunternehmer, nicht nur, weil er in coolen Branchen erfolgreich Firmen gründet und internationale Geschäfte macht, sondern auch, weil er seine Bekanntheit nutzt, um sich für das Wohl von Menschen und Umwelt einzusetzen. Sie alle haben ihre große Bekanntheit genutzt und ihre Vernetzung über soziale Medien vorangetrieben.

Im Zuge der Hypervernetzung ist es heute auch in wirtschaftlichen Kontexten üblich, den Menschen in den Vordergrund zu stellen. Geschichten, die man nicht vergisst, lassen sich besser mit menschlichen Schicksalen erzählen als mit Zahlen, Daten und Fakten. Dies gilt für den Sport, das Unternehmertum und die Medien gleichermaßen. Auch ganz normale Führungskräfte, Gründer und Freelancer haben die Möglichkeit, sich mit ihrer Persönlichkeit und ihren Werten, ihren Aktivitäten, Kompetenzen und Leistungen öffentlich sichtbar zu machen. Sichtbarkeit ist das ganz große Schlagwort in der New-Work-Ökosphäre. Menschen, die mit Ausdauer, Geschick und Engagement sympathisch und empathisch auf Social Media aktiv sind, werden früher oder später mit ihren beruflichen Aktivitäten wahrgenommen werden. Die Protagonisten unserer Heldenreisen haben wir auch vor allem deshalb ausgewählt, weil ihre Namen für Eigenschaften stehen, die Sie, unsere Leser, inspirieren könnten, um zu denken und Themen aus einer anderen Perspektive neu zu verstehen.

Das heißt, die digitale Transformation bringt neue Möglichkeiten der Selbstpositionierung mit sich. Personal Branding ist die Methode, mit der Sie Meinungsführerschaft und Expertenstatus erreichen können. Zuerst über soziale Netzwerke, später auch live auf Konferenzen, bei Fachseminaren und Meetups. Denn Menschen folgen nun einmal lieber Menschen als Marken.

So funktioniert Personal Branding

Eine Personenmarke zu sein bedeutet vor allem, wahrgenommen zu werden. Der Chef einer sehr erfolgreichen und bekannten Kommunikationsagentur hat neulich geladenen Gästen in einem Vortrag gezeigt, wie er sein eigenes Personal Branding betreibt. Zuerst hat er alles, was ihn ausmacht, geclustert: seine Firma und namhafte Kunden, seine Kenntnisse und Fähigkeiten, seine Interessen, Hobbys und Urlaubsziele sowie sein Engagement für die Branche vor allem als Juror für die Vergabe von internationalen Preisen. Als Nächstes hat er die Persönlichkeitsmerkmale geclustert und unterschiedlichen Social-Media-Kanälen zugeordnet: Fotos von Juryreisen, Konferenzen und Kundenmeetings werden getwittert, denn Twitter gilt ja als der Meinungsmacherkanal. Auf LinkedIn schreibt er kurze Texte über die Preise, Nominierten und Juryzusammensetzungen. LinkedIn ist das Facebook für den international vernetzten Businessmenschen – sollte man nicht unterschätzen. Aufrufe für neue Mitarbeiter gehören auch auf LinkedIn, aber sind auch auf Facebook erfolgreich. Denn dort sind alle, auch Kommunikatoren, die über den Facebook Messenger, Event-Tools und in geheimen Gruppen beruflich dort aktiv sind. Urlaubsbilder mit Sonnenuntergängen, Meeresufer und blühenden Gärten werden auf Instagram gepostet. Die Botschaft: Auch viel beschäftigte und erfolgreiche Manager gönnen sich eine Pause und Quality Time mit der Familie.

In einer vernetzten Welt twittern Präsidenten und Fußballer ihre Breaking News lieber selbst. Hierbei haben sie die Oberhoheit über ihren Content. Früher, als man People-Nachrichten noch per Pressemitteilung oder Anruf beim zuständigen Redakteur eines Leitmediums platzierte, wusste man ja nie, welchen Spin »die Medien« einer Geschichte geben würden. Und so ist nachvollziehbar, dass zunehmend mehr Corporate Influencer im Netz zu finden sind. Auch Berater wie Kerstin Hoffmann und Führungskräfte wie Stephan Grabmeier sind bereit, ihr Wissen öffentlich zu teilen. Sie werden damit zu Wertebotschaftern. Für einen Wertebotschafter ist es absolut notwendig, einer klaren Markenführung zu folgen. Die Personenmarke ist die Summe aller Erfahrungen, die bei anderen hervorgerufen werden. Damit ist die Marke das Ergebnis von konsequentem Handeln, einer konsequenten Werte- und Wissensbotschaft.

Die Strategien rund um Personal Branding betreffen die reale Markenbildung und ihre Onlinekommunikation. Hier spielen auch das Innere einer Person, ihre Gefühle und ihr Charakter eine große Rolle. Es wird definiert, warum sich eine Person in die Öffentlichkeit begeben möchte und mit welchen Inhalten und Absichten sie das umsetzen möchte.

Das Personal Branding für eine starke Personenmarke umfasst eine klare Botschaft, die Ideen und Werte vermittelt, relevante Inhalte, die wertig produziert worden sind und inspirieren, einen individuellen Stil mit einer eindeutigen Positionierung, ein verbindliches Auftreten online und offline, eine ordentliche Reichweite über Social Media und belastbare Medienkontakte sowie ein gutes Netzwerk und eine zuverlässige Erreichbarkeit.

Reflexion und Motivation

Viele Menschen, die wir kennen, haben Angst davor, sich sichtbar zu machen. Sie fürchten sich davor, etwas falsch zu machen und sich öffentlich zu blamieren. Doch wenn man sich überlegt, wie viele Millionen von Menschen, aktuell ist es fast die halbe Bundesrepublik, sich auf den sozialen Medien tummeln, ist die Chance, sich seinen Ruf durch ungeschicktes Personal Branding nachhaltig kaputt zu machen, sehr gering. Zu Beginn, wenn man noch nicht so viele Fans und Follower hat, kann man fast unter Ausschluss der Öffentlichkeit üben. Und bis Sie so viele Follower wie Anja Reschke, Richard Branson oder Mesut Özil haben, sind Sie längst ein Pro.

Journaling-Fragen

➤ Was hält mich davon ab, mir strategisch über meinen persönlichen Markenaufbau über Onlinemedien Gedanken zu machen?

➤ Was könnte schlimmstenfalls passieren, wenn ich etwas falsch mache?

➤ Welche Social-Media-Profile bekannter Persönlichkeiten gefallen mir und warum?

Wenn Sie mehr über Personal Branding erfahren möchten

➤ Berndt, Jon Christoph (2017): *Die stärkste Marke sind Sie selbst! Schärfen Sie Ihr Profil mit Human Branding.*

➤ Geffroy, Edgar; Benjamin Schulz (2016): *Erfolg braucht ein Gesicht: Warum ohne Personal Branding nichts mehr geht.*

Bloggen

Was ist Bloggen und wofür ist es gut?

Wenn Sie mal kurz nachdenken: Kennen Sie einen Blogger? Nein? Das glauben wir nicht. Heute bloggt doch JEDER. Einer der wirklich bekannten ist der Netzerklärer Sascha Lobo. Und in diesem Kapitel dieses Buches haben Sie gerade Dr. Kerstin Hoffmann kennengelernt.

Okay, und was machen die so als Blogger? Tja, die schreiben ein öffentliches Webjournal. Die Beiträge, die sie ins Internet schreiben, heißen Blogbeitrag, Blogartikel oder Blogpost. Die werden rückwärts chronologisch auf dem Blog eingestellt, sodass der aktuelle Beitrag ganz oben steht.

Das Wort »Blog« ist eine verkürzte Form des ursprünglichen Begriffs »Weblog«, der sich aus den Komponenten »World Wide Web« und »Log« für »Logbuch«, bekannt aus der Schifffahrt, zusammensetzt. Bloggen ist die Tätigkeit, einen Blog zu betreiben und Blogartikel zu planen, zu produzieren und zu verbreiten.

Neben persönlichen Blogs, die wie ein öffentliches Tagebuch geschrieben werden, gibt es Themenblogs oder Firmenblogs. Blogger haben – im Unterschied zu journalistischen Publikationen – in der Regel eine subjektive Perspektive auf die Welt. Das heißt, Blogger schreiben nicht objektiv, sondern sollen und dürfen ihre persönliche Sichtweise, die Perspektive eines Unternehmens oder die einer Organisation auf ein Thema beziehungsweise einen Sachverhalt widerspiegeln oder Ereignisse aus der Lebenswelt des Bloggers darstellen.

Eines der erfolgreichsten deutschen Blogs war übrigens »BASIC Thinking« von Robert Basic, der seinen Blog irgendwann bei eBay verkaufte. Das fanden nicht wenige Leute recht seltsam. Warum nicht? Start-up-Gründer verkaufen ihr Unternehmen doch auch, wenn es besonders gut läuft. Wie auch immer: Heute bloggen Journalisten, Gründer, Berater, Fachleute und Unternehmen zu Themen, mit denen sie ihre Expertise in die Welt tragen möchten. Sie feilen damit an ihrer Sichtbarkeit und an ihrer Reputation.

So funktioniert Bloggen

Blogposts sind zumeist geschriebene Beiträge auf einem Blog. Der Blogautor teilt sie per Link in Social-Media-Beiträgen auf Onlineplattformen wie Twitter, Facebook oder LinkedIn, um eine möglichst hohe

Reichweite zu erzielen. Ein Blog besteht idealerweise nicht nur aus Text, sondern kann durch andere Contentarten wie Fotogalerien, Slideshows, Videos und Infografiken aufgepeppt werden. Da Blogposts normalerweise zur Suchmaschinenoptimierung mit Schlüsselworten versehen werden, kann man sie auch zu sogenannten Threads zusammenfassen. Viele Blogger stellen in einer Blogroll am rechten Rand Links zu anderen Blogs zusammen, auf denen jemand zu ähnlichen Themen bloggt oder mit denen sie befreundet sind. In den Kommentarspalten unter dem Blogpost wurden früher die Themen des Beitrags auf hohem Niveau weiterdiskutiert. Heute wird die Debattenfunktion zunehmend mehr auf Facebook und LinkedIn verlagert.

Für die Länge eines Blogposts gibt es keine Regeln. Je lesbarer ein Beitrag ist, desto größer ist die Chance, dass er gelesen wird. Hilfreich sind hierbei ein möglichst exklusives oder gern diskutiertes Thema, ein gut gegliederter Text, eine interessante Perspektive, die spannend beschrieben und mit unterschiedlichen Contentarten produziert wird.

Da Bloggen als eine soziale Interaktion angelegt ist und über das Netzwerk des Bloggers lebt, kommentieren Blogger ihre Posts untereinander. Mit sogenannten Blogparaden rufen Blogger andere Blogger auf, ihr Wissen, ihre Gedanken und Erfahrungen auf dem eigenen Blog zu einem bestimmten Thema aufzuschreiben und den Link zum Text als Kommentar unter den Blogposts der Initiatoren zu posten.

Da viele Menschen nicht gern lesen, gibt es Blogger, die Videos für ihren eigenen YouTube-Kanal aufnehmen. Sie werden Vlogger genannt. Wieder andere erstellen eigene Podcasts und werden als Podcaster bezeichnet.

Bevor Sie auf Ihrer Website nun einen Blog integrieren oder sogar einen eigenständigen Blog erstellen, sollten Sie sich überlegen, mit welchen Themen Sie sich profilieren wollen (siehe Infobox **Personal Branding**).

Damir Ihr Blog wahrgenommen und gelesen wird, Sie also Reichweite erzielen, ist es notwendig, die eigenen Blogbeiträge selbst zu vermarkten, indem man sie auch mehrmals über soziale Medien wie Twitter, Facebook, XING, LinkedIn und Instagram (mit Link in Bio) teilt. Wenn Sie viele Fans und Follower haben, können Sie davon ausgehen, dass diese den Link zu Ihren Blogartikeln ebenfalls teilen oder sonst wie weiterleiten.

Reflexion und Motivation

Bloggen ist eine gute Möglichkeit, die eigenen Themen und Produkte am Markt zu positionieren. Anhand der Reichweite und der Interaktionsrate eines Blogposts kann man vorsichtige Rückschlüsse auf das beschriebene Angebot ziehen und das Produkt beziehungsweise dessen Präsentation optimieren. Für Marketing und Sales werden im Rahmen des Contentmarketing zunehmend Blogposts produziert, die auf der Customer Journey, also der Reise der potenziellen Kunden, das Thema Awareness bedienen. Eine Customer Journey umfasst die Phasen Awareness (auf etwas aufmerksam werden), Favorability (etwas interessant finden), Consideration (etwas in Betracht ziehen), Intent to Purchase (etwas kaufen wollen) und Conversion (Umwandlung des Kauferlebnisses in Empfehlungen oder Mehrkauf).

Gut produzierte Blogbeiträge wirken sich positiv auf die Reputation der Blogger aus und unterstützen das Personal Branding. Die Mehrheit unserer Protagonisten, deren Heldenreisen wir in diesem Buch vorstellen, haben sich als Blogger einen Namen gemacht beziehungsweise ihre Positionen und Erkenntnisse vor allem via Blogposts in die Welt getragen.

Heute muss man übrigens keinen eigenen Blog haben, um als Blogger zu gelten. Nicht umsonst haben die »goldenen Blogger«, die seit über zehn Jahren im Januar Preise an interessante Blogger verleihen, die Kategorie »Blogger ohne Blog« eingeführt. Viele Menschen machen sich auf Facebook, Twitter, XING und insbesondere auf LinkedIn sichtbar. LinkedIn, eine Microsoft-Tochter, lobt übrigens besonders engagierte Autoren als Top Voices aus – natürlich um mit deren Bekanntheit die Interaktionsraten auf der LinkedIn-Plattform zu erhöhen. Noch Fragen?

Journaling-Fragen

➤ Sehe ich mich als Blogger? Was sind meine Themen?

➤ Was müsste passieren, damit ich anfange zu bloggen?

➤ Welche Menschen oder Gruppen, die ich kenne, können mir dabei helfen, ein Blog aufzusetzen, und würden später meine Blogposts diskutieren und teilen?

Wenn Sie mehr über das Bloggen erfahren möchten

➤ Leopold, Meike (2013): *Corporate Blogs: Praxistipps für Strategie, Inhalt und Ziele.*

➤ Kings, Paul (2017): *Bloggen für Anfänger. Wie einen erfolgreichen Blog erstellen, Reichweite bekommen und Online Geld verdienen.*

➤ Ritter, Marie Luise (2018): *So wird man Influencer. Machen, was man liebt, und Geld damit verdienen.*

Energiemanagement

Was ist Energiemanagement und wofür ist es gut?

Wurde in den letzten Jahrzehnten viel zum Thema Zeitmanagement geschult und geschrieben, ist aktuell ein Trend zum Energiemanagement zu beobachten. Damit ist gemeint, dass das Glück und die Gesundheit eines Menschen davon abhängen, wie er mit seiner Lebenskraft umgeht und seine Lebensenergie managt. Die Vorstellung von der Lebenskraft als Gesundheitskonzept hat Christoph Wilhelm Hufeland vor rund 120 Jahren beschrieben. Für ihn war die Lebenskraft die Grundursache für alle Lebensvorgänge, wozu er auch das Selbsterhaltungsprinzip des Organismus zählte. Sie sei eine erhaltende Kraft, eine regenerierende und Neues bildende Kraft, eine Nervenkraft und die Kraft, die die allgemeinbare Reizbarkeit steuerte. Wenn ein Mensch krank ist, muss nach Hufeland beim Heilungsprozess die individuelle Lebenskraft unterstützt werden. Diese individuelle Lebenskraft würden wir heute vielleicht mit Lebensenergie gleichsetzen, die gegenwärtig als Antwort auf alle Fragen zu einem gesünderen und glücklicheren Leben angesehen wird. Wenn wir im New-Work-Kontext von Energiemanagement sprechen, meinen wir damit das Konzept, dass jeder Mensch, der nach seinem Purpose und einem erfüllten Arbeitsleben strebt, seine Lebensenergie und Leistungsfähigkeit selbst zu steuern lernen sollte.

So funktioniert Energiemanagement

Wer sich mit einem persönlichen Energiemanagement beschäftigt, hat die Themenfelder Ernährung, Bewegung, Entspannung und Leistungsoptimierung im Blick. Wer im New-Work-Kontext arbeitet, ist selbst dafür verantwortlich, gesund und leistungsfähig zu bleiben. Deshalb beschäftigen sich beispielsweise so viele New Worker mit gesunder Ernährung. Sie versuchen herauszubekommen, bei welcher Ernährungsweise ihr persönlicher Energielevel besonders hoch ist. Viele Menschen gehen davon aus, dass Vegetarier besonders dynamisch sind. Das Management des weltweit erfolgreichen Coworking-Space-Anbieters WeWork hat in diesem Jahr bekannt gegeben, in seinen Häusern nur noch vegetarisches Essen anzubieten.[42] Es gibt private Unterkünfte, in denen nur vegetarisches Frühstück angeboten wird, man aber seine eigene Salami mitbringen darf. Damit wird zum Ausdruck gebracht, dass man selbst aus energetischen und ökologischen Gründen eine bestimmte Ernährungsart vorzieht, aber auch andere Ernährungsweisen toleriert.

So unterschiedlich, wie die Menschen sind, so unterschiedlich sind auch ihre Vorstellungen über die optimale Bewegung oder Entspannung. Die einen joggen, die anderen walken. Wieder andere schwimmen oder machen Yoga. Die einen meditieren, andere gehen im Wald spazieren oder hören Musik. Auch hier gilt die Erkenntnis, dass das richtig ist, was funktioniert. Im Zusammenhang mit Leistungssteigerung und Lebensqualität spielen auch die Beziehungen zu Menschen eine Rolle. Wer viel mit Energieräubern zu tun hat, mit Menschen zusammenarbeitet, die sehr negativ sind und wenig loben, benötigt mehr Energie, um seine Arbeit zu erledigen, als jemand, der in einem menschlich gesunden Umfeld tätig ist.

Reflexion und Motivation

Das Thema Energiemanagement mag recht esoterisch klingen, doch ist es schon so, dass in einer hypervernetzten Welt, in der die Veränderungsdynamiken exponentiell zunehmen, jeder Mensch zusehen muss, wie er mit der ihm zur Verfügung stehenden Energie zurechtkommt und sie maximal schonend einsetzen kann.

Journaling-Fragen

➤ Gibt es Dinge und Menschen, die unnötig viel Energie aus meinem Leben ziehen?

➤ Welche Möglichkeiten habe ich, meinen Energiehaushalt aufzubessern?

➤ Mit welchen Aktivitäten und Handlungen kann ich neue Energie freisetzen?

Wenn Sie mehr über Energiemanagement erfahren möchten

➤ Weaver, Libby (2017): *Das Rushing Woman Syndrom. Was Dauerstress unserer Gesundheit antut.*

➤ Ennenbach, Matthias (2016): *Glückscoach – Achtsam werden: Die eigene Mitte finden im Alltag.*

Digital Detox

Was ist Digital Detox und wofür ist es gut?

Laut Oxford Dictionary beschreibt der Begriff »Digital Detox«, zu Deutsch »Entgiftung vom Digitalen«, einen Zeitraum, in dem eine Person keine digitalen Geräte wie Smartphones, Laptops oder Computer nutzt, um Stress abzubauen und sich auf das Leben in der echten Welt zu konzentrieren.[43]

So funktioniert Digital Detox

Wie man Digital Detox umsetzt, bleibt jedem selbst überlassen. Es gibt Menschen, die leben einen Tag pro Woche ganz bewusst ohne Smartphone und Computer. Sie posten diese Informationen auf ihren Social-Media-Kanälen und schreiben sie in ihre Abwesenheitsbenachrichtigungen, die als Auto Responder per Mail verschickt werden. Damit beugen sie besorgten oder verärgerten Nachfragen von Menschen in ihrem Umfeld vor.

Reflexion und Motivation

Es gibt inzwischen eine Reihe von Studien, die belegen, dass der pausenlose Umgang mit digitalen und sozialen Medien die Produktivität von Menschen vermindert. Sie verlernen, sich zu konzentrieren und auf eine Sache zu fokussieren. Hinzu kommt, dass Menschen, mit denen man offline kommuniziert, häufig den Eindruck haben, dass im Leben vieler Smartphone-Nutzer das Motto »Digital first« gilt. Aus diesen Erfahrungen heraus ist die Digital-Detox-Bewegung entstanden. Prominente berichten, dass sie ohne Smartphone auf Dates gehen oder, wenn sie mit Freunden unterwegs sind, ihre ausgeschalteten Devices auf den Tisch legen. Zunehmend mehr Arbeitgeber und vor allem Betriebsräte sorgen sich um die Gesundheit und Leistungsfähigkeit von Mitarbeitern. Sie veranlassen Regelungen, dass Arbeitnehmer nach Feierabend und im Urlaub auf die jobbedingte Nutzung digitaler Medien verzichten und nicht erreichbar sein müssen. Gerade für Unternehmen ist es nicht ganz leicht, den richtigen Umgang mit digitalen Medien vorzugeben. Deshalb appellieren Fachleute an Führungskräfte, den sinnvollen Umgang mit Messengern, E-Mail und Co. vorzuleben.

Journaling-Fragen

➤ Habe ich manchmal das Gefühl, dass »always on« auf Kosten meiner Lebensqualität geht?

➤ Würde ein Digital-Detox-Projekt für mich umsetzbar sein?

➤ Welche Voraussetzungen muss ich schaffen, damit ich in zwei bis drei Tagen mit Digital Detox anfangen kann?

Wenn Sie mehr über Digital Detox erfahren möchten

➤ Albers, Markus (2017): *Digitale Erschöpfung. Wie wir die Kontrolle über unser Leben wiedergewinnen.*

➤ Schmiderer, Monika (2017): *Switch off und hol dir dein Leben zurück. Wie wir der digitalen Stressfalle entkommen.*

➤ Otto, Daniela (2016): *Digital Detox. Wie Sie entspannt mit Handy & Co. leben.*

Kapitel 6
Leadership

In fünf Kapiteln haben wir über New Work und Coworking, Mindset, Methoden und Netzwerke geschrieben, am Rande auch über Führung. In diesem Kapitel widmen wir uns dem Leadership. Denn wir wissen alle: Vom oder von der direkten Vorgesetzen und wie man sich mit ihm oder ihr versteht, hängt viel ab. Und auch *Selbstführung* ist ein wichtiger Erfolgsfaktor für jeden, egal ob Mitarbeiter, Chef, Gründer oder Freelancer. In einer zunehmend komplexen Arbeitswelt, deren Regeln sich situationsbezogen und schnell ändern können, gehört dies vielleicht zur wichtigsten Kompetenz, um in ihr erfolgreich und gesund bestehen zu können.

Was verändert sich also hinsichtlich Führung im digitalen Zeitalter? Einige Antworten haben Andreas Ollmann und David Cummins bereits gegeben. Nun wollen wir unseren Blick von der reinen Unternehmensorganisation in die große, weite VUKA-Welt richten. Wenn wir in einem auf Hypervernetzung ausgerichtetem System leben, in dem derjenige den größten Erfolg hat, der die am meisten nachgefragte Leistung erbringt, der am besten über soziale Netzwerke vernetzt ist und dank seiner Follower über großen Einfluss in seiner Community verfügt, was passiert dann mit dem klassischen Vorgesetzten? Benötigen wir überhaupt noch Menschen, die Aufgaben verteilen und deren Erledigung kontrollieren? Die den Zugang nach »oben« kontrollieren und den Informationsfluss nach »unten«? Die unsere Arbeitsleistung mehr oder weniger subjektiv im Jahresgespräch bewerten und, wenn wir sehr gut sind, unsere Entwicklungschancen fördern (denn gute Leistungen sollen belohnt werden) oder hemmen (denn wer verliert schon gern einen guten Mitarbeiter?)? Logisch, dass es auf diese und viele andere Fragen zur Führung im digitalen Zeitalter vielfältige Antworten gibt.

Es wurde bereits eine Unzahl von Artikeln, Blogposts, LinkedIn-Essays und natürlich Fachbücher zu dem Thema veröffentlicht – eines hat eine unserer Autorinnen, Christiane Brandes-Visbeck, im Herbst 2017 zusammen mit Ines Gensinger ebenfalls im Redline Verlag veröffentlicht. Die beiden Vordenkerinnen von Digital Leadership (siehe Infobox *Digital Leadership* und *Digital Leadership Canvas*), also Führung im digitalen Zeitalter, haben unter dem Titel *Netzwerk schlägt Hierarchie* ihre Leser mit vielen Beispielen aus der Praxis und Interviews mit Firmenlenkern wie Sabine Bendiek, CEO von Microsoft DACH, oder Peter Vullinghs, CEO von Philips DACH, zum Handeln motiviert: Macht etwas. Seid mutig. Geht einfach los. Denn Führung ist nicht nur eine Position, für die man angemessen bezahlt wird, sondern spielt vor allem in agilen Unternehmenskulturen zunehmend eine Rolle. Jeder von uns hat eine Qualität oder eine Stärke, die ihn befähigt, mit gutem Beispiel voranzugehen und Orientierung zu bieten. Einer der ersten, der so ein Konzept von Führung im beruflichen Kontext mitentwickelt und getestet hat, ist Stephan Grabmeier. Wer sich mit New Work und Leadership beschäftigt, kommt an seinem Namen nicht vorbei. Grabmeier war einer der Ersten, der nicht nur über die neuen Anforderungen an die Menschen in den Chefetagen nachgedacht, sondern diese auch konsequent umgesetzt hat. Zweimal haben ihn seine Mitarbeiter im IT-Verlag Haufe-umantis zum Geschäftsführer gewählt. Ja, gewählt! Denn Grabmeier war zu dem Zeitpunkt fest davon überzeugt, dass Menschen nur dann motiviert führen und mutig vorangehen können, wenn ihnen das Mandat von der Belegschaft übertragen wird. Wenn auch die Kollegen finden, dass diese Person fachlich und menschlich für die Führungsrolle geeignet ist. Auch hier begegnet uns wieder eine New-Work-Philosophie, die wir bereits im ersten Kapitel bei Daniel Barke und WorkGenius kennengelernt haben: Bei der Beurteilung der

Leistung eines Menschen geht es nicht so sehr um seine Zeugnisse und Referenzen aus der Vergangenheit, sondern darum, wie Kollegen, Auftraggeber, Chefs und Dienstleister, also alle wichtigen Stakeholder im Arbeitsumfeld, das Führungsverhalten erleben. Um ehrliches Feedback aus der Belegschaft zuzulassen und aushalten zu können, benötigt es sehr viel Mut, Reflexionsvermögen und den ehrlichen Willen zum eigenen Wachstum zugunsten des großen Ganzen. Wie schafft ein Mensch das? Um Antworten auf diese und viele andere Fragen aus dem New-Work-Kontext zu erhalten, haben wir uns mit Stephan Grabmeier über seine Heldenreise zu New Work unterhalten.

Grabmeiers Heldenreise prägen immer wieder Menschen, die ihn auf seinem Karrierepfad mitnehmen. Wer Kirsten Boies Kinderbuch *Der kleine Ritter Trenk* gelesen hat, erinnert sich vielleicht an die Gaukler, die dem Ritter gleich zu Beginn der Geschichte begegneten und mit denen er eine Weile mitreiste. So führte ihn das Gauklermädchen Momme Mumm durch den dunklen Wald, und später brachte ihre Truppe ihm bei, sich in einer Stadt zurechtzufinden. Sie lehrten ihn Tricks, beispielsweise wie man dem autoritären Ritter Wertold bei einem Ritterkampf sein Pferd abluchsen kann. Ohne dass der Ritter Trenk es so recht merkte, begegnete er immer wieder Menschen, die ihn faszinierten, die ihm halfen, die an ihn glaubten und einfach an seiner Seite standen. »Von den Besten lernen«, würden wir heute dazu sagen. Und es macht ja auch sehr viel Sinn, sich bei seiner Reise durch das berufliche Leben mit erfahrenen und fähigen Menschen zu umgeben. Nach diesem Prinzip hat auch Grabmeier den Beginn seiner Heldenreise gestaltet. »Ich bin ein typenbezogener Mensch«, sagt er von sich. Immer wieder sucht Grabmeier die Nähe von Menschen, die ihm Vorbild sind, die Fähigkeiten und Charakterzüge mitbringen, die ihn berühren. Diese Freunde und Förderer nehmen ihn mit auf ihre Karrierereisen, werden seine Vorgesetzten oder Geschäftspartner, prägen und motivieren ihn – und hinterlassen Spuren, die sein Handeln nachhaltig beeinflussen. Damit hat Grabmeier seit Beginn seiner

Karriere einen wesentlichen Bestandteil von Leadership auf vielfältige Weise erlebt: Selbstführung durch Haltung und Identifikation, die andere inspiriert und motiviert, es ihm nachzutun. So ist Grabmeier selbst im Laufe der Jahre selbst zum einem leuchtenden Vorbild für neue Führung geworden.

Raus aus dem Regelwerk einer Bank

Begonnen hat Grabmeiers Heldenreise in die neue Arbeitswelt in einem bisher höchst traditionellen Umfeld: in einer Bank. Ende der 1990er-Jahre wurde er Head of Human Resources bei der HypoVereinsbank, genauer: einem IT-Tochterunternehmen. Diese FMIS GmbH leitete Franz Baur, ein echter *Organisationsrebell,* wie Grabmeier rückblickend betont. Baur, studierter Mathematiker und Theaterwissenschaftler, kommt aus der Softwareentwicklung und beeindruckte Grabmeier durch seine Vielseitigkeit. »Ich hab das damals gar nicht so kapiert«, reflektiert er heute, »aber wir konnten unheimlich viel ausprobieren.«

Diese Freiheit, mit der er agieren dufte, ohne die Strukturen und Erfordernisse des Großkonzerns HypoVereinsbank aus dem Blick zu verlieren, entsprach seinem Naturell. Die festen, starren Strukturen und eher begrenzten Gestaltungsspielräume der Bank, die gemäß dem strengen Regelwerk der Bankenaufsicht agieren muss, hätte er gar nicht ausgehalten. So setzte sich Grabmeier federführend dafür ein, auch branchenfremde Mitarbeiter für die IT-Entwicklung zu rekrutieren. Ein damals sehr ungewöhnliches Vorgehen für Großbanken. »Wir haben hervorragende Erfahrungen mit Soziologen und Physikern gemacht«, erzählt Grabmeier. Er entwickelte ein internes Ausbildungsprogramm in Zusammenarbeit mit Berufsakademien und setzte es um, lange bevor der träge Konzern das etablieren konnte. Als Baur kündigte, um die heutige Consorsbank mit auf- und auszubauen, und dieser ihn fragte, ob er mitkommen wolle, zögerte Grabmeier keine Sekunde.

Wachsende Unternehmen brauchen Führung und Struktur

Er hatte sich das alles so schön ausgemalt. Mit Franz Baur und Karl Matthäus Schmidt, dem Gründer der Consorsbank, hatte Grabmeier zwei echte »Heros« an seiner Seite. Schmidt hatte mit der früheren Schmidtbank und späteren Consors Discount Broker gerade den Wertpapierhandel revolutioniert. Grabmeier war begeistert! Ein Studienabbrecher und Revoluzzer mit Start-up-Mentalität, der mal eben im Begriff war, das Wertpapiergeschäft umzukrempeln und – für die damalige Finanzbranche unfassbar vorausschauend – zu digitalisieren. Grabmeier erinnert sich: Die Consorsbank vergrößerte sich rasant, allein im Jahr 2000 wuchs sie von 400 auf 1200 Mitarbeiter – mit einem Börsenwert von nun 4,5 Milliarden Euro. Schmidt, zwar unkonventionell und rebellisch, erkannte allerdings bald, dass es ohne Strukturen nicht weitergehen kann. Eine Erkenntnis, die Stephan Grabmeier in sein heutiges Verständnis von New Work mit einbringt. Schließlich helfen Strukturen dabei, nicht jeden Prozess neu auszuhandeln und wiederkehrende Entscheidungen nicht immer wieder neu treffen zu müssen. In dem Moment, in dem ein junges Unternehmen rasant wächst, braucht es neben einer Gründermentalität eben auch Führung und Struktur, um effizient zu bleiben. Fehlt beides, können weder Entscheidungen getroffen noch Prozesse standardisiert werden. Dann wird ein Unternehmen, das bisher schnell und wendig agiert hat, allmählich langsam und behäbig.

Wie reif ist das Unternehmen?

Wenn man so will, ist Grabmeiers erste Erkenntnis seiner New-Work-Heldenreise hier zu verorten. Denn dieser Spagat zwischen Gründergeist und etablierten Mechanismen, zwischen Experiment und Absicherung sowie Entscheidungsfreiheit und strukturgebender Führung kann nur gelingen, wenn sich die entscheidenden Protagonisten in beiden Welten auskennen und zu Hause fühlen, wenn die Mentalität der Einzelnen zu dieser volatilen und wechselhaften Kultur passt. Im Fall von Schmidt und seiner Bank war das nicht mehr gegeben. Denn neben Baur holte sich Karl Mathäus einen Co-CEO, Reto Francioni, hinzu – für die stärkere Internationalisierung. Doch die neue Führungsriege harmonierte nicht miteinander. Während Schmidt – mit einem Gründergen ausgestattet – möglichst Hürden abbauen und realistisch planen wollte und Baur eine große Portion Experimentierfreude und Empathie, aber auch die wichtige Stabilität in der IT mitbrachte, passte Francioni nicht ganz so gut in diese sich schnell drehende, pragmatische Kultur. Er verließ das Unternehmen bald wieder. Als Ende 2001 der gefeierte neue Markt crashte, die New-Economy-Blase platzte und die Digitalisierung damit ihren ersten empfindlichen Rückschlag erlebte, stand auch die Consorsbank kurz vor der Insolvenz und wurde von der französischen BNP Paribas übernommen. »Alles wurde auf einmal anders. Der Wertpapiermarkt wurde brutal reguliert. Ich fragte mich: Wie lange hält man diese stürmischen Zeiten aus?«, erinnert sich Grabmeier. Ihm wurde gerade sehr deutlich vor Augen geführt: Es gibt keine bunte Gründerwelt, in der alles möglich ist. Im Gegenteil: »Gründergeist heißt, dass ich ständig prüfen muss, was das eigene Unternehmen kann – und was nicht.« Gründergeist heißt eben auch, mit dem drohenden Scheitern vor Augen weiterzumachen oder, bevor es zu teuer wird, aufzugeben und sich neu zu orientieren. Woher weiß ich, welche Entscheidung wann die richtige ist? Wie lebe ich damit, wenn ich die Zeichen aus der Zukunft rückblickend falsch gelesen oder interpretiert habe? Wer in unsicheren Zeiten überzeugend führen will, benötigt Vertrauen in sich und sein Team.« Eine Methode, die dabei hilft, ist *Effectuation*. Eine Entscheidungslogik, die sehr in die VUKA-Welt passt, weil sie sich an dem orientiert, was möglich ist. Sie preist die Ungewissheit als Bestandteil jeder Entscheidung und ersetzt damit an vielen Stellen die herkömmliche Planung, wie sie im Wirtschaftsstudium gelehrt wird.

Grabmeier weiß heute, dass es Führungskräfte vor allem in DAX-Konzernen gibt, die auf Megastrukturen stehen und mit den

Leadership-Herausforderungen der VUKA-Welt nicht zurecht-kommen. Die Frage heute lautet, wie man die sicherheitsorientier-ten Strukturen etablierter Dinosaurier und die Flexibilität junger Start-ups zusammenbekommt. Ideen ohne Strukturen sind nicht skalierbar und können damit nicht langfristig und in großem Stil erfolgreich sein. Strukturen ohne Innovationen sind in den Zei-ten der digitalen Transformation ebenfalls zum Scheitern verur-teilt. Die Consorsbank konnte dieses Spannungsfeld damals nicht auflösen. Da sie ums Überleben kämpfte und an allen Ecken und Enden sparen musste, wurden alle Projekte, die Grabmeier im Rahmen des Consors High Tech Campus verantwortet hatte, ge-stoppt. Fortan ging es ums Überleben. Aus der Blase der New Economy verließ Stephan Grabmeier das Unternehmen und ar-beitete als freier Berater. »In der Zeit war ich für spannende klas-sische Unternehmen wie BMW tätig, durfte aber auch New-Eco-nomy-Business-Modelle wie Mercateo, ein Management-Buy-out von E.ON, in die neue Generation führen. Seit dieser Zeit habe ich mich immer zwischen großen Konzernen und kleinen wendi-gen Start- oder Grown-ups bewegt und in beiden Welten viel über Strategie, Unternehmensführung und Leadership gelernt.«

Demut als Führungs- und Organisationsprinzip

Grabmeier hatte jetzt Zeit, das Erlebte zu reflektieren. In ihm wuchs – genau wie bei Tobias Kremkau nach seiner Entlassung von der Unternehmensberatung – das Bewusstsein, dass Selbst-kenntnis und Selbststeuerung, also Selbstführung, zentral sind, um in der modernen Arbeitswelt den eigenen Weg zu finden und zu gestalten. Vorgegebene Prozesse und Regeln geben zwar Stabili-tät, aber wer Dinge nicht erlebt, sich nicht an ihnen stößt oder von ihnen berührt wird, kann keine Selbstkenntnis erlangen. Der kann nicht herausfinden, was das Arbeitsleben mit einem macht und was man braucht, um zufrieden und erfolgreich zu sein. Besonders in der New-Work-Welt ist das eine Grundvoraussetzung für Er-folg, da beim selbstbestimmten Arbeiten viel weniger vorgegeben ist als in einer klassischen Organisation. »Geile Themen«, wie Grabmeier sagt, »reichen nicht aus.« Um diese umsetzen zu können, muss ein permanenter Abgleich zwischen den eigenen Zielen und Wünschen, den eigenen Fähigkeiten und Kenntnissen sowie den Marktgegenbenheiten oder Organisationsrealitäten stattfinden. Diese Schnittmenge wird auch als Sweet Spot bezeichnet, also als der Punkt, an dem eine optimale Wirkung erzielt werden kann, und sie zeigt, dass Führung in komplexen und beweglichen Umfeldern zur Selbstführung wird. Führung als Funktion, in der ein Funktionsträger kraft Amtes entscheidet, zumeist weil er die längste Erfahrung hat, greift hier nicht mehr.

In seiner Funktion als freier Berater, die Grabmeier selbst nicht als »Kür« bezeichnet, drehte sich viel um das Finden des eigenen Sweet Spots. Das mögliche Scheitern von Unternehmungen vor Augen, entwickelte er eine Sehnsucht nach einer gesunden Vereinbarkeit von Familie und Beruf. Immer drängender wurde die Frage, worauf er sich eigentlich fokussieren möchte. Er spürte erneut die Lust, etwas Neues auszuprobieren. Auf der Suche nach innovativen und dennoch skalierbaren Produkten stieß Grabmeier schließlich auf einen Marktführer für psychologische Testverfahren aus Dänemark. Daraus entwickelte er mit Geschäftspartnern die deutsche Dependence der Master Management AG. Die Zusammenarbeit mit den Geschäftspartnern aus Dänemark und den nordischen Ländern prägte ihn sehr. Ihm gefiel die Kultur der Skandinavier, die viel familienorientierter und innovationsfreundlicher war, als er es bis dato aus Deutschland kannte. Selbstverständlich spricht man mehrere Sprachen. Die Menschen aus dem Norden, die ihm begegneten, waren weltoffen, liberal und vor allem: nicht arrogant. Grabmeier empfand die skandinavische Demut als krassen Gegensatz zur deutschen machtorientierten Mentalität, die ihn zunehmend störte. »Wir sind ein kleines Land, wir müssen offen für andere sein« sagten seine dänischen Geschäftspartner. Deutschland mit seiner satten Konzernkultur könnte von dieser Haltung und Kultur viel lernen, fand er. Denn die Digitalisierung zwingt auch noch so etablierte Unternehmen zum Umdenken, und das wird aus einer arroganten Haltung heraus nicht funktionieren. Machtmotivation hemmt und verhindert Kooperation.

Wer sich mit Bodo Janssen und seiner Hotelkette Upstalsboom schon einmal befasst hat, hat gelernt, dass Führung und Demut sich nicht ausschließen müssen (siehe auch Infobox *Purpose* aus Kapitel 1 sowie Infobox *Selbstführung*). Unternehmer Janssen hat 2010 im Rahmen einer Mitarbeiterbefragung festgestellt, dass er als Führungskraft seines eigenen Unternehmens als negativ und demotivierend wahrgenommen wurde. Daraufhin baute er sein Unternehmen zu einer auf Augenhöhe und Demut basierenden Organisation um, deren Prinzipien wie beispielsweise *Servant Leadership* heute durch ihn und seine Teams verbreitet werden. Auch Grabmeier fühlte sich zunehmend zu liberalen, offenen Kulturen hingezogen. Immer deutlicher wurde ihm bewusst, dass klassische Top-down-Pyramidenstrukturen hauptsächlich dazu geeignet sind, Machtmotive Einzelner zu manifestieren. Und dass die vermeintliche Stabilität großer Konzerne erkauft wird mit Unbeweglichkeit und extrem langsamen Anpassungsprozessen an die globalisierten und digitalisierten Märkte mit ihren zunehmend schneller werdenden Veränderungsmechanismen.

2008 passte endlich alles zusammen. Grabmeier kam mal wieder mit Telekom-Personalvorstand und HR-Vordenker Thomas Sattelberger ins Gespräch, den er schon seit den späten 1990er-Jahren kannte. Der Ältere fragte den Jüngeren, ob er als Head of Culture Initiatives zur Telekom kommen wollte, und Grabmeier sagte: »Ja, unbedingt!« Rückblickend bezeichnet Grabmeier diese Zeit als entscheidenden Wendepunkt und erneut wichtigstes Lernfeld auf seiner Heldenreise. Die berufliche Verbindung der beiden Männer hatte ihren Ursprung in der Arbeit für die Selbst GmbH, einem Verein für Personalmanager, der damals von Sattelberger und Heinz Fischer, dem Personalvorstand der Deutschen Bank, gegründet wurde. Die Selbst GmbH besteht aus

Personalexperten und hat sich der »Employability« verschrieben. Hinter dem Begriff verbirgt sich die Frage, was Unternehmen und Politik tun müssen, um Arbeitsmarktfähigkeit für jeden Einzelnen zu schaffen und zu stärken. Grabmeier ist seit vielen Jahren Vorstand dieses Vereins, dessen Inhalte heute vor dem Hintergrund der digitalen Revolution wieder hochaktuell sind. Einige Jahre hat er gemeinsam mit Thomas Sattelberger für die Innovation im System Arbeit gekämpft, bis dieser nach seiner aktiven Zeit als Personalvorstand der Deutschen Telekom AG alle ehrenamtlichen Ämter abgelegt hatte.

Der Wendepunkt: Auch die Schattenseiten von New Work respektieren

Sattelberger holte also Grabmeier in die Telekom. Auch er brauchte Organisationsrebellen, Menschen also, die über den Tellerrand blicken und sich trauen, etwas auszuprobieren so wie Grabmeier. Sattelberger, Mentor mit Kraft und Leidenschaft, gab ihm dafür maximalen Gestaltungsraum. Regelmäßig stellte er Grabmeier zwei Fragen: »Hast du genügend Freiraum?« Und »Welche Steine muss ich dir aus dem Weg räumen?«

Thomas Sattelberger gehört bis heute zu den sehr vernehmbaren Vordenkern für Innovationsfähigkeit und die New-Work-Bewegung. Kein Personalvorstand hat bis heute das bewirkt, was Sattelberger für die HR-Zunft und das System Arbeit erreicht hat. Als Vorstand hat er bisher als Erster und Einziger klare Fakten mit der Einführung der Frauenquote geschaffen. Diversity und Gleichberechtigung entstehen nicht, indem man nur auf Bühnen darüber diskutiert, sondern indem man fundamental Strukturen ändert und Muster bricht. »Teilhaben ist die neue Wertschöpfung«, zitiert ihn beispielsweise die *WirtschaftsWoche* im Januar 2015[44], und er meint damit die zunehmende Mündigkeit von Bürgern, Kunden und Mitarbeitern. Als FDP-Politiker im Bundestag fordert er inzwischen auch ein staatlich gefördertes Amt für Innovation, an dem die besten Wissenschaftler und Innovatoren Deutschlands beschäftigt sein sollen. Sosehr er auch Motor für Veränderungen ist, eine unkomplizierte Führungskraft ist Sattelberger keinesfalls. Grabmeier beschreibt ihn als laut und dominant, aber eben auch als einfühlsam und sehr reflektiert. Das wichtigste Instrument, das Sattelberger ihm an die Hand gegeben hat, um in konventionellen Strukturen wirklich etwas bewegen zu können, war seine Analyse: »Stephan, du bist Idealist und noch viel zu grün hinter den Ohren. So kommst du nicht weiter. Du musst verstehen, wie Macht funktioniert!«

Auch Macht und Durchsetzungsvermögen gehören also zu New Work. Puh! Sind Macht und Ungerechtigkeit nicht der Grund, warum so viele Menschen sich von der alten Arbeitswelt abwenden? Um eine bessere Welt zu schaffen? Vielleicht. Aber auch die Welt des neuen Arbeitens funktioniert nicht wie ein Ponyhof. Wer, wie wir bereits an unterschiedlichen Stellen beschrieben haben, sein Geschäftsmodell am Markt ausrichtet, um mit seinem »Business Model You« (siehe Infobox *Business Model You* in Kapitel 2) erfolgreich zu sein, muss die Regeln des Marktes kennen und anzuwenden wissen. Ein radikales Ausrichten von Produkten und Prozessen am Kunden bedeutet eben auch, alle relevanten Stakeholder zu kennen, zu verstehen und zu respektieren. Und zwar auch die, die sich eben nicht demütig in den Dienst ihrer Organisation oder Mitarbeiter stellen. Auch die, deren vorrangiges Interesse es ist, individuelle Interessen durchzusetzen. Die Akteure von Spielereien, die für regelmäßige Bonuszahlungen oder zumindest institutionelle Anerkennung sorgen. Bei ihnen anzuecken, sich mit ihnen auseinanderzusetzen und die organisationalen Bedingungen zu verstehen, beschreibt Grabmeier als wichtigste Erfahrung und Voraussetzung, um Veränderungen vorantreiben zu können. In den fünf Jahren bei der Telekom lernte er, wie die großen DAX-Vorstände ticken und welche Hebel er bedienen musste, um seine Projekte durchzusetzen. Dabei hat er auch mal »etwas auf die Fresse bekommen« – das gehört im Konzernkontext als Lernerfahrung wohl immer dazu.

Auseinandersetzung mit Partizipation

Mit diesen Erfahrungen im Gepäck war Grabmeiers nächste Station die wohl konsequenteste, um New Work zu lernen und zu leben. 2013 wurde er als Chief Innovation Evangelist von der Haufe-umantis AG angeheuert, zu dessen Geschäftsführer er zweimal gewählt wurde. Der Anbieter von Talentmanagement-Software ist eine Tochter der Haufe AG und gilt als eines der am weitesten entwickelten Unternehmen in Europa mit den größten Mitsprachrechten für Mitarbeiter. »Ich habe noch nie so ein Wir-Gefühl in einem Unternehmen erlebt. Bei Haufe-umantis trifft man alle Entscheidungen zusammen. Das heißt aber nicht, dass es ausschließlich demokratisch ist, wie so oft geschrieben wird«, betont Grabmeier gleich zu Beginn. Denn nicht jeder wird zu jedem Thema gefragt, sondern es können sich diejenigen einbringen, für die eine bestimmte Fragestellung relevant ist. Entschieden wird von denjenigen, die im jeweiligen Bereich Experten sind. Bei Haufe-umantis ist man sich sicher: Es gibt bei Mitarbeitern eine riesengroße Sehnsucht nach guter Führung. Es ist ein Denkfehler, dass die Generation Y nicht geführt werden will. Diese Leute wollen einfach gut geführt werden und nicht nur Befehle erteilt bekommen. Bei Haufe-umantis findet also keine generelle Abkehr von Hierarchien und Führung statt, sondern eine radikale Flexibilisierung der Strukturen derselben – ein großer Unterschied.

Tatsächlich gibt es nur sehr wenige Unternehmen in der DACH-Region, die partizipative Führung so konsequent und erfolgreich praktizieren wie Haufe-umantis. Eine der bekanntesten demokratischen Regeln ist wohl die Wahl von Führungskräften. Sobald eine neue Strategie verabschiedet wird, werden Rollen definiert, mit denen die jeweilige Strategie umgesetzt wird. Auf diese Rollen – inklusive der jeweiligen Geschäftsführung – können sich alle Mitarbeiter von Haufe-umantis dann bewerben. Im Wahlverfahren wird genau geprüft: Was kann jemand? Und was will er oder sie? Wo liegen Fähigkeiten, aber auch Begabungen und Bedürfnisse? Rückblickend sagt Grabmeier über diese Jahre: »Nie habe ich intensiver *Feedback* erhalten. Das muss man erst einmal lernen auszuhalten.« Wir spüren im Gespräch, wie sehr es ihn freut, dass er sich in den Augen der Exkollegen bewährt hat und zweimal zum Geschäftsführer gewählt wurde. Eine Führungsposition einzunehmen, weil man aufgrund seiner tatsächlichen Leistungen und seiner persönlichen Handlungsmotive gewählt wurde, ist auch heute noch etwas Besonderes.

Spiralförmige Karriere: Rücktritt als Fortschritt

Das System Haufe-umantis ist anspruchsvoll. Die erste Herausforderung besteht darin, sich bewusst zu machen, welche Rolle man überhaupt annehmen möchte – eine Selbstreflexion, die für New Work unbedingte Voraussetzung ist, in den meisten traditionellen Strukturen jedoch überhaupt nicht stattfindet. Aber bei Haufe-umantis ist man sich sehr bewusst, dass nicht jeder Führungskraft und schon gar nicht Geschäftsführer sein will. Sich gegen eine so wichtige Rolle zu entscheiden, also »Nein« zu sagen, ist völlig in Ordnung und tut der Karriere keinesfalls Abbruch. Dieses an die Mosaikkarriere (siehe Infobox *Mosaikkarriere* in Kapitel 2) erinnernde Prinzip wird bei Haufe-umantis spiralförmige Karriere genannt. Es basiert darauf, dass eine Karriere über den Wunsch und die Notwendigkeit des persönlichen Wachstums gesteuert wird. Vermeintliche Rückschritte können so ein persönlicher Fortschritt des eigenen Berufsweges sein. Einer der Gründer von Haufe-umantis, Hermann Arnold, trieb dieses Prinzip auf die Spitze: In der Blüte des unternehmerischen Erfolgs spürte er, dass er nicht mehr der Richtige war für den nächsten Schritt, und schlug einen seiner Mitarbeiter, Marc Stoffel, als seinen Nachfolger vor. Arnold selbst ging für ein Jahr nach Indien. Bei seiner Rückkehr fragte Stoffel ihn, ob er in dessen Team arbeiten möchte, und Arnold sagte zu. So wurde der ehemalige Chef Arnold zu Stoffels Mitarbeiter und konnte diesem wertvolle Hilfestellungen und Coachings zukommen lassen. Gleichzeitig lernte er durch den Perspektivwechsel, wie jemand auf eine völlig andere Art als man selbst Erfolge erzielen kann. In einem Blogbeitrag schreibt Arnold im Juli 2012 dazu: »Er ging einen anderen Weg und ich war direkt betroffen von seinen Handlungen. Sie hatten andere Ergebnisse, als ich erwartet hätte. Und so konnte ich meine Vorstellungen anpassen, was gute Führung ist.«[45] Zudem machte Arnold darauf aufmerksam, dass ein Großteil von Macht oft auf die Funktion einer Person zurückzuführen ist und weniger auf ihre »großartige Persönlichkeit« oder »überragenden Fähigkeiten«. Bei seiner Art von Führungsgestaltung geht es darum, Erfahrungen zu sammeln, und nicht um die Selbstbestätigung nach dem Motto »Wir sind die Coolen«. Wie bei der Plattform WorkGenius, auf der jeder Freelancer seine Leistungen anbieten und sich zusätzlich in neuen Feldern ausprobieren kann, können im System der spiralförmigen Karriere eigene Erkenntnisse maximiert werden. Jede Rolle, ob als Experte oder als Führungskraft, bietet Vorteile, die zum jeweiligen Zeitpunkt nützlich sind. Im Vordergrund steht stets das Wachstum. Um zu wachsen, müssen Menschen sich ausprobieren, reflektieren und dazulernen. Für Grabmeier sind das Lernen und das Sich-Ausprobieren wesentliche New-Work-Merkmale.

Auch für Organisationen bringt so ein Prinzip enorm viele Vorteile, darin sind sich Grabmeier und Arnold einig. Führungskräfte, die an ihrem Status festhalten, obwohl sie längst nicht mehr für die aktuelle Aufgabe geeignet sind, oder solche, die überhaupt nie Führungskraft werden wollten, aber »hochgelobt« wurden, können großen Schaden in Unternehmen anrichten. Das Phänomen, dass in Pyramidenstrukturen Führungskräfte so lange nach oben befördert werden, bis sie zu inkompetent für ihre Aufgabe sind, ist auch als »Peter-Prinzip« bekannt. In Unternehmen, in denen spiralförmige Karrieren gefördert werden und Führungskräfte nach umfangreichem Feedback gewählt werden, hat das Peter-Prinzip keine Chance.

Was wird im New-Work-Umfeld aus Beratungshäusern?

Zurück zu unserem New-Work-Helden Stephan Grabmeier. Sein Erfahrungsschatz ist inzwischen groß und nicht jede seiner Ideen erwies sich als tragbar. Gestartet als Organisationsrebell mit dem Wunsch nach größtmöglichem Freiraum, haben ihn die Erfahrung, dass Start-up-Mentalität und Mut nicht ausreichen, um im New-Work-Umfeld erfolgreich zu sein, und die konsequente Umsetzung eines hochpartizipativen Führungsmodells zu einem Experten für Innovationen gemacht. Zeit also, um sich erneut nach neuen Herausforderungen umzusehen. Wie geht es eigentlich den alten, behäbigen Dickschiffen der deutschen Wirtschaft? Was wird aus Unternehmen, bei denen etwa in der Produktion oder in sicherheitsrelevanten Unternehmensbereichen klassische Demand-and-Control-Prozesse bleiben müssen, während in den Entwicklungsabteilungen dringend innovative Strukturen und Führungsmethoden benötigt werden? Ein Beratungshaus, das sich bis vor ein paar Jahren nicht eben durch größte Innovationskraft hervorgetan hatte, bot sich nun als neues Testfeld an: Kienbaum.

Mit Fabian Kienbaum, dem Enkel des Gründers, der seit 2017 an der Spitze der Unternehmensberatung steht, ist ein deutlich spürbarer Innovationsgeist in das erfolgreiche Beratungshaus eingekehrt. Eine Öffnung zur Digitalwirtschaft, Beteiligungen an mehreren Start-up-Unternehmen sowie bisweilen schmerzliche Erfahrungen mit einigen Hemmnissen wie die Investition in ein wenig erfolgreiches Beratungshaus oder auch die Erkenntnis, dass erfahrene Berater nicht in die Hände klatschen, weil die Chefetage neue Ideen mitbringt, reizen Grabmeier. Fabian Kienbaum holte ihn 2018 als Chief Innovation Officer an Bord.

In der Kienbaum InnovationsGarage, die Grabmeier seitdem entwickelt hat, geht es um zwei Themenfelder: 1. Dinge zu bauen, also neue Services, Produkte und Business-Modelle zu schaffen, und 2. für ein Upgrade der Organisation und ihrer Berater zu sorgen. Eine große Herausforderung, bei der Grabmeier seine beiden Kernfelder Innovation und Transformation zu voller Wirkung kommen lassen kann. So, wie er sein neues Team aufgebaut hat, werden sie etablierten Firmen mit Veränderungsbereitschaft, die in der Umsetzung mit starken Hürden kämpfen, zur Seite stehen. Dabei wird wohl auch Tacheles geredet werden müssen: Was machen wir mit denjenigen, die die neuen Wege nicht mitgehen wollen? Die sich den neuen Strategien verweigern und sich bei dem Begriff »digitale Transformation« lieber wegducken? »Ich halte es mit Geoffrey Moore«, so Grabmeier. Dieser hat in den 1990er-Jahren das Innovationsmodell »Crossing the Chasm« für das Marketing entwickelt.[46] Demnach gibt es bei jedem Veränderungsprozess ungefähr 16 Prozent sogenannte Innovators (2,5 Prozent) und Early Adopters (13,5 Prozent) – also diejenigen, die von sich aus motiviert sind. »›Let's go!‹-Typen«, wie Grabmeier sagt. Dann gibt es diejenigen, die Grabmeier »Schaun mer mal«-Typen nennt und bei Moore Pragmatives (Early Majority, 34 Prozent) und Conservatives (Late Majority, 34 Prozent) heißen. Zusammen bilden diese Gruppen etwa 68 Prozent eines Teams. Diese gilt es, von Veränderungsprozessen zu überzeugen. Die weiterhin verbleibenden circa 16 Prozent, bei Moore noch freundlich mit Skeptiker (Sceptics, Laggards) umschrieben, bezeichnet Grabmeier als »toxische Verweigerer und Egoisten«. Grabmeier sagt ganz klar: »Die müssen aus dem System genommen werden.« Denn sind unter ihnen einflussreiche Personen in der Hierarchie – und das ist meistens der Fall, da deren Pfründe von Veränderungen oft am ehesten betroffen sind –, können sie die notwendige Transformation eines Unternehmens torpedieren, ja sogar verhindern.

Diese Gruppe ist aber keinesfalls zu verwechseln mit denjenigen, die zwar offen für Innovation und Veränderung sind, aber an klassischen Strukturen aus zumeist guten Gründen festhalten. Diese Gründe können entweder in der Organisation liegen, etwa weil eine regelmäßige und engmaschige Kontrolle zur Einhaltung von Sicherheitsstandards notwendig ist, oder in den Personen. Denn, so postuliert Grabmeier: »Das Erhalten von Belohnungen nach einem >Command and Control<-Prinzip ist einfach. Es liegt gewissermaßen in unserer DNA.« Ebenso wie natürlich der Drang nach Entscheidungskompetenz und Freiraum. Aber das Funktionieren nach Belohnungsprinzipien (»Wenn du diese Erwartung erfüllst, bekommst du Geld, Macht, Status oder eine anderweitige Belohnung«) ist weniger anstrengend. Um also sowohl auf organisationaler als auch auf menschlicher Ebene das jeweils richtige Führungsprinzip anzuwenden, bedarf es methodischer Kenntnis zweier Richtungen: der transaktionalen Führung ebenso wie der *transformationalen Führung*. Während bei der transaktionalen Führung eben Leistung im Austausch zur Belohnung steht, geht man bei der transformationalen Führung davon aus, dass Leistungen besser durch innere Motivation erbracht werden. Vor allem aber bedarf es der Fähigkeit, im richtigen Moment die richtige Methode anzuwenden, gleich einem Schalthebel, der im richtigen Moment in die richtige Richtung betätigt werden muss. Dieser Spagat wird auch beidhändige Führung genannt oder, etwas vornehmer, *Ambidextrie*. Ermächtigende Methoden wie Design Thinking (siehe Infobox *Design Thinking* in Kapitel 4) und agile Führungsmethoden sind nicht in jedem Kontext angebracht.

Beidhändige Führung als Kernkompetenz

Heute gilt Stephan Grabmeier zu Recht als einer der wichtigsten Influencer für Innovation, insbesondere für zeitgemäße Führungskonzepte. Um dorthin zu kommen, hat es allerdings einige Stationen gebraucht, inklusive Frust und blutiger Nasen sowie die Erkenntnis, dass die beteiligten Menschen zum jeweiligen New-Work-Reifegrad eines Unternehmens passen müssen. Wenn es um zeitgemäße Führung geht, vertritt Grabmeier inzwischen das »Sowohl als auch«-Prinzip. Innovative Konzepte können mit traditionellen Unternehmensstrukturen einhergehen, müssen es sogar. Wer Digitalisierung einführen will, muss Prozesse steuern, und dabei die Bedürfnisse der Menschen im Blick haben. Denn Veränderungen aller Art werden erst dann von Menschen angenommen, wenn sie darin einen Vorteil sehen. Flexiblere Führungsmodelle, Vernetzung und Austausch auch über die Unternehmensgrenzen hinweg sowie agiles Projektmanagement sind absolut notwendig für die digitale Transformation, können und müssen aber auch neben stabilen Top-down-Hierarchien funktionieren. Denn das Bewährte ist die Basis, auf der das riskante Experimentieren mit den Innovationen stattfinden kann. Wir entwickeln uns von einfältigen zu vielfältigen Systemen – und das ist für alle die größte Herausforderung.

Das ist es wert!

Wer nach dem Prinzip der Ambidextrie führt, muss wissen, wann er im Exploit- und wann er im Explore-Modus führt. Dazu benötigt es Regeln, die im Team gemeinsam zu verabschieden sind. So ähnlich wie beim Straßenverkehr, wie Grabmeier ausführt. Auch dort hat jeder die Freiheit, dorthin zu gehen, wohin er will. Ist der Weg durch den Park der bessere oder der an der Schnellstraße? Nehme ich die öffentlichen Verkehrsmittel oder benutze ich das Auto? Das wird den Teilnehmern nicht vorgeschrieben. Wohl aber müssen sie sich an Verkehrsregeln halten, ansonsten wird es zu Unfällen kommen. Das Navigieren in einer Organisation, in der stets situationsangemessen entschieden werden soll, in der Entscheidungstiefe nicht oder nur wenig an Funktionen geknüpft ist und in der sich Innovations- und Umsetzungstreue im ständigen Wechsel befinden, bedarf eines hohen Reifegrades. Das hat mit »Wattebäuschchenschmeißern« nichts zu tun, so Grabmeier. Regeln müssen vereinbart und agile Ziele gesetzt werden, und alle Teilnehmer müssen lernen, entsprechend klar und wertschätzend gleichermaßen zu kommunizieren. Diese Fähigkeit in die Unternehmen zu tragen ist Stephan Grabmeiers Mission. Dafür bedarf es zunächst auch viel interner Arbeit. Sein Team muss aufgebaut werden, gemeinsam müssen (und dürfen!) Methoden entwickelt und auch interne Regeln aufgestellt werden. Das ist viel Arbeit. Aber Grabmeier ist hoch motiviert. »Wie erzeugst du

Wirkung?«, fragt er sich und antwortet umgehend: »Du musst andere berühren. Dich fragen, welches Problem du lösen willst und wie du Menschen dadurch glücklich machst. Sie müssen spüren, worum es geht. Denn wir lernen nur aus Erlebnissen, die Aha-Effekte erzeugen. Und immer wieder überprüfen, ob es noch passt.« Das nennt Grabmeier »Believe Update«. Sein eigenes Believe Update hat längst stattgefunden. Am Ende unseres Gesprächs sagt er: »Klar, New Work ist harte Arbeit und alles andere als Sozialromantik. Aber genau das ist es wert, und dafür kämpfe ich. Denn ich möchte die Welt ein klein bisschen besser machen. Jeden Tag.«

Infoboxen für dieses Kapitel:

➤ *Selbstführung*

➤ *Digital Leadership*

➤ *Digital Leadership Canvas*

➤ *Organisationsrebellen*

➤ *Effectuation*

➤ *Servant Leadership*

➤ *Feedback*

➤ *Transformationale Führung*

➤ *Ambidextrie*

Selbstführung

Was ist Selbstführung und wofür ist sie gut?

Selbstführung oder Selbstmanagement ist die Fähigkeit, sich selbst unabhängig von äußeren Einflüssen zu führen. Dazu gehört, sich selbst zu motivieren, sich Ziele zu setzen und zu erreichen, die eigene Arbeitszeit einzuteilen und zu planen, sich weiterzubilden und den eigenen Erfolg zu kontrollieren. Im New-Work-Kontext hat die Fähigkeit zur Selbstführung eine sehr große Bedeutung. Denn während Menschen in der Vergangenheit ihr Selbst dem Unternehmen unterordneten, dreht sich dieses Verhältnis nun um. Es werden weniger Ziele vorgegeben, Mitarbeiter auf allen Ebenen werden ermächtigt und übernehmen mehr Selbstverantwortung und treffen mehr Entscheidungen. Intrinsische (innere) Motivation steht ebenso im Vordergrund wie wert- und sinnorientierte Führung und Arbeit. Das setzt reflektierte Mitarbeiter und Vorgesetzte voraus, die sich viel stärker als bisher ihrer Bedürfnisse, Gefühle, Stärken und auch Schwächen bewusst sind. Man könnte auch sagen: New Work IST Selbstführung. Gründer und Freelancer arbeiten naturgemäß selbstführend – und scheitern nicht selten daran. Selbstführung ist Arbeit, sie kostet zunächst Zeit und Energie. Erst wer geübt ist in Selbstführung, gewinnt Energie, kann flexibel agieren, echte Verbundenheit zum Arbeitskontext herstellen, aus den eigenen Energieressourcen schöpfen und so durch Arbeit der eigenen Selbstverwirklichung näherkommen.

So funktioniert Selbstführung

Schauen wir erst, welche Voraussetzung Selbstführung braucht und welche sie behindert. Ein psychologischer Mechanismus, der Selbstführung und Introspektion entgegenwirken kann, ist eine starre Ausrichtung am sogenannten aktuellen Selbst. Dabei geht es darum, das eigene Bild von sich selbst beizubehalten und vor Einflüssen und vermeintlicher Bedrohung von außen zu schützen. Wer sich ausschließlich an seinem aktuellen Selbst orientiert, wird Schuldige für Misserfolge suchen, allein die Umstände für Überforderung und Stress verantwortlich machen oder die eigenen Leistungen schönreden. Wer sich hingegen am »idealen Selbst« orientiert, kann den Status quo ändern, kann Fähigkeiten entwickeln, eigene Denkmuster aufbrechen (siehe Infobox *Glaubenssätze* in Kapitel 2), das eigene Verhalten ändern und an Situationen anpassen. Voraussetzung dafür ist allerdings eine hohe Kenntnis über sich selbst und – noch schwieriger – die Fähigkeit zu Selbstkritik (siehe auch Infobox *Growth Mindset* in Kapitel 3). Selbstführung in diesem Sinne ist also die Vorstufe zur Selbstentwicklung.

Selbstführung ist demnach weit mehr als ein ordentlicher Schreibtisch und ein gutes Zeitmanagement. Laut Günter F. Müller betrifft Selbstführung unter anderem die folgenden Wirkungsbereiche:[47]

➤ Erhöhung der Eigenmotivation, indem die eigenen intrinsischen Bedürfnisse (siehe Infobox *Motivation* in Kapitel 4) identifiziert und das Arbeitsverhalten darauf so weit wie möglich ausgerichtet wird. Es ist oft gar nicht leicht, sich der eigenen dominanten Handlungsmotive und Bedürfnisse bewusst zu werden. In der klassischen Arbeitswelt war es eher ein Zufallsprodukt, wenn diese zur Arbeit und ihrer Form passten, es bestand wenig Notwendigkeit, sich damit auseinanderzusetzen. Im Rahmen von Selbstführung müssen wir uns beantworten, was uns antreibt. Brauche ich die Zugehörigkeit zu einem Umfeld? Ist Sicherheit mein Antreiber? Oder bin ich besonders motiviert, wenn ich viel Anerkennung bekomme? Brauche ich extrem viel Freiheit oder eher Struktur? Wer darin geübt ist, kann in seinem eigenen Arbeitsbereich prüfen, wie er diese Bedürfnisse befriedigen kann, vielleicht, indem Schwerpunkte verlagert oder anders delegiert werden.

➤ Verbesserung der Selbstwahrnehmung, indem körperliche Signale wahrgenommen werden und auf sich selbst geachtet wird. Müller bezeichnet das auch als Vitalitätsmanagement. Für New Work ist das eine wichtige Fähigkeit, die uns davor schützt, dass wir ausbrennen. Sie hilft uns, der Menge und Komplexität von Informationen und Anforderungen Einhalt zu gebieten, und zwar bevor nachhaltiger Schaden entstanden ist. Diese Signale sind nicht erst wahrnehmbar, wenn wir krank werden. Es geht darum, in uns hineinzufühlen, wenn wir uns belastet fühlen, schlecht abschalten können oder einfach müde sind, obwohl wir genug schlafen. Viele überhören diese Signale und gestehen sich nicht zu, darauf zu reagieren. Selbstführung bedeutet, sich selbst (und in der Folge auch anderen) die Wahrnehmung von Grenzen zuzugestehen.

➤ Erhöhung der Selbstorganisation durch das Setzen von Prioritäten und Verfolgen von eigenen Vorsätzen. Dieser eher durch den Verstand gesteuerte Aspekt ist für diejenigen schwierig, die sehr impulsgesteuert agieren. Das ist eigentlich eine wichtige Fähigkeit für New Worker, aber nur dann, wenn das innerhalb von Leitplanken in

Form von Prioritäten und einem gewissen Maß an Fokus geschieht. Ansonsten laufen hochintuitive Menschen Gefahr, sich zu verzetteln, »über jedes Stöckchen zu springen« und sich vom eigenen Erfolg eher abzuhalten, als ihn zu fördern. Manch einer muss erst lernen, etwas nicht zu tun, was möglich wäre.

> Bessere Steuerung von Affekten durch Wahrnehmung von starken emotionalen Reaktionen und Hinterfragen ihrer Auslöser. Diese Art von Selbstführung ist so wichtig wie sensibel. Hierbei geht es vorrangig darum, nicht getrieben zu sein von negativen Gefühlen, die uns hemmen. Keinesfalls geht es darum, sie zu unterdrücken. Das Loslassen schädlicher Denk- und Gefühlsmuster wie etwa »Ständig gerate ich an autoritäre Chefs« oder »Ich bin nicht anerkannt als Vorgesetzter« (siehe Infobox *Glaubenssätze* in Kapitel 2) ist hier ebenso das Ziel wie herauszufinden, was uns von innen strahlen lässt und Energie freisetzt. Sich auszusöhnen mit Verletzungen, sich und anderen zu vergeben und Zugang zur eigenen, wahrhaftigen Emotionalität zu erlangen, können Voraussetzungen dafür sein. Am Ende entstehen vielleicht ganz pragmatische neue Verhaltensmöglichkeiten (»Verhaltensmodifikation«), wie zum Beispiel »Nein« sagen zu können, mit Ablehnung, Widerstand oder Eitelkeiten umgehen zu können, Perfektionismus abzustreifen, sich an Regeln zu halten oder sie durchbrechen zu können. Im besten Fall gelingt eine »proaktive Umfeldgestaltung« durch die Auswahl und Veränderung von Arbeitsbedingungen.

Reflexion und Motivation

Für Selbstführung gibt es, wie der Namen schon impliziert, kein Rezept. Wer aber lernt, auf die oben genannten Aspekte hinzuarbeiten, hat schon viel geschafft. Wer in Kontakt mit sich selbst lebt und arbeitet, kann sowohl in Unternehmen als auch als Alleinarbeitender »Selbstbewusstsein entstehen lassen, Haltung entwickeln, Verbundenheit stärken und Verantwortung übernehmen«, wie Bodo Janssen und Pater Anselm Grün in ihrem Buch *Stark in stürmischen Zeiten*[48] schreiben. Das Ziel ist ein Miteinander statt Gegeneinander und eine Führung, die erlaubt, dass Menschen ihre Persönlichkeit in die Organisationen einbringen. New Work baut darauf auf, dass diese Fähigkeiten entwickelt werden. Ansonsten geschieht das, was Kritiker dem Konzept vorwerfen: Es bleibt Makulatur in einer von Wirtschaftsbossen gestalteten Arbeitswelt, die sich mit einem modernen Anstrich schmücken wollen.

Journaling-Fragen

➤ Was war in der kürzeren Vergangenheit ein großer Arbeitserfolg für mich? Was habe ich selbst dazu beigetragen? Warum ist mir das so gut gelungen?

➤ Welche Unterstützung wünsche ich mir von anderen? Was kann ich dafür tun, um sie zu erlangen?

➤ Welche ganz konkreten Prioritäten habe ich gerade hinsichtlich meiner Arbeit? Verfolge ich diese konsequent? Wenn nein: Warum nicht? Habe ich die richtigen Prioritäten gesetzt? Was hält mich ab? Was kann ich zeitnah tun, um meine Prioritäten besser zu verfolgen oder an meine Bedürfnisse anzupassen?

Wenn Sie mehr über Selbstführung erfahren möchten

➤ Janssen, Bodo; Grün, Anselm (2017): *Stark in stürmischen Zeiten. Die Kunst, sich selbst und andere zu führen.*

➤ Müller, Günter F.; Braun, Walter (2009): *Selbstführung. Wege zu einem erfolgreichen und erfüllten Berufs- und Arbeitsleben.*

Digital Leadership

Was ist Digital Leadership und wofür ist es gut?

Der Begriff lässt es schon erahnen: Es gibt keine einheitliche Definition von Digital Leadership. Geht es dabei um Führen mit digitalen Tools oder um Führung in digitalen Zeiten? Es geht um eine Führungskultur, ohne die digitale Transformation nicht gelingen kann. Sie wird durch Merkmale beschrieben, die zeigen: New Work stellt Führungsverhalten in den Vordergrund, das vor der Digitalisierung unwichtig bis nicht willkommen war. Und sie verbannt Verhaltensmuster, mit denen man es seit Jahrzehnten weit bringen konnte.»Rethinking Leadership« nennt Christiane Brandes-Visbeck, eine unserer Autorinnen, den Zugang zur Digital Leadership: »Wer Neues will, muss Altes überdenken.« Als

Leitplanken verweist sie auf eine Studie der Personalberatung Russel Reynolds, die untersucht hat, welche Charakteristika Senior Leader im Vergleich zur klassisch ausgerichteten Führung für unerlässlich halten, damit die digitale Transformation eines Unternehmens gelingen kann.[49] Wir übernehmen diese fünf Charakteristika hier, denn unter ihnen subsumieren sich tatsächlich sehr konkrete Führungsanforderungen, um Unternehmen sicher in den digitalen Wandel zu führen und ihre Mitarbeiter zum Mitkommen zu motivieren.

So funktioniert Digital Leadership

Erfolgreiche Führungskräfte sind demnach:

1. Innovativ
Leader, die innovativ denken und handeln, stellen Fragen. Nur so können sie die Perspektive wechseln und Kreativität fördern. »Verrückte Ideen« zuzulassen, wie das Innovationsmodell Desgin Thinking postuliert (siehe Infobox *Design Thinking* in Kapitel 4), gelingt nicht, indem stets vorgegebene Ziele erreicht werden müssen oder Bedenkenträger zum Anführer aller Prozesse werden. Und: Innovative Leader wissen, dass Fehlversuche und Scheitern Teile von Entwicklung sind – und leben danach! Mitarbeiter, die sich permanente kontrolliert fühlen, deren Ideen schon bewertet werden, bevor sie zu Ende gedacht sind, und die unter ständiger Beobachtung arbeiten, werden kaum Kreativität entfalten. Leader, die innovativ sind, haben nicht notwendigerweise lauter bahnbrechende Ideen, aber sie stellen Raum, Zeit und Geld dafür zur Verfügung, damit diese entstehen können. Selbstverständlich gehört zu innovativer Führung auch, Ideen in Bezug zum Möglichen zu setzen. Tanya Cordrey, die unter anderem die britische Guardian Media Group erfolgreich ins digitale Zeitalter führte, sagte in einem Interview mit Russel Reynolds im Zusammenhang mit der oben zitierten Studie: »Das sind die entscheidenden Fähigkeiten, die Führungskräfte für die digitale Transformation brauchen: die Fähigkeit, innovativ zu denken, Fragen zu stellen, die das Unternehmen nach vorne bringen, und in der Lage zu sein, zusammenzuarbeiten und Lösungen zu entwickeln, die auf dem aufbauen, was man gelernt hat.«[50]

2. Disruptiv
»Disruption« ist seit mehreren Jahren eines der Schlagworte, die durch die Chefetagen wabern, um Veränderungen zu erklären oder gar zu rechtfertigen. Dabei ist Disruption nichts, was erst durch die Digitalisierung entstanden ist. Die Ablösung von Pferdekutschen durch das Automobil war ebenso disruptiv wie das Dampfschiff, das Segelschiffe

für den Warentransport ersetzte. Disruption heißt »zerstören« oder »unterbrechen« und unterscheidet sich von Innovation dadurch, dass neue Kundenbedürfnisse geschaffen werden, in deren Folge ein ganzer Wirtschaftszweig zerschlagen beziehungsweise ersetzt wird. Man spricht in dem Zusammenhang auch von einem »Innovator's Dilemma«. Denn, so Clayton Christensen, der Entwickler der Theorie, einerseits ist kein Unternehmen vor Disruption gefeit, andererseits kann sie in bürokratischen Strukturen etablierter Firmen kaum stattfinden. Gewinnmaximierung, Risikominimierung, zentralisierte Entscheidungsprozesse und Machtsicherung – Erfolgsfaktoren für Führungskräfte in den allermeisten etablierten Organisationen – verhindern die Entwicklung disruptiver Geschäftsmodelle im Grundsatz. Die genannte Studie zeigte folgerichtig, dass die erfolgreichen Führungskräfte der digitalen Transformation genau diese Faktoren eliminierten. Sie waren mutig genug, Bürokratie zu umgehen, nicht jede Entscheidung auf möglichst hoher Ebene genehmigen zu lassen, Verantwortung zu übernehmen auch für ungewöhnliche oder risikobehaftete Vorhaben – mit all dem Gegenwind, der dafür zu erwarten und auszuhalten ist – und Entscheidungskompetenz so weit wie möglich in die unteren Ebenen zu verlagern.

3. Mutig in der Führung
Digital Leadership verlangt Führungskräfte, die sich zu Innovation und disruptivem, unternehmerischem Verhalten bekennen und dieses aktiv vorantreiben. Dazu müssen sie mutig genug sein, selbst an Grenzen zu gehen und Entscheidungen zu treffen. Erst wenn sie selbst Vorbild sind, etwa kalkulierte Risiken einzugehen, Fehler zu machen und zuzugeben (!), Ideen zu entwickeln, neugierig und lustvoll Fragen zu stellen oder Entscheidungen zu treffen, werden sie ihre Mitarbeiter dafür begeistern und motivieren können, es ihnen gleichzutun. Das Konzept der *transformationalen Führung* nimmt diese Führungsfähigkeit auf. Es wird genug Gründe geben, für dieses Verhalten Gegenargumente zu finden. Viele Führungskräfte sind Meister darin, denn darin sind sie oft jahrzehntelang geschult. »Ja, aber« werden sie sagen oder: »Wenn das bloß ginge«, statt: »Wir versuchen es«, oder gar: »Das können wir schaffen!« Vielleicht haben sie recht. Digital Leader sind sie dann aber nicht.

4. Sozialkompetent
Für machtorientierte, bürokratische Strukturen, die auf den Erhalt von Bestehendem ausgerichtet sind, gilt Sozialkompetenz bestenfalls als »nice to have«. Nicht selten allerdings eher als Schwäche. Was für ein Irrtum! Erfolgreiche Digital Leadership erfordert die Fähigkeit, das eigene Verhalten mit den Bedürfnissen aller Beteiligten abzustimmen. Dazu müssen die Bedürfnisse der anderen zunächst einmal überhaupt wahr-

genommen und ihnen eine Bedeutung beigemessen werden. Schon daran scheitert es in der klassischen Unternehmenspraxis oft. Oft wird postuliert, es gäbe eben Führungskräfte, die das von Natur aus können – die Netten, eher weichen –, und eben solche, bei denen Hopfen und Malz verloren sei. Diese Haltung widerspricht der New-Work-Philosophie, deren Bestandteil ein flexibles Mindset (siehe Infobox *Growth Mindset* in Kapitel 3) ist. Es gibt zahlreiche ganz konkrete Haltungen und Verhaltensweisen, die dabei helfen, sich als Führungskraft sozial kompetent zu verhalten. Das Wertschätzen von Unterschiedlichkeit ist eine davon. Noch immer werden Teams oft so zusammengesetzt, dass möglichst ähnliche Menschen zusammenarbeiten. Dabei gibt es zahlreiche Untersuchungen, die belegen, dass diverse Teams die erfolgreichsten (und innovativsten) sind. Auch das Integrieren von Coachingpraktiken in die Führung, also dem fragengestützten Unterstützen statt dem Präsentieren von Lösungen, ist eine ebenso wichtige wie erlernbare Kompetenz. Sie ermöglicht erst die Übernahme von Eigenverantwortung auf Mitarbeiterebene, an der es in der Praxis oft scheitert. »Meine Mitarbeiter dürfen ja machen, aber sie tun es einfach nicht!« ist ein Satz, den wir Autorinnen häufig hören. Das ist meist dann der Fall, wenn sie ihre eigene Lösungskompetenz bis dahin noch nie erproben durften und daher ungeübt darin sind, das überhaupt zu versuchen. Einfache Modelle, wie das GROW-Modell helfen sowohl der Führungskraft als auch den Mitarbeitern, das zu lernen.

Übrigens: Selbst- und Fremdwahrnehmung von Führungskräften gehen häufig auseinander. Während die meisten Chefs sich als sozialkompetente Leader sehen, zeigt beispielsweise eine internationale Studie von Willis Towers Watson: In Deutschland genießen insgesamt nur 32 Prozent der Vorgesetzten ein hohes Ansehen. Und nur vier von zehn der befragten Mitarbeiter fühlen sich gefördert (international sechs). In der Kostenkontrolle hingegen lagen deutsche Manager sogar 14 Prozentpunkte über dem internationalen Vergleich.[51] In eine ähnliche Kerbe haut die Untersuchung der Managementberatung doubleYUU und der Agentur Neuwaerts. Nach Ansicht der befragten Chefs werden die Mitarbeiter überwiegend angemessen an Entscheidungsprozessen beteiligt (53 Prozent). Aber nur 18 Prozent der Mitarbeiter bestätigen dies. Noch schlechter sieht es bei der Bewertung der Gesamtkompetenz für die digitale Transformation aus. Immerhin 73 Prozent der Führungskräfte fühlen sich dafür zuständig und 44 Prozent für kompetent. Aber nur 14 Prozent der von ihnen Geführten empfinden ihre Vorgesetzten als geeignet.[52] Wer also anfangen will, seine Sozialkompetenz als Führungskraft zu entwickeln, könnte damit beginnen, seine oder ihre Mitarbeiter einmal zu fragen, wo sie selbst verortet werden und warum. Schon damit wäre einiges erreicht.

5. Entschlossen

Digital-Enthusiasten vergessen diesen letzten Punkt bisweilen: Entschlossenheit, und zwar zur Umsetzung. Nicht zuletzt deshalb genießen Buzzwords wie »Digital Leadership« und »digitale Transformation« nicht überall hohes Ansehen. Denn das Schaffen von Kreativität, das Fördern von Disruption, das Begeistern für Zukunftsszenarien sowie das Fragen, Zuhören und Achten auf Befindlichkeiten sind sowohl im Konzept des Digital Leadership als auch in der New-Work-Philosophie keine Versprechen für den Eintritt ins Paradies, sondern Bedingungen für wirtschaftlichen Erfolg. In einer schönen und ausdifferenzierten Grafik des Managementberaters und HR-Influencers Guido Bosbach beginnt nach der Phase des energiegeladenen Engagements die nachhaltige Arbeit: das Setzen von Zielen, Schaffen geteilter Werte und Reflexion des konkreten Zukunftsszenarios, das Wissen und Erfahrung benötigt. Das Gestalten des Wandels also. Danach müssen die neuen Prozesse und Strukturen im Unternehmen etabliert werden – unter Beteiligung aller Führungskräfte.[53] Hier werden Kritiker laut werden und unerwartete Hindernisse entstehen. Wer hier nicht dranbleibt und weiterhin optimistisch und entschlossen den Wandel verfolgt, hat ein Luftschloss gebaut, statt zu führen.

Reflexion und Motivation

In der agilen VUKA-Welt, in der erfolgreiche Menschen gut vernetzt sind, kann jeder eine Führungskraft sein. Damit ist die Funktion von Leadership keine Position, sondern eine Rolle. Jede Person im New-Work-Kontext sollte nach dieser Definition ein Digital Leader sein. Er oder sie findet sein Warum, hat damit einen Purpose, der ihn oder sie zum Handeln antreibt, und baut sich nach und nach eine Community auf. Wer dafür eine Roadmap erstellen möchte, sollte es mit der *Digital Leadership Canvas* versuchen. Denn das Motto eines Digital Leaders lautet: »Einfach machen!«

Journaling-Fragen

➤ Wie kann ich selbst zum Digital Leader werden?

➤ Was kann ich aus meinem beruflichen Leben zu den fünf genannten Charakteristika beitragen?

> In welchen Bereichen bin ich als Digital Leader gut aufgestellt, wo gibt es Nachholbedarf?

Wenn Sie mehr über Digital Leadership erfahren möchten

> Brandes-Visbeck, Christiane; Gensinger, Ines (2017): *Netzwerk schlägt Hierarchie: Neue Führung mit Digital Leadership.*

> Petry, Thorsten (2016): *Digital Leadership: Erfolgreiches Führen in Zeiten der Digital Economy.*

Digital Leadership Canvas

Was ist eine Digital Leadership Canvas und wofür ist sie gut?

Die Digital Leadership Canvas (DLC) ist ein Werkzeug, mit dem Sie Ihren Führungsstil für das digitale Zeitalter weiterentwickeln und ihre eigene Transformation vom klassischen Erwerbstätigen zum Digital Leader vorantreiben können. Sie wurde von Christiane Brandes-Visbeck, einer der Autorinnen des vorliegenden Buches, entwickelt und in *Netzwerk schlägt Hierarchie. Neue Führung mit Digital Leadership* vorgestellt, das sie 2017 mit ihrer Co-Autorin Ines Gensinger ebenfalls im Redline Verlag veröffentlicht hat.

So funktioniert die Digital Leadership Canvas

Die Canvas wird idealerweise auf DIN-A2, mindestens auf DIN-A3 aus-
gedruckt. Alle Gedanken, die Sie zu den einzelnen Feldern entwickeln,
schreiben Sie am besten auf Post-its auf und heften sie dann in das entsprechende Feld.

Verschaffen Sie sich nun erst mal einen Überblick über den Aufbau der
Canvas. Sie sehen, dass sie aus acht Feldern besteht, die unten rechts
mit kleinen Nummern versehen wurden. Die Anordnung der Felder
wurde so arrangiert, dass man sich in der oberen Reihe gedanklich von
sich selbst als Person im Feld ganz links bis ganz nach rechts zu der
Rolle, die man als Digital Leader einnehmen möchte, bewegt. In der
Mitte befinden sich Felder, die Ihre Führungsqualitäten mit Menschen
in Bezug setzen. Das sind Menschen aus Ihrem Netzwerk, also Ihre Unterstützer, Helfer oder Follower, eben die Leute, die Sie auf Ihrem Weg
zur Digital Leadership Excellence begleiten. In der unteren Reihe können Sie ganz links Ihre Herausforderungen auf dem Weg zur Digital Leadership Excellence notieren, ganz rechts Ihre Antworten und Lösungen
eintragen. Das Feld in der Mitte ist als Erfolgsbarometer für Ihre ganz
persönlichen KPIs (Key-Performance-Indikatoren) entwickelt worden.

Die Felder wurden nicht fortlaufend, sondern scheinbar unsortiert
nummeriert. Tatsächlich entsprechen sie einer bewährten Ausfüll-
logik. Beschäftigen Sie sich zuerst mit Ihrer Vision von Ihrer persönlichen Digital Leadership Excellence (1). Dann denken Sie über Ihre
Leadership- und Managementqualitäten nach (2). Ihre digitalen Qua-
litäten können Sie im Feld Leadership Style (3) als Superkräfte eintragen. Als Nächstes füllen Sie das Feld Mein Leadership-Netzwerk (4)
aus, um dann zu überlegen, wie andere Menschen Sie wohl als Führungskraft erleben (5). Bevor Sie jetzt zum Feld Herausforderungen (6)
übergehen, raten wir Ihnen, sich erneut mit dem Feld Digital Leadership Excellence (1) zu beschäftigen. Sollte eine Diskrepanz zwischen
dem Feld 5, wie andere Sie sehen, und Feld 1, Ihre Vision von sich als
Digital Leader, bestehen, ergeben sich daraus Herausforderungen für
das Feld 6. Natürlich werden Sie weitere Herausforderungen haben,
die Sie ebenfalls notieren. In Feld 7 haben Sie die Möglichkeit, Ideen
für erste Lösungsansätze einzutragen. Das Erfolgsbarometer in Feld 8
ist die Spalte, in der Sie eintragen können, wann Sie eine Veränderung
als gelungen ansehen und wie Sie den Erfolg feiern wollen.

Nachdem Sie sich einen ersten Überblick verschafft haben, ist es an der
Zeit, sich mit den Feldern im Einzelnen zu beschäftigen:

Feld 1: Unsere Vision von Digital Leadership

Das Feld Vision ist das Feld auf der Canvas, das die Anwender in der Regel am meisten herausfordert. Damit es nicht so schwer für Sie ist, sich vorzustellen, welche Punkte Ihre Vision von sich selbst als Digital Leader am besten beschreiben, haben wir zur ersten Orientierung die Merkmale von der Digital Leadership Excellence als Ausfüllhilfe vorgegeben: *innovativ, disruptiv, mutig in der Führung, sozial kompetent und entschlossen.* Als weitere Anregungen habe ich Stichworte zum Digital Mindset vorgeschlagen: *Sie entwickeln und teilen Ihre Vision von Digital Leadership mit Ihrem Team und befähigen andere. Sie geben Kontrolle auf und orchestrieren Möglichkeiten. Sie arbeiten mit Daten und Ihrer Intuition. Sie sind skeptisch in der Sache und offen Menschen und ihren Ideen gegenüber.* Begreifen Sie diese Liste von Merkmalen als einen Vorschlag für Ihr persönliches Leitbild. Prüfen Sie, ob die Aussagen zu Ihren Vorstellungen von Digital Leadership Excellence passen und ob die Liste vollständig ist. Wenn etwas fehlt, schreiben Sie den Punkt als Stichwort auf eine Haftnotiz, und kleben Sie diese in das Feld.

Feld 2: Meine Management- und Leadership-Qualitäten

In diesem Feld geht es um Ihre *Vorstellungen, Werte, Fähigkeiten und Kenntnisse*, die aus Ihrer Sicht Ihre Führungsqualitäten auszeichnen. Es geht allein um Ihre persönliche Selbsteinschätzung. Wenn Sie dabei sind, Ihre Management- und Leadership-Qualitäten aufzuführen, denken Sie auch daran, was Sie aus Führungskräftetrainings oder Leadership-Seminaren mitgenommen haben. Reflektieren Sie, woran es liegt, wenn Sie Erfolge feiern können. Überlegen Sie, was Sie antreibt und motiviert, wo Sie zum Vorbild taugen. Betrachten Sie dieses Feld als eine positive Stoffsammlung Ihrer Leadership-Qualitäten. Es geht um Ihr Mindset, Ihr Wissen und Können, kurz: um Ihr Führungspotenzial.

Feld 3: Mein Digital Leadership Style

Als Superkräfte gilt im dritten Feld all das, was Sie an digitalen Fertigkeiten oder als Mindset für Digital Leadership bereits mitbringen. Ihre Leitfragen dazu lauten: *Welche Aspekte von Digital Leadership Excellence lebe ich bereits? Welche meiner Vorstellungen, Werte, Kenntnisse und Fähigkeiten zeichnen mich als Digital Leader aus, der seine digitale Transformation meistern wird?*

Feld 4: Mein Leadership-Netzwerk

In Feld 4 geht es um Ihre Ressourcen im Sinne von Menschen, die Sie bei Ihrem persönlichen Wandel zum Digital Leader unterstützen können. Das können Wegbegleiter und Förderer sein, denen Sie vertrauen und die Sie als inoffizielle Mentoren oder Ratgeber begleiten. Das können Fans und Mitarbeiter sein, die Sie bewundern. Aber es kann sich dabei auch um Chefs, Partner oder besondere Persönlichkeiten in Ihrem Umfeld oder aus der Menschheitsgeschichte handeln, die Ihnen als Vorbilder dienen. Mit der Größe und Vielfalt Ihres Netzwerks wächst Ihr Einfluss und Ihre Reputation. Wenn Sie strategisch vorgehen wollen und Ihre Reichweite kontinuierlich verbessern möchten, frage Sie sich, wer Ihnen dabei nützlich sein kann, Ihr Netzwerk auszubauen. Welche Ihrer Kontakte sind wichtig für Ihre Rolle als Digital Leader?

Feld 5: Wie erleben andere meinen Leadership Style?

Dieses Feld beinhaltet die wichtigste Digital-Leadership-Frage: Wie erleben andere meinen Digital Leadership Style? Nachdem Sie in Feld 1 angegeben haben, welche Merkmale aus Ihrer Sicht zu Ihren bemerkenswerten Führungseigenschaften gehören, geht es nun um die Wahrnehmung der anderen. Dieser Perspektivwechsel ist entscheidend. Eine »gute« Führungskraft reflektiert das Feedback anderer, um ihre persönlichen Leadership-Qualitäten zu optimieren. Als Digital Leader möchten Sie wissen: *Womit motiviere ich meine Follower? Warum unterstützen sie mich? Welche meiner Vorstellungen, Werte, Kenntnisse und Fähigkeiten zeichnen mich aus ihrer Sicht als Digital Leader aus?*

Feld 6: Meine/unsere Herausforderungen

In den Feldern 2 und 5 haben Sie Ihre Leadership-Qualitäten aus Ihrer Perspektive und dem Blickwinkel anderer aufgeführt und sich in Feld 3 damit beschäftigt, welche Merkmale Sie für Ihre Digital Leadership Excellence mitbringen. Sie werden beim Ausfüllen von Feld 6 feststellen, dass Ihnen noch einige Denkweisen, Kompetenzen, Fähigkeiten oder Eigenschaften fehlen, um zu Ihrer persönlichen Digital Leadership Excellence zu gelangen. Überlegen Sie also, welche Herausforderungen Ihnen auf dem Weg zur Digital Leadership begegnen werden. Fragen Sie sich: *Bis zu welchem Grad bin ich disruptiv, innovativ, sozial kompetent, entschlossen und mit Engagement in der Führung? Wo liegen meine Schwierigkeiten, unsere Vision zu leben und damit unsere Ziele (Feld 1) zu erreichen? Wie steht es um meine Fähigkeit umzudenken und Entscheidungen gemäß den Prinzipien von Effectuation zu treffen? Denke ich positiv oder bin ich der »Ja, aber«-Typ? Wie kann ich ein Digital Leader werden, der eine Brücke von der klassischen in die digitale Welt schlägt?*

Das Feld Herausforderungen können Sie bei der fortlaufenden Arbeit mit der Canvas als To-do-Liste nutzen, in der Sie die Aufgaben beschreiben, an denen Sie arbeiten wollen, um Ihre persönliche Digital Leadership Excellence zu erreichen.

Feld 7: Meine/unsere Lösungen

Auf Ihren Post-its in diesem Feld können erste Lösungsansätze und Maßnahmen für die in Feld 6 gelisteten Herausforderungen stehen. Fragen Sie sich: *Welchen Entwicklungsbedarf habe ich? Über welche Ressourcen verfüge ich, um den in Feld 6 definierten Herausforderungen zu begegnen? Welche Maßnahmen muss ich ergreifen, um den Herausforderungen in Feld 6 zu begegnen, um unsere Ziele in Feld 1 zu erreichen?*

Einige der gestellten Aufgaben werden Sie allein bewältigen können, andere bewerkstelligen Sie besser gemeinsam im Team. Für manche Herausforderungen benötigen Sie vielleicht Unterstützung aus Ihrem Netzwerk oder von einem Coach. In diesem Feld wird sehr deutlich: Es liegt an den Ihnen zur Verfügung stehenden Ressourcen, welche Lösungsansätze realistisch sind.

Feld 8: Mein/unser Entwicklungsbarometer

In diesem Feld bestimmen Sie Ihre persönlichen Key-Performance-Indikatoren. Das können klassische Erfolgskriterien wie Gewinn, Wachstum oder der Grad der Mitarbeiterzufriedenheit sein. Denkbar sind aber auch selbst ausgedachte Indikatoren wie ein Umdenk-Barometer oder Lob von den Mitarbeitern für Ihre Fortschritte im Umdenken oder weniger »Ja, aber«-Sagen. Zum Quantifizieren Ihrer Erfolge fragen Sie sich: *Wie definiere ich Erfolg? Wie lassen sich meine Fortschritte auf dem Weg zur Digital Leadership Excellence messen?* Und *Wie belohnen wir uns?*

Je kreativer und fleißiger Sie bei der Erfindung von KPIs für das Entwicklungsbarometer sind, desto mehr Erfolge werden Sie feiern.

Reflexion und Motivation

Wenn Sie im New-Work-Kontext arbeiten, Sie aber nicht ganz sicher sind, ob Ihr Mindset das eines Digital Leaders ist, können Sie dieses mit der Digital Leadership Canvas überprüfen und gegebenenfalls weiterentwickeln. Die Canvas ist so konzipiert, dass man allein mit ihr arbeiten kann, aber auch im Team. Gerade weil wir im digitalen Zeitalter von den Anregungen aus unserem Netzwerk leben und gemeinsam Neues entwickeln, bietet es sich an, die Canvas als Tool in einem Leadership-Workshop zu nutzen, in dem Sie definieren wollen, wie Sie mit Ihrem Team zusammenarbeiten wollen. Jeder kann mit seiner persönlichen Canvas seine individuelle Leadership-Strategie entwickeln und das Team um Input bitten. Im zweiten Schritt kann eine Team-Canvas angelegt werden, in der gemeinsam festgehalten wird, wie alle in Zukunft miteinander arbeiten wollen. Da die Canvas so vielseitig ist, kann sie auch als Fortschrittsbarometer bei Mitarbeitergesprächen eingesetzt, für die Nachwuchsführungskräfteentwicklung genutzt oder als Nachweis für Coaching-Erfolge verwenden werden.

Journaling-Fragen

➤ Habe ich bereits Ideen dazu, wie ich als Digital Leader im New-Work-Kontext arbeiten möchte?

➤ Weiß ich wirklich, wo ich mit meinem Team stehe und welche Verabredungen und Regelungen wir für eine konstruktive Zusammenarbeit benötigen?

➤ Welche Aspekte meiner persönlichen Transformation möchte ich besser kennenlernen?

➤ Was kann mich dazu motivieren, die Arbeit mit der Digital Leadership Canvas zu testen?

Wenn Sie mehr über die Digital Leadership Canvas erfahren wollen

➤ Brandes-Visbeck, Christiane; Gensinger, Ines (2017): *Netzwerk schlägt Hierarchie: Neue Führung mit Digital Leadership.*

➤ https://www.youtube.com/watch?v=9fGBqkqqEYk

Organisationsrebellen

Was sind Organisationsrebellen und wofür sind sie gut?

Der vielleicht etwas bekanntere Begriff für Organisationsrebellen ist »Querdenker«. Früher verpönt und als schwierige Mitarbeiter abgestempelt, sind sie für die New-Work-Bewegung Vorbilder und inspirierende Visionäre. Organisationsrebellen eint, dass sie mutig alte Muster durchbrechen, Systeme und Strukturen hinterfragen, über Grenzen denken und gehen und andere von ihren Ideen überzeugen – mit dem Ziel, Unternehmen von innen heraus zum Besseren zu verändern.

So funktionieren Organisationsrebellen

Organisationsrebellen funktionieren gar nicht, das zeichnet sie aus. Gerade die Idee, den Status quo zu hinterfragen, anstatt in ihm zu funktionieren, ist ja das Merkmal eines Organisationsrebellen oder einer Organisationsrebellin. Dabei geht es den wenigsten um den Selbstzweck des Aufstands, sondern darum, ein bestimmtes Ziel zu erreichen, eine Unzufriedenheit zu lösen. So haben beispielsweise die drei Siemens-Organisationsrebellen Robert Harms, Ronny Großjohann und Sabine Kluge (inzwischen selbstständig) den von XING im Rahmen der Konferenz New Work Experience ins Leben gerufenen New Work Award 2018 gewonnen.[54] Ihr Ziel: die Fertigung des Gasturbinenwerks in Berlin effektiver zu machen durch New-Work-Methoden. Sabine Kluge ging es dabei explizit darum, auszuprobieren und zu zeigen, dass New Work mit seinen Ideen und Strukturen nicht nur für Einzelkämpfer, sondern auch in großen, etablieren Konzernen funktionieren kann. Sie hat das Projekt im ganzen Konzern verbreitet und wesentliche Entscheidungsträger davon überzeugt, »das Thema Fertigung noch einmal ganz neu zu denken«, wie sie erzählt. Ronny Großjohann wiederum war bestrebt, den beteiligten Teams »Mut und Stärke zu vermitteln, den Weg auch tatsächlich zu gehen« – Macht loszulassen, Verantwortung zu übernehmen und sich zurechtzufinden in der neuen Arbeitswelt. Als eines von mehreren Ergebnissen gibt es inzwischen ein Nebeneinander von klassisch-hierarchischen Systemen und selbstgesteuerten Systemen. Gleichzeitig wird innerhalb von Hierarchien eine neue Form von Führung praktiziert. Führen im Sinne von Coaching (siehe Infobox *Digital Leadership*) und nicht auf Lebenszeit etwa. An diesem Beispiel ist zu sehen, dass auch Organisationsrebellen eine Vision haben, die sie umsetzen wollen.

Als Ergebnis der von Stephan Grabmeier für Haufe ins Leben gerufenen Blogparade #Organisationsrebellen hat er nach Gesprächen mit zehn ausgewählten Organisationsrebellen sieben Tipps formuliert, Ideen voranzutreiben, den »eigenen, inneren Rebellen zu finden« und ihn vor allem auch zu Wort kommen zu lassen. Das sind sie:

1. »FRAGEN STELLEN (Rebellen fragen immer nach dem Warum).

2. AUF HERZ UND BAUCHGEFÜHL HÖREN.

3. MUT HABEN (Aufstehen und die Stimme erheben – auch bei negativen Konsequenzen).

4. NICHT ENTMUTIGEN LASSEN (Bedenken und Ausreden beiseiteräumen und sich von Hindernissen nicht aufhalten lassen).

5. IDEE VOR EGO (Es geht immer um die Sache, nie um Persönliches!).

6. ALLIANZEN BILDEN (Wer etwas erreichen will, muss andere mit seiner Begeisterung anstecken!).

7. AN ANDERE DENKEN (Wem es selbst gut geht, der kann sein Glück mit anderen teilen!).[55]

Reflexion und Motivation

New Work könnte ohne Organisationsrebellen nicht existieren. Es sind Pioniere mit Mut und Ideen. Vielleicht denken Sie: »Toll, dass es die gibt. Für mich wäre das nichts.« Vielleicht denken Sie auch augenrollend: »Die Rebellen, die ich bisher traf, waren anstrengende Zeitgenossen.« Wie auch immer Sie dazu stehen, tief greifende Veränderungen brauchen Innovatoren, Menschen, die voranschreiten. Das können nicht die Angepassten sein, diejenigen, die klaglos funktionieren. Sie müssen stören, unbequem sein und vielleicht anstrengend. Vermutlich haben wir alle diese Seite in uns, nur unterschiedlich stark ausgeprägt. Aber mindestens ein kleiner Rebell oder eine kleine Rebellin, die ab morgen etwas anders macht als bisher, kann jeder und jede sein.

Journaling-Fragen

➤ In welchem Bereich wäre ich gern Rebell? Warum?

➤ Wo bin ich schon jetzt ein kleinerer oder größerer Organisationsrebell? Wie fühlt sich das an?

➤ Was hat mich bisher abgehalten, einen Status quo zu durchbrechen, der mich stört? Würde ich es heute probieren?

Wer mehr über Organisationsrebellen erfahren möchte:

➤ https://vision.haufe.de/blog/blogparade-organisationsrebel
len/

➤ https://newmanagement.haufe.de/organisation/organisa
tionsentwicklung-mit-machern-und-querdenkern

➤ https://newworkaward.xing.com/gewinner-2018/

Effectuation

Was ist Effectuation und wofür ist sie gut?

Der Begriff »Effectuation« bezeichnet eine Entscheidungslogik, die in Situationen der Ungewissheit eingesetzt wird. Die Leitfrage ist nicht »Was soll ich tun?«, sondern »Was kann ich tun?«. Dieser Business-Ansatz funktioniert auch in der VUKA-Welt, weil er anders als klassische Entscheidungslogiken nicht Erfolge von gestern auf morgen übertragen will, sondern auf die Möglichkeiten des Jetzt abzielt. Effectuation macht Entrepreneure, Start-ups und innovative Unternehmen handlungsfähig und damit erfolgreich. Dr. Saras D. Sarasvathy, Professorin für Entrepreneurship, Strategie und Ethik an der University of Virginia, hat Effectuation maßgeblich erforscht und in die Welt getragen.

So funktioniert Effecutation

Effectuation basiert auf den folgenden fünf Denkprinzipien:

1. Bird in Hand – Ressourcenorientierung: Die Frage »Was kann ich tun?« orientiert sich im Wesentlichen an den vorhandenen Ressourcen. Manche nennen das auch Tim-Mälzer-Prinzip. Es heißt, dass Tim Mälzer sich beim Kochen nicht an Rezepten orientiert, sondern an dem, was ihm an Zutaten aktuell zur Verfügung steht. Wenn er seine Vorräte in Kühlschrank, Gefriertruhe und Küchenschränken überprüft hat, überlegt er sich, welches leckere Gericht er daraus kochen kann. Damit ist bewiesen, dass der Erfolg einer Unternehmung nicht

allein von Ressourcen wie Budget oder Zahl der Mitarbeiter abhängig ist, sondern von deren Kreativität und Fantasie.

2. Affordable Loss – der maximale Verlust: Vor jeder Investition und jeder Business-Entscheidung steht die Frage, wie hoch der Verlust sein kann, der im schlimmsten Fall zu verkraften ist. Welche Renditeerwartungen diese Entscheidung einbringt, spielt ebenso wenig eine Rolle wie die Überlegung, welche Unwägbarkeiten zu erwarten sind.

3. Lemonade – der Zufall als Chance: Anstatt einen festgelegten, gradlinigen Plan zu verfolgen, verwandeln Entrepreneure Unvorhergesehenes in einen Vorteil. Jeder Player hat die Chance, seinen Wirkungsbereich aktiv zu gestalten, indem er Veränderungen herleitet oder auf Veränderungen reagiert. Bekommen sie Saures, geht der Plan schief, machen sie Limonade daraus. Das Prinzip, den Zufall für sich zu nutzen, wird auch als Serendipity bezeichnet.

4. Patchwork Quilt – Partner einbinden: Partnerschaften werden mit denjenigen eingegangen, die an das Projekt und seine Zukunft glauben. Beim Patchwork, deutsch Stückwerk, entsteht ein einzigartiges und belastbares Gewebe, das von der Vielfältigkeit des verarbeitenden Materials profitiert. Und weil FFF-Partner wie Family, Friends und Fools sich auch finanziell schon früh in das Start-up einbringen, wird die Unsicherheit reduziert.

5. Pilot in the Plane – Kontrolle statt Vorhersage: Effectuation heißt, sich auf das zu konzentrieren, was man selbst beeinflussen kann. Denn die Zukunft passiert nicht einfach so, wir können sie beeinflussen und gestalten.

Reflexion und Motivation

Ob ein New Worker diese Prinzipien der Effectuation anwendet oder nicht, beeinflusst den Erfolg in der VUKA-Welt. Für die neuen Aufgaben benötigt man Menschen mit Persönlichkeitsmerkmalen und Skills, die nicht in einer herkömmlichen Stellenausschreibung zu finden sind. Wissen Sie, wer in Ihrem Team Stroh zu Gold spinnen kann? Wer mit geringen Mitteln erstaunliche Ergebnisse zaubern kann und wer Menschen dazu bewegt, auch außerhalb ihrer Zuständigkeiten Ihr Projekt zu unterstützen? Alles das ist bei New Work entscheidend.

Journaling-Fragen

> Was passiert, wenn ich in den nächsten Tagen alle Entscheidungen nach dem Effectuation-Prinzip fälle?

> Bei welchem Projekt fehlen mir überzeugende Argumente für meine Entscheidungen, die ich jetzt vielleicht mit Effectuation darstellen kann?

> Wer in meinem Umfeld sollte unbedingt das Effectuation-Prinzip kennenlernen?

Wenn Sie mehr über Effectuation erfahren möchten

> Faschingbauer, Michael (2010): *Effectuation: Wie erfolgreiche Unternehmer denken, entscheiden und handeln.*

Servant Leadership

Was ist Servant Leadership und wozu ist es gut?

Servant Leadership ist eine Ausrichtung von Führenden an den Bedürfnissen der von ihnen Geführten. Die Führungsphilosophie stammt aus den 1970er-Jahren, ihr Begründer ist Robert K. Greenleaf, der auch das Greenleaf Center for Servant Leadership leitete.

So funktioniert Servant Leadership

Servant Leadership, also dienende Führung, geht davon aus, dass manche Menschen zunächst einmal dienen wollen (»servant first«), wohingegen andere zunächst einmal führen wollen (»leader first«). Die meisten Menschen werden sicherlich beides in sich vereinen, allerdings in höchst unterschiedlicher Ausprägung. Servant Leader handeln nach dem ihnen innewohnenden Wunsch, dass die Menschen, denen sie dienen, wachsen, dass sie »gesünder, weiser, freier, autonomer und mit hoher Wahrscheinlichkeit selbst Dienende werden«, so Greenleaf.[56]

Statt also wie in herkömmlichen Führungsstrukturen institutionelle Macht zu nutzen, brauchen und wollen Servant Leader das nicht. Ihren höchsten Nutzen ziehen sie daraus, dass andere sich entwickeln und die ihnen bestmögliche Leistung vollbringen.

Im Zusammenhang mit New Work nimmt Servant Leadership eine wichtige Rolle ein. Denn New Work negiert die unbedingte Unterordnung von Individuen unter Organisationen. Stattdessen ermöglichen Unternehmen und Organisationen den Menschen, die für sie arbeiten, Sinn zu finden und nach den eigenen Bedürfnissen zu handeln. Sicher nach wie vor, um den Erfolg des Unternehmens zu fördern, aber eher durch eine gestalterische denn eine gehorchende Mitwirkung.

Was eine dienende Führungskraft benötigt, beschreibt der Benediktinermönch und Betriebswirtschaftler Anselm Grün. Dazu zählet zunächst Weisheit aus Erfahrung. Angelesenes Wissen ersetzt demnach nicht die menschliche Reife, die ein dienend Führender benötigt. Sorgfalt, Zielstrebigkeit, Unaufgeregtheit und Mut erachtet er als ebenso wichtig, wie mit sich selbst im Reinen zu sein. Servant Leader vermitteln Freude, Lust am Leben und an den eigenen Aufgaben, sie machen Mut und verzichten gänzlich auf Verletzungen, Demütigungen und Herabwürdigungen.

Dienen ist hier nicht als Zögern, Zaghaftigkeit oder gar Selbstausbeutung zu verstehen. Ganz im Gegenteil. Man übernimmt für Menschen Verantwortung und führt sie so durch die Herausforderungen, die sie zu bewältigen haben. Als zentrale Haltung wird in unterschiedlichen Lesarten dieser Philosophie stets Demut genannt. Damit ist schlicht Menschlichkeit gemeint, also ein Verhalten gegenüber anderen, wie man es sich selbst wünscht. Ein bestärkendes, freundliches Verhalten, das darauf verzichtet, sich selbst als Mensch über den anderen zu stellen.

Reflexion und Motivation

Der Philosophie des Servant Leadership wird manchmal vorgeworfen, dass sie einerseits naiv und andererseits doch etwas zu spirituell für den Unternehmensalltag sei. New Worker sehen das anders. Der Verzicht darauf, Positionsmacht auszuleben, ist gerade der Schlüssel zum Erfolg, da die Beteiligten ihren Führungskräften bei dieser Art Führung auch dann zur Seite stehen, wenn es unbequem und schwierig wird. Und das können sich moderne Unternehmen und ihre Lenker – auch unter wirtschaftlichen Gesichtspunkten – nur wünschen.

Journaling-Fragen

> ➤ Kenne ich Momente des Servant Leadership Styles? Was habe ich dabei gelernt?

> ➤ Wie ist mein eigener Umgang mit Einfluss und Macht? Neige ich dazu, diese auszuüben, ohne auf die Bedürfnisse meiner Mitmenschen zu achten?

> ➤ Wünsche ich mir, etwas weniger arbeiten zu müssen? Was müsste ich dafür als Nächstes tun?

Wenn Sie mehr über Servant Leadership erfahren möchten

> ➤ Grün, Anselm (2006): *Menschen führen – Leben wecken.*

> ➤ Janssen, Bodo; Grün, Anselm (2017): *Stark in stürmischen Zeiten: Die Kunst, sich selbst und andere zu führen.*

Feedback

Was ist Feedback und wofür ist es gut?

In fast allen unserer Heldenreisen und vielen unseren New-Work-Baukästen fällt der Begriff »Feedback« oder »Feedbackkultur«. Übrigens auch in fast allen Publikationen über New Work, Agilität und Digital Leadership. Das liegt daran, dass in allen agilen Konzepten das schnelle Lernen aus Fehlern oder Fehlentscheidungen zentral ist. Feedback bezeichnet die Rückübermittlung von Informationen durch den Empfänger an den Sender. Diese Informationen melden dem Sender, was der Empfänger wahrgenommen beziehungsweise verstanden hat, und ermöglichen dem Sender, durch etwaige Korrektur des Verhaltens auf die Rückmeldungen des Empfängers zu reagieren. Das klingt etwas sperrig, soll aber so verstanden werden, denn Feedback wird oft verwechselt mit Lob im Sinne von »Gut gemacht!« oder mit Kritik im Sinne von »Das war ja wohl nichts!«. Nichts gegen Lob und Kritik, aber Feedback geht darüber hinaus. Es bezieht sich immer auf Wahrnehmungen und beobachtbare Ergebnisse – und da fängt die Schwierigkeit in der Arbeitspraxis meist auch schon an. Dazu später etwas mehr.

Feedback ist integraler Bestandteil von Organisationen im New-Work-Kontext; seine Funktionen sind:

➤ Bestärken von funktionierenden Arbeitsweisen,

➤ Benennen dessen, was nicht funktioniert,

➤ »rapid recovery«, also zügige Fehlerbehebung,

➤ Planung nächster Schritte oder Subziele,

➤ Entsprechen der Bedürfnisse der Generationen Y und Z, die Feedback gewohnt sind und einfordern.

So funktioniert Feedback

Das allgemeine Verständnis von Feedback reduziert sich oft auf reine Bewertungen wie »gut« oder »schlecht«, »ausreichend« oder »nicht ausreichend«, »viel« oder »wenig«. In traditionellen Unternehmen wird Feedback im Arbeitsalltag meist nach Gusto eingesetzt. Die eine Führungskraft macht das halt mehr, die andere weniger. Am Ende eines Geschäftsjahres aber, wenn alle verabredeten Prozesse umgesetzt, »on hold« oder an die Wand gefahren sind, geht es los. In ausgeklügelten Bewertungssystemen wird von oben nach unten vermeldet, was gut und was schlecht gelaufen ist. Die Mitarbeiter dürfen sich über einen Bonus freuen oder ihren Entwicklungsbedarf umsetzen, damit es nächstes Mal besser klappt. Diese Form von Feedback hat mit Purpose-orientiertem New Work, mit der Kommunikation auf Augenhöhe und mit einer auch nur ansatzweise agilen und lernenden Unternehmenskultur nichts zu tun. Hier findet Feedback zeitnah, sach- und aufgabenbezogen, wertschätzend und in alle Richtungen statt.

Aber auch in agilen Organisationen gelingt das nicht immer. Feedback zu geben und zu nehmen will gelernt sein. Hier soll es allein um die Rückmeldung an sich gehen, und die ist schon nicht einfach. Das liegt daran, dass wir bei einer Rückmeldung zu einer Abkürzung neigen, die als wenig wertschätzend aufgefasst wird, sie geht so: wahrnehmen → vermuten → bewerten → reagieren. »Du bist ja gar nicht motiviert«, »Bitte gibt dir mehr Mühe«, »Du hast das Ziel ja gar nicht verstanden«, »Du musst das schon ernst nehmen«, »Du bist unachtsam«, »Du brauchst gar keine Angst zu haben« ... Die Liste ließe sich endlos fortführen. Das alles sind sicherlich teils nett gemeinte Bewertungen, die auf Vermutungen basieren. Es spielt dabei keine Rolle, ob der Feedbackgeber recht hat. Diese Rückmeldungen blockieren Arbeitsprozesse, weil sie Widerstand hervorrufen. »Stimmt nicht!«, »Hab ich gar nicht« oder »Das kannst du doch gar nicht beurteilen« sind gedachte oder ausgesprochene Reaktionen darauf. Der eigentliche Arbeitsprozess tritt in den Hintergrund, die Verteidigung in den Vordergrund. Daher hilft es, wenn man sich an folgende Feedbackgrundsätze hält:

Melden Sie zurück, was Sie sehen

Verzichten Sie auf Interpretationen, sondern versuchen Sie, nur das Beobachtete oder das Ergebnis zurückzumelden. »Die Menüpunkte sind nicht einheitlich formatiert« statt »Bei den Menüpunkten warst du unaufmerksam«.

Beschreiben Sie die Wirkung

Das, was Sie sehen, entfaltet eine Wirkung, zum Beispiel »Nun muss einer unserer Grafiker eine Nachtschicht schieben« oder »Wir werden zu spät liefern«.

Verzichten Sie auf die Bewertung der Person

Beginnt Ihr Feedback mit »Du bist …«, wird es vermutlich Widerstand hervorrufen (übrigens oft sogar bei positiven Rückmeldungen dieser Art!). Es ist leichter zu akzeptieren, dass ein Arbeitsergebnis nicht wie gewünscht ausfällt, als dass man selbst nicht wie gewünscht ist. Eine erwachsene, Vielfalt schätzende und konstruktive Haltung schließt die Be- und Entwertung einer Person aus.

Formulieren Sie klar

Auch ein Arbeitsergebnis oder ein Verhalten, das nicht den Vorstellungen entspricht, kann gleichzeitig wertschätzend und klar als solches zurückgemeldet werden. Um den heißen Brei herumzureden macht das Feedback weder besser noch netter.

Treffen Sie Verabredungen

Wird dieser Teil vergessen, können weder agile Prozesse vorangetrieben noch Arbeitsbeziehungen verbessert werden. Wir gehen manchmal davon aus, dass der Rückschluss aus einem Feedback selbstverständlich ist. Ist er aber nicht. Eine verbindliche Verabredung, was als Nächstes zu tun ist, ist elementar für wirkungsvolles

Feedback, und es macht es im negativen Fall leichter, das Feedback anzunehmen.

Alle hier vorgeschlagenen Grundsätze gelten übrigens vollkommen unabhängig von Hierarchie und Rollen.

Und: Feedback zu erhalten ist ebenso schwierig, wie es zu geben. Unsere impulshafte (innere) Reaktion ist meist: »Das kann der oder die nicht beurteilen« oder »Das stimmt nicht«. Mag sein. Um an Feedback persönlich zu wachsen, hilft es, sich auf das zu konzentrieren, was man daraus lernen kann. Und seien es nur 10 Prozent des Gehörten. Auch hilft es, sich die Frage zu stellen, ob man als Person tatsächlich gemeint ist. Wer sich als Person gekränkt fühlt, obwohl eine Sache oder nur ein Verhaltensausschnitt kritisiert wurde, macht es sich schwer. Hören Sie sich das Feedback in Ruhe an und heben Sie den Feedbackgeber nicht auf ein Podest, auf das er oder sie nicht gehört.

Reflexion und Motivation

Geben und Nehmen von Feedback ist nicht leicht, aber eine großartige Chance, über sich selbst hinauszuwachsen. Unternehmen, in denen dies geübt und praktiziert wird, sind zudem besser in der Lage, Veränderungen zu gestalten. Und agile Prozesse gelingen überhaupt nur, wenn Feedback den Prozess fördert statt hemmt. Sich darin zu üben ist also ein bereicherndes und zudem wirtschaftlich zunehmend relevanteres Element von Arbeit.

Journaling-Fragen:

➤ Welches Feedback, das ich kürzlich erhalten haben, hat mich verletzt? Warum? War es gegen mich als Person gerichtet oder vielleicht nur auf etwas, was ich getan habe?

➤ Welches Feedback, das ich kürzlich gegeben habe, hat eine andere Wirkung entfaltet, als es sollte? Habe ich es vielleicht bewertend oder interpretierend formuliert?

➤ Wem möchte ich in naher Zukunft Feedback geben, traue mich aber bisher nicht so recht? Warum ist das so? Was brauche ich, um den dafür notwendigen Mut zu entwickeln?

Wenn Sie mehr über Feedback erfahren möchten

> ❯ Werther, Simon (2015): *Einführung in Feedbackinstrumente in Organisationen: Vom 360°-Feedback bis hin zur Mitarbeiterbefragung.*

Transformationale Führung

Was ist Transformationale Führung und wofür ist sie gut?

Das Konzept der transformationalen Führung stammt aus den 1990er-Jahren und wurde maßgeblich durch Bernard M. Bass geprägt. Einige Autoren haben es inzwischen weiterentwickelt, hier soll das Grundmodell vorgestellt werden.

Die transformationale Führung ist eine Art Gegenmodell zu den Führungsgrundsätzen, die sich seit der Industrialisierung etabliert haben. Dazu zählen der autoritäre Führungsstil, der kooperative oder partizipative Führungsstil, der Laisser-faire-Führungsstil sowie als bereits ausdifferenziertes Modell der situative Führungsstil. Letzterer bezieht die Art der empfohlenen Mitarbeiterführung auf den Reifegrad des jeweiligen Mitarbeiters und die Aufgabe, die es zu bewältigen gilt. Allen herkömmlichen Führungsstilen – auch dem situativen – ist gemein, dass Transaktionen stattfinden, also Austausch. Sie werden daher unter dem Begriff »transaktionale Führung« zusammengefasst. Die (gewünschten) Transaktionen lauten:»Ich führe dich der Situation angemessen, dafür arbeitest du angemessen gut, dafür wiederum erhältst du eine angemessene Entlohnung in Form von Geld oder Lob und Anerkennung oder eine Beförderung.« Die Transaktionen können nur dann stattfinden, wenn ein institutionelles Machtgefälle herrscht und ein »Spielpartner« den anderen etwa entlohnen oder über dessen Fortkommen entscheiden kann. Diese Form der Führung, in welcher Gestalt auch immer, kann auch heute noch erfolgreich sein. Und zwar immer dann, wenn ein Arbeitsumfeld sehr stark umsetzungsgetrieben ist oder wenn enge Kontrollmechanismen etwa aus Sicherheitsaspekten notwendig sind.

Die Grundidee von New Work lädt Arbeitende dazu ein, sich selbst zu führen. Also die eigenen Motive, Werte, Entscheidungen und Ressourcen fortwährend zu überprüfen und in Bezug zur Tätigkeit zu setzen.

Von Führungskräften verlangt die digital geprägte Wissensarbeit zunehmend, dies zu ermöglichen. Und der demografische Wandel sorgt dafür, dass Loyalität von Arbeitenden – egal ob Freelancer oder Angestellte – nicht mehr vorausgesetzt werden kann, sondern von führenden Managern erarbeitet werden muss. Hier greift das Prinzip der transformationalen Führung. Seinen Ursprung hat es übrigens in der Politik. James MacGregor Burns, Autor des Buches *Leadership*, hat bereits Ende der 1970er-Jahre beschrieben, dass diejenigen Politiker, die ihre Wählerinnen und Wähler von einem höheren Ziel überzeugten und sie begeisterten, langfristig erfolgreicher waren. Er sprach davon, dass diese Ihre Wählerschaft »transformierten«, im Gegensatz zu denjenigen, die ihre Wählerschaft »kauften«, zum Beispiel durch das Versprechen auf besser bezahlte Jobs.

So funktioniert transformationale Führung

Konkret ist das Ziel der transformationalen Führung, die Werte der Mitarbeiter zu beeinflussen oder deren bereits vorhandenen Werte zu berühren, etwa durch vorbildhaftes Verhalten oder die Vermittlung von Visionen. Es geht darum, Sinn zu vermitteln, sodass sich die Mitarbeiter (oder Kollegen) als Teil von etwas Größerem begreifen und so von innen heraus motiviert sind anstatt durch Belohnung (Bonus, Lob, Anerkennung, Karriere) oder die Abwendung von Bestrafung (fehlender Bonus, Herabwürdigung, Stillstand).

Nach dem derzeit am häufigsten gelehrten und verwendeten Modell umfasst der transformationale Führungsstil vier Dimensionen. Diese sind:

1. Inspirierende Motivation (Inspirational Motivation)
   Die Führungskraft motiviert durch die Vermittlung einer Vision. »A computer on every desk in every home« (Bill Gates, 1972) ist ein Beispiel dafür. Es darf aber auch kleiner sein. Transformational Führende kennen die Bedürfnisse ihrer Mitarbeiter und können so Sinn und Bedeutung vermitteln. Sie begeistern, sind optimistisch und scheuen sich nicht, auch emotionale Aspekte von Arbeit und ihren Zielen zu vermitteln. Die von ihnen Geführten entwickeln eine eigene Vorstellung davon, wofür es sich lohnt, Zeit und Energie zu investieren.

2. Idealisierter Einfluss/Vorbild (Idealized Influence)
   Die Führungskraft fungiert hier als Vorbild. Sie lebt vor, was sie erwartet oder was abgesprochen ist, hat einen hohen Anspruch an sich selbst und kennt sich und die eigenen Stärkten und Schwächen gut.

3. Individualisierte Unterstützung (Individualized Consideration)
Die Führungskraft fungiert weniger als Boss und mehr als Coach.
Sie hilft durch Fragen, ist aufmerksam und empathisch, hört zu und
kann basierend auf den gewonnenen Erkenntnissen Entscheidungen treffen (siehe auch Infobox *Digital Leadership*).

4. Intellektuelle Stimulation (Intellectual Stimulation)
Hier geht es darum, Impulsgeber statt Anführer zu sein. Experimentierfreude, Hinterfragen des Status quo und das Einfordern unkonventioneller, verrückter und mutiger Ideen sind Handlungsweisen,
die die Mitarbeiter stimulieren, anstatt sie zu reinen Umsetzern von
Vorgaben zu machen. Die Führungskraft bestärkt problemlösendes
oder gar disruptives Veralten, auch wenn es unbequem ist.

Reflexion und Motivation

Transformationale Führung ist integraler Bestandteil von Digital Leadership. Sich ihre Grundsätze zu eigen zu machen und als Führungskraft selbstkritisch zu hinterfragen, lohnt sich allemal. Begeistere ich
meine Mitarbeiter wirklich? Teilen wir eine Vision? Ermutige ich sie und
lasse sie Risiken eingehen, um kreativ zu sein? Helfe ich ihnen, ohne
übergriffig oder autoritär zu sein? Es wird genügend Gründe geben,
dies nicht ständig und in jeder Situation zu tun (siehe Infobox *Ambidextrie*). Für New Work wäre es aber fatal, transformationale Führung
abzutun, anstatt sie so viel wie möglich einzusetzen.

Journaling-Fragen

➤ Wer hat mich bisher am meisten inspiriert?

➤ Bei welchen Vorgesetzten habe ich am meisten gelernt? Was? Und wodurch?

➤ Welches ist die Vision, für die wir in unserem Arbeitsumfeld arbeiten?

➤ Worin bin ich ein Vorbild?

➤ Worin wäre ich ein besseres Vorbild? Wie kann ich das werden?

Wenn Sie mehr über transformationale Führung erfahren möchten

> Schermuly, Carsten C. (2016): *New Work – Gute Arbeit gestalten. Psychologisches Empowerment von Mitarbeitern.*

Ambidextrie

Was ist Ambidextrie und wofür ist sie gut?

Der etwas sperrige Begriff »Ambidextrie« macht derzeit die Runde in Publikationen zu zeitgemäßer Führung. Dabei entstammt er ursprünglich der Medizin und ist ein Fachbegriff dafür, dass jemand gleich gut mit beiden Händen agieren kann, also beidhändig ist. Wörtlich übersetzt meint er, »zwei rechte Hände zu haben«. Als Führungsprinzip beschreibt Ambidextrie im Wesentlichen, eine öffnende und eine schließende Hand zu haben. Oft werden auch die Begriffe »Exploitation« (Verwertung, Nutzbarmachung) und »Exploration« (Entdeckung und Entwicklung von Neuem) verwendet. Die öffnende Hand steht für Exploration und die sich schließende Hand für Exploitation. Es geht also um die Fähigkeit, das eigene Führungsverhalten je nach Situation und Umständen entweder offen, experimentierfreudig und vertrauensvoll oder absichernd, risikoavers und kontrollierend zu gestalten.

Organisationale Ambidextrie ist in den 1970er-Jahren durch den Forscher Robert Duncan definiert worden. Auf die Organisationsebene übertragen heißt Ambidextrie, sowohl effizient als auch innovativ handeln zu können. Demnach agieren Organisationen dann »ambidexter«, wenn sie gleichzeitig ihr Bestandsgeschäft durch effiziente Prozesse sichern und Innovationen durch hohe Flexibilität und Anpassungsfähigkeit schaffen können.

Das Prinzip von der Ambidextrie gewinnt im New-Work-Kontext wieder an Bedeutung. Denn bei der hohen Innovationsgeschwindigkeit, der zunehmenden Mündigkeit von Kunden und Mitarbeitern und wachsender Unsicherheit in der wirtschaftlichen Welt können Organisationen nur überleben, wenn sie schnell und flexibel auf Veränderungen reagieren können, ohne ihr Kerngeschäft mit den bewährten Prozessen zu vernachlässigen.

Traditionell geführte Großunternehmen mit etablierter exploitativer Ausrichtung entscheiden sich für diese sogenannte strukturelle Ambidextrie. Diese ermöglicht ein paralleles Existieren beider Kulturen, etwa durch komplett getrennte Geschäftsbereiche mit unterschiedlichen Managementstrukturen, Kulturmerkmalen und Belohnungssystemen und vorrangig angewendeten Führungsprinzipien. Ein prominentes Beispiel hierfür ist der Otto-Konzern, der mit seinen Tochtergesellschaften wie ABOUT YOU oder EDITED – entwickelt unter dem Dachprojekt Collins – ein innovatives Geschäftsfeld erobert hat, ohne (zunächst) das Kerngeschäft aufzugeben oder wesentlich zu verändern. Die Frage ist nur, wie man die beiden kulturell unterschiedlichen Geschäftsbereiche zusammenführen kann.

Die Otto Group versucht deshalb, die Kultur des Kerngeschäfts sukzessive in Richtung Explore weiterzuentwickeln. Ihr Ziel ist eine kontextabhängige Ambidextrie. Sie vereint Explore und Exploit und benötigt deshalb Führungskräfte und Mitarbeiter, die sich in beiden Welten zurechtfinden.

Um eine Kultur der kontextabhängigen Ambidextrie in Unternehmen zu erreichen, ist es erst einmal notwendig, das Prinzip der Ambidextrie im Zusammenhang mit Führung einzuführen.

So funktioniert Ambidextrie

Dr. Heike Bruch, Professorin für Leadership der Universität St. Gallen, beschreibt in einer Key Note auf der New Work Experience 2018 fünf Kernelemente für den Explore-Aspekt von ambidextrer Führung:[57]

1. Freiheit: Den Mitarbeitern muss ein signifikantes Maß an Freiheit zugesprochen werden, was diese zum Wohle der Firma einsetzen sollen.

2. Vertrauen: Führungskräfte sollten darauf vertrauen, dass ihre Mitarbeiter fähig und motiviert sind, um gute Ergebnisse zu erzielen. Mitarbeiter sollten darauf vertrauen, dass ihre Führungskräfte fähig sind, ihrer Verantwortung in professioneller und wertschätzender Weise gerecht zu werden.

3. Vision: Der viel geschundene und bisweilen inflatorisch verwendete Begriff einer gemeinsamen Vision ist für ambidextere Führung unumgänglich. Wer nicht das Gefühl hat, Teil eines großen Ganzen zu

sein, auf dessen Ziel es sich lohnt hinzuarbeiten, wird auch die ihm zugestandene Freiheit nicht im Sinne des Unternehmens einsetzen – eine Aufgabe für Organisationen, die sich aus zahlreichen unterschiedlich geprägten und motivierten Individuen zusammensetzt.

4. Verantwortung: Die Übertragung umfangreicher Verantwortung unter Einschluss des Risikos, dass Dinge schieflaufen, ist ein integraler Bestandteil von Ambidextrie. Dies wird oft mit Beliebigkeit oder Laissez-faire verwechselt, was ein Irrtum ist. Vielmehr ist ein Führungsstil gemeint, bei dem sich Mitarbeiter bei Fragen und Problemen an ihre Führungskräfte wenden können – aber eben erst dann. Ihnen wird so viel Verantwortung wie möglich zugestanden.

5. Feedbackkultur: Alle Unternehmen und Führungskräfte haben eine Führungskultur. Die Frage ist nur, welche. Erst bei klarem, sachlichem, regelmäßigem und wertschätzendem Feedback, das auf Schuldzuweisungen und Strafe verzichtet, ist es möglich, dass aus Fehlern gelernt werden kann. Es ist aber die Voraussetzung, dass Mitarbeiter langfristig ermächtigt werden und die Fähigkeiten entwickeln, die sie brauchen, um Vertrauen und Verantwortung zu leben.

Wer sich näher mit dem eigenen Unternehmen und seinem Status hinsichtlich Ambidextrie befassen möchte, dem empfehlen wir den von Haufe entwickelten Ambidextrie-Quadranten, der eine Unternehmenskultur hinsichtlich der vorrangigen Rolle der Mitarbeiter (Umsetzer oder Gestalter) und der Organisationsstruktur (selbstorganisiert oder gesteuert) einordnet.[58]

Reflexion und Motivation

Die größte Schwierigkeit bei ambidextrer Führung besteht darin, dass nicht jede Organisation hinsichtlich ihrer Kultur und Struktur für den Explore-Part geeignet ist. Unternehmen mit ausgeprägter Silostruktur etwa oder solche, die eine sehr kontrollfokussierte Unternehmenskultur aufweisen, können nicht von heute auf morgen einen offenen, erkundenden und vertrauensvollen Führungsstil etablieren.

Für New Worker ist Ambidextrie sowohl als Führungsprinzip als auch auf der organisationalen Ebene interessant. Mit Ambidextrie lässt sich eine Brücke bauen von der alten in die neue Welt. Vor allem Freelancer und Projekteerfinder sollten sich sowohl in klassischen als auch in innovationsfördernden Strukturen zurechtzufinden.

Journaling-Fragen

➤ Wann habe ich ambidextre Führung bisher erlebt? Was habe ich dabei gelernt?

➤ Kann ich beidhändig führen? Wenn ja, was hilft mir dabei?

➤ Was würde ich gern noch lernen, um kontextabhängig im Explore- oder Exploit-Modus führen zu können?

➤ Woran kann ich erkennen, welche Führungshand wann gefragt ist?

Wenn Sie mehr über Ambidextrie erfahren möchten

➤ Duwe, Julia (2017): *Beidhändige Führung. Wie Sie als Führungskraft in großen Organisationen Innovationssprünge ermöglichen.*

➤ Fojcik, Thomas Martin (2015): Ambidextrie und Unternehmenserfolg bei einem diskontinuierlichen Wandel.

Kapitel 7
Geschäftsmodelle

Im Untertitel des Buches haben wir Ihnen »Business-Model-le, Work-Life-Balance und Coworking« versprochen. Work-Life-Balance und Coworking und viele andere Arbeitsformen, Methoden, Haltungen und Hilfen haben wir schon vorgestellt. Kommen wir am Schluss des Buches zu den digitalen Business- oder Geschäftsmodellen (siehe Infobox *Business Model oder Geschäftsmodell*). Bei New Work geht es ja nicht nur darum, mit einer veränderten, positiven Lebenseinstellung für den eigenen Sinn und Purpose zu arbeiten, sondern auch darum, wie man in der zunehmend digitalisierten und globalisierten Welt mit seinem Herzensthema Geld verdienen kann. Dabei geht es um Making Money 4.0 – wir schauen, wie Sie das, was Sie tun wollen, mit Ihrem Engagement, Ihren Kenntnissen und Fähigkeiten monetarisieren, also zu Geld machen können. Die Frage, wie Sie aus Ihrem Purpose Produkte ableiten, für die es Käufer, also einen Markt, gibt, ist die Basis für Ihr Geschäftsmodell. Dass dies gar nicht schwer ist, zeigen wir am Beispiel der Heldenreise von Nico Lumma, Netzpolitiker, Autor und Blogger sowie Business Angel und geschäftsführender Gesellschafter des Next Media Accelerators in Hamburg.

Als wir Nico Lumma im Hamburger Coworking Space betahaus fragten, ob er uns für das Kapitel über Geschäftsmodelle Rede und Antwort stehen würde, sagte er unerwartet demütig: »Ich weiß gar nicht, ob ich dafür der Richtige bin.« Genau diese Haltung hat unsere Entscheidung bekräftigt, die New-Work-Heldenreise über das Geldverdienen von Lumma aufzuschreiben. Denn jeder, der von sich behauptet, die Sache mit den Geschäftsmodellen im

New-Work-Umfeld draufzuhaben, ist entweder ein hemmungsloser Selbstvermarkter oder ein selbstironischer Scharlatan. Wer weiß heute schon, womit man morgen reich wird? Wie viele Anlageberater und Investmentbanker haben ihre Kunden mit absolut sicheren Geheimtipps in den Ruin getrieben? Wie viele Menschen haben Mark Zuckerberg belächelt, als er mit seinem schlecht programmierten digitalen Gesichtsbuch »Facebook« die Kommunikation zwischen Menschen weltweit auf den Kopf stellen wollte? Und welcher Venture Capitalist hat noch damit gerechnet, dass Twitter im Jahr 2018 den Turnaround schaffen und schwarze Zahlen schreiben wird? Jack Dorsey und Kollegen haben ihren dahindümpelnden Kurzbotschaftendienst einfach nur über Wasser gehalten – und dann kam dieser selbstverliebte Präsident, der allen vorgemacht hat, wie das mit der ungefilterten Selbstvermarktung im großen Stile funktioniert.

Und doch. Es gibt eine Einsicht, die für den Erfolg eines New-Work-Geschäftsmodells unerlässlich ist. »New Work ist common sense«, sagt Lumma zu Beginn unseres Gesprächs ganz lapidar. Gesunder Menschenverstand, das neue, oberste Prinzip zum Geldverdienen? Einfach nur durchdenken und mal ausprobieren, ganz ohne Businessplan und Wirtschaftlichkeitsanalysen? »Womit ich heute Geld verdiene, funktioniert nur wegen dieses komischen Internets«, erklärt Lumma knapp. Und dann berichtet er mit leuchtenden Augen von seiner Heldenreise.

Wir schreiben das Jahr 1995. Nico Lumma, geboren in Ratzeburg, aufgewachsen in Mölln, Sohn des respektierten und aufrechten SPD-Landtagsabgeordneten Udo Lumma, studiert an der renommierten Georg-August-Universität in Göttingen Politik- und Geschichtswissenschaften. Er wollte entweder wie sein Vater Politiker werden oder Journalist. Während der Schulzeit war der aktive Jungsozialist Austauschschüler in Des Moines, Iowa, gewesen. Er wollte wieder in die USA. Also bewarb er sich für ein Auslandsstudium an der University of California, Berkeley. Die Zusage kam, doch einschreiben konnte man sich nur online.

Damals hatte die Uni Göttingen noch keine Onlinezugänge für studentische Angelegenheiten. Niemand hatte eine private E-Mail-Adresse oder Internet. Für Klausuren und Hausarbeiten lernten Lumma und Kommilitonen in der Bibliothek. Oder, wer es sich leisten konnte, kopierte dort dicke Bücher. In der modernen Niedersächsischen Staats- und Universitätsbibliothek, einer der größten wissenschaftlichen Bibliotheken Deutschlands, gab es Archivmaterialien und Kataloge auf Microfiches, um die wertvollen Originale zu schonen oder weil die Originale an einem anderen Ort verwahrt werden. Hier standen Lesegeräte zur Verfügung, über die man eine aktuelle Seite sogar kopieren und ausdrucken konnte. Doch eine schnelle vernetzte Kommunikation oder gar synchrone Datenübertragung gab es für Studierende noch nicht.

Zeitgleich arbeiteten Wissenschaftler mit Hochdruck an dem sogenannten World Wide Web. Der britische Physiker und Informatiker Tim Berners-Lee arbeite seit Mitte der 1980er-Jahre am europäischen Kernforschungszentrum CERN, das mehrere Standorte hatte. Für die teils in der deutschen und teils in der französischen Schweiz ansässigen Forscher gestaltete es sich damals schwierig, ihre Ergebnisse zeitnah auszutauschen. Sie arbeiteten an verschiedenen Orten mit unterschiedlichen Systemen – das gefiel Berners-Lee überhaupt nicht. Und so schlug Berners-Lee 1989 seinem Arbeitgeber ein Projekt vor, das den weltweiten Austausch und die Aktualisierung von Informationen zwischen Wissenschaftlern vereinfachen sollte. In der Folgezeit entwickelte Berners-Lee die Seitenbeschreibungssprache HTML, das Transferprotokoll HTTP, die URL, den ersten Webserver und 1992 den ersten Browser – den Ursprung des World Wide Web. Da Berners-Lee den Unitariern angehörte, einer Glaubensgemeinschaft, die sich weltweit für Freiheit, Vernunft und Toleranz und folglich auch für Menschenrechte und Demokratie einsetzte, war es ihm wichtig, die neue Technologie allen Menschen und Institutionen zur Verfügung zu stellen und sie nicht wie beispielsweise Jobs später das iPhone als Produkt auf dem Markt zu verkaufen.

Die World-Wide-Web-Technologie verbreitete sich nach und nach an allen forschenden Hochschulstandorten und in den Medien. Mitte der 1990er-Jahre gab bereits erste Studierende mit Internetzugang und Nachrichtenredaktionen, deren Korrespondenten per E-Mail und FTD-Zugang Texte und Bilder in den Newsroom schickten. Doch Lumma war von dieser Welt noch weit entfernt. Es nervte ihn nur, dass er sich nicht einfach so für sein Studium in den USA einschreiben konnte, und er ging ins universitäre Rechenzentrum, um seine Bewerbung online abzuschicken.

Mit dem Internet kann man Geld verdienen

Nach seiner Rückkehr aus Kalifornien war er angefixt. Das Studium der Politik und Geschichte an der behäbigen Alma Mater langweilte ihn. 1999 wollte der Politikersohn nicht mehr Journalist oder Berufspolitiker werden. Er wollte ins Netz. Lumma hatte in den USA gelernt: Auch mit dem Internet kann man Geld verdienen. Es war die Hochzeit der Dotcom-Industrie, in der Welt der Neuen Medien herrschte Goldgräberstimmung. Überall schossen Multimediafirmen und Internetbuden wie Pilze aus dem Boden, einige von ihnen gingen an die Börse und macht ihre Gründer zu Millionären – es war die Geburtsstunde der Start-up-Industrie. In diesem Jahr wurde auch das Cluetrain-Manifest publiziert, das die zukünftige Art des Wirtschaftens und damit auch des Geldverdienens vorhersagte: »Wir sind keine Zielgruppen oder Endnutzer oder Konsumenten. Wir sind Menschen – und unser Einfluss entzieht sich eurem Zugriff. Kommt damit klar.«[59] Dieser krassen Überschrift folgten 95 Thesen über das Verhältnis von Unternehmen zu ihren Kunden im Zeitalter der New Economy. Denn sie prognostizierten das Ende der einseitigen Unternehmenskommunikation! Wer Nachrichten nicht nur senden, sondern vom Verbraucher auch empfangen kann, muss den Markt radikal anders bespielen. Wenn Internet und mobile Kommunikation einen wachsenden Einfluss haben werden, wird die Macht des konventionellen Marketings schwinden. Schon im Cluetrain-Manifest gab es die These, dass die Märkte der Zukunft auf den Beziehungen der Menschen untereinander und auf den Beziehungen der Unternehmen zu den Menschen basieren werden. Wenn man genau darüber nachdenkt, könnte man auch sagen: 1999 wurde der Geist des modernen New Work geboren.

In dieser spannenden Zeit des Umbruchs wollte Lumma natürlich auch mitspielen. Noch versuchte er, sich im universitären Umfeld zu verwirklichen, und fing an, beim Studentenwerk Göttingen zu jobben. Sein damaliger Chef und Leiter im Controlling ließ Lumma für seine spleenigen Ideen freie Hand. So hat Lumma sich das notwendige Technikverständnis selbst beigebracht und gemeinsam mit anderen Studierenden 5000 Wohnheimplätze mit dem Internet vernetzt. Er lernte jeden Tag dazu, wurde selbst eine Art Internetunternehmer: Lumma erstellte Webseiten, führte Internet- und PC-Schulungen durch.

Von der Pflicht zur Kür

Auch wenn er sich in Göttingen die Basis geschaffen hat, um später »den Mittelstand ins Netz zu führen« (O-Ton Lumma), war es doch an der Zeit, sich weiterzuentwickeln. 2000 kehrte Lumma Göttingen den Rücken zu und heuerte in Hamburg als IT-Leiter bei Orange Media an, aus der später Ströer Digital hervorgegangen ist. »Ich wusste schon immer, dass andere in der technischen Umsetzung besser waren als ich. Als Führungskraft konnte ich nun meine wirkliche Stärke ausleben: Strategie und Konzeption.« Lumma interessierte sich für das neue Tätigkeitsfeld Business Development, in dem man aus Ideen möglichst skalierbare Produkte entwickelt, die der Markt braucht. Er brannte für diese neuen Themen, bloggte darüber auf lumma.de und wollte alles sofort umsetzen. Doch wie es immer so ist, kam die digitale Großwetterlage dazwischen. »Zwischen 2001 und 2004 herrschte diese thermonukleare Eiszeit in der Onlinebranche«, resümierte Lumma, »in Hamburg gab es viele Insolvenzen und keine Jobs mehr in der New Economy.«

Glücklicherweise holte ihn Dirk Ströer 2003 nach Köln und engagierte ihn als Chief Technical Officer in seiner privaten Holding, die mittlerweile Media Ventures heißt. Zwei Jahre arbeitete der Hamburger IT-Stratege in Köln. Dirk Ströer war ein Chef, der Lumma zu nehmen wusste: »Ich funktioniere am besten, wenn man mich ein bisschen in Ruhe lässt.« Und so nutzte der hartgesottene HSV-Fan abwechselnd Standbein und Spielbein und brachte vor allem Impulse von außen in die Organisation. In diesem Kontext hat er auch das Start-up-Thema für sich entdeckt. Denn technologisch Neues probierten nicht die etablierten Unternehmen und Agenturen aus, sondern die junge Wilden, die meist direkt von der Uni kommen und von ihren Ideen beseelt sind, oder Junggebliebene, die die Grenzen klassischer Unternehmen kennen und mit ihren finanziellen Möglichkeiten, Erfahrungen und Kontakten gezielt etwas Neues gründen wollen. In dieser Zeit wurde auch Lumma zum Gründer: Gemeinsam mit Dirk Ströer und kleinen Teams gründete er 2006 Mabber, so eine Art WhatsApp, bei dem damals schon zusätzliche Features wie Bot-Funktionen angedacht waren, und im Mai 2007 Shoppero, ein Social-Commerce-Angebot im Pinterest-Style, auf das Blogger ihren Content verlinken und damit Geld verdienen konnten.

Timing ist ein kritischer Faktor

In dieser Zeit hat Lumma gelernt, wie entscheidend das Timing für die Umsetzung einer neuen Idee ist: »Es war für beide Projekte zu früh. Dieser ganze Start-up-Hype begann eigentlich erst mit der Erfindung des iPhones und der App-Technologie. Jeder Hype basiert auf so einer Art Dominoeffekt. Wenn man einmal etwas angestoßen hat, werden alle angestoßen und machen mit.« Bleibt der Dominoeffekt aus, muss das Start-up aufgegeben werden.

Doch woran kann man erkennen, wann aus kommerzieller Sicht die Zeit reif ist für eine Innovation? Grundsätzlich ist das oft später als gedacht. Denn in der ganz frühen Phase, Seed-Phase genannt, weil in ihr erst mal der Samen für eine Idee eingepflanzt wird, sind es vor allem die sogenannten drei Fs, die eine Gründungsidee unterstützen: Friends, Family, and Fools, also Freunde, Familie und Verrückte. Sie unterstützen die ihnen meist persönlich bekannten Gründer mit etwas Geld und viel Elan, damit das Gründungsvorhaben vernünftig geplant werden kann. In dieser Vorgründungsphase entsteht meist die Idee zu einem Produkt und vielleicht ein erster Prototyp, der die wichtigsten Eigenschaften der neuen Idee veranschaulicht. So ein Prototyp wird in der Start-up-Welt auch MVP genannt, da es als Minimum Viable Product, als kleinstes funktionierendes Produkt, nur einen Ausschnitt von dem zeigen kann, was das Produkt einige Jahre und Finanzierungsrunden später zu leisten vermag. In der Seed-Phase wird der Businessplan erstellt, inzwischen meist mithilfe einer *Business Model Canvas*, einem Poster, auf dem alle Aspekte der Geschäftsidee mit Post-its dargestellt werden. Da es häufig gar nicht so einfach ist, die Unique Selling Proposition zu definieren, also das wichtigste Merkmal, das das Produkt einmalig und so besonders macht, dass ein unkontrollierbarer »Haben will«-Reflex ausgelöst wird, hat eine Gruppe um den Berliner Sebastian F. Müller eine »Spark Canvas« entwickelt.[60] Diese Canvas ist vor allem dann hilfreich, wenn eine Idee noch sehr vage ist und die Gründer unsicher sind, ob ihre Vorstellungen, Kenntnisse und Fähigkeiten für Making Money 4.0 zünden. Wenn sich bei der Arbeit mit der Spark Canvas herausstellt, das sie mit ihrer Idee eher im Fahrwasser längst umgesetzter Ideen mitschwimmen, sollten sie es lieber lassen oder pivotieren, sprich umkehren, und damit beginnen, ihre Idee in eine andere Richtung weiterzudrehen.

Um die drei Fs bei Laune zu halten, fangen Start-ups häufig schon in der Seed-Phase mit Public-Relation-Maßnahmen an, die wenig Geld kosten. Die zukünftigen Gründer bloggen auf ihrer neuen WordPress-Website, die sie oft schon vor dem MVP produziert haben, teilen ihre Blogartikel über ihre Gründungserfahrungen und das geplante Vorhaben mit gleichgesinnten Fans über Social Media. Wenn sie sehr aktiv sind und über entsprechende Kapazitäten verfügen, können sie schon jetzt eine *Crowdfunding*-Kampagne planen, die nicht nur Geld in die Kasse spült, sondern auch das neue Vorhaben und ihre Gründer bekannt macht und damit Community Building betreibt. Hilfreich sind hier begleitende Marketingmaßnahmen. Üblich sind ein Video über die Geschäftsidee auf der Homepage, ein Pitch Deck mit rund zehn Folien, mit der die Gründer ihre Idee »live« präsentieren können, sowie regelmäßiges Bloggen (siehe Infobox *Bloggen* in Kapitel 5) und der strategische Einsatz von Social Media. Dabei basieren digitale Geschäftsmodelle meist auf Projekten, Produkten und Anwendungen, die ein Problem in unserem Leben lösen und damit die Welt zu einem besseren Ort machen. Ob das jeweilige Geschäftsmodell überzeugend ist und die Start-up-Idee taugt, liegt im Auge des Betrachters. Selbst Fachleute wie serielle Investoren sind sich in der Einschätzung von entrepreneurialem Potenzial nicht einig. Von diesem Spannungsfeld leben übrigens TV-Sendungen wie *Die Höhle der Löwen* und ihre Spin-offs.

Wenn jedoch die Geschäftsidee, das Video, der Pitch und weitere Marketingaktivitäten überzeugend sind, haben auch bis dato unbekanntere Gründer eine Chance, sich als Personen über Crowdfunding einen Namen zu machen (siehe Infobox *Personal Branding* in Kapitel 5).

Und doch, ob eine Geschäftsidee wirklich fliegt, können Familie, Freunde und erste Fans oft nicht wirklich beurteilen. Als emotional engagierte und vielleicht auch finanziell beteiligte Follower haben sie an diesem Punkt einen blinden Fleck. Ob das Unternehmen eine Chance hat, stellt sich meist in der zweiten Phase der Early Stage heraus: in der sogenannten Start-up-Phase. Der Übergang von der Seed-Phase zur Start-up-Phase findet meist nach einem Jahr statt und gestaltet sich hinsichtlich der Prozesse häufig fließend. Deshalb wird meist das offizielle Gründungsdatum oder der Launch des MVP offiziell gefeiert. Auch Freelancer können eine Gründungsparty geben, um sich und ihren neuen Service in der Community bekannter zu machen – und um dann wieder über die Feier mit Fotos von den Gästen auf der Website zu bloggen.

Ready to Launch

In der Start-up-Phase werden MVPs zu Produkten weiterentwickelt und Vertriebsstrukturen aufgebaut. Jetzt ist es an der Zeit, erste Kunden an Bord zu holen sowie die Produktion anzuschieben und nach und nach und nach zu vergrößern. Erste Jobs werden vielleicht an Freelancer oder externe Partnerunternehmen vergeben, die wiederum als Kooperationspartner den Ruf der Neugründung erhöhen können. Spätestens jetzt sollte die geplante Crowdfunding-Kampagne online gehen und durch gezielte Social-Media- und Community-Building-Maßnahmen begleitet werden. Hier könnte auch das erste Mal eine Pressemitteilung Sinn machen, die natürlich nicht nur per E-Mail verschickt, sondern auch auf der Homepage verankert wird. In dieser Phase empfiehlt es sich auch, Purpose (siehe Infobox *Purpose* in Kapitel 1), Werte und Regeln der Zusammenarbeit zu verabreden und vielleicht auch öffentlich zu machen. Denn viele Menschen in der New-Work-Welt freuen sich über Vorbilder. Und Journalisten über aktuelle Fallbeispiele aus der schönen neuen Arbeitswelt.

Parallel dazu nimmt die Suche nach passenden Geldgebern einen großen Raum ein. Das zu investierende Kapital wird in den frühen Phasen als Venture Capital bezeichnet. Es finanziert die Planung und die Entwicklung eines Prototyps, die weitere Produktentwicklung für den Launch der Unternehmung und den Aufbau von Vertriebsstrukturen. Investoren wollen wissen, ob eine Gründungsidee eine Marktlücke bedient und ob sie skaliert, damit möglichst viel Geld zu verdienen ist. Denn diejenigen, die in ein Start-up investieren, spekulieren auf einen möglichst millionenschweren Exit. Der Deal ist ganz einfach: Investoren bringen sehr viel Geld, ihre hervorragenden Kontakte und vielfältigen Erfahrungen ein, die Gründer ihren Willen, auch mit wenig Ressourcen, bei geringem Einkommen und großem Durchhaltevermögen ihren Traum zu verwirklichen, nämlich ein Einhorn in der Startup-Welt zu werden. Ob es dazu kommt, welche Ideen und welche Gründerteams also für den ganz großen Erfolg geeignet sind, ist ein bisschen so, wie an der Börse zu spekulieren. Oder wie in der Filmbranche, wo es einem Produzenten obliegt zu erkennen, ob ein Stoff oder ein Drehbuch zum Blockbuster taugt. Natürlich können bekannte Schauspieler und Filmkünstler hinter der Kamera sowie millionenschweres Marketing auch bei einer mittelguten Idee zu ordentlichen Erlösen beitragen. Doch es geht eigentlich um den ganz großen Wurf. Denn je mehr eine Person von ihrer Idee überzeugt ist, desto mehr Herzblut wird sie investieren.

Wenn die Early-Stages, also die Frühphasen einer Neugründung, ganz gut laufen und Influencer sowie bekannte Namen aus der Internet-Community und New-Work-Szene das Projekt unterstützen, bildet sich um den Kern der drei Fs eine lebendige Community, die neben einer überzeugenden Produktentwicklung und erfolgreichen Usability Testings auch weiterhin mit einer gut durchdachten Contentstrategie bei der Stange gehalten werden müssen. Als Netzerklärer und Blogger hat sich Lumma während seiner Zeit bei Ströer einen guten Namen gemacht. Sein Blog »Lummaland« wurde überregional bekannt und 2007 von Fred Turnheim, damals 3sat-Redakteur für Neue Medien, bei der Sendung *Zeit im Bild* als der bekannteste deutsche »Moblogger«, jemand, der mit einem mobilen Telefon bloggt, gekürt. Eine Auszeichnung, die sicherlich der positiven Rezeption von Mabber und Shoppero zugutekam.

Next Stop Hamburg

Nach dem Scheitern der Start-ups war es an der Zeit, ein neues Kapitel aufzuschlagen. Der »Internetpionier« (*Internet World Business*)[61], der zuletzt Leiter des Business Development bei der Ströer-Tochter Media Ventures gewesen war, verließ Köln und wechselte 2009 zur Werbeagentur Scholz & Friends in Hamburg. Seine Aufgabe war, dort das Geschäftsfeld Social Media und Social Commerce auszubauen und Kunden darin zu beraten, wie sie ihre Social-Media-Kommunikation optimieren können. Wie man sich vorstellen kann, ist der Job, unschlüssige Kundenansprechpartner ohne große Entscheidungskompetenzen auf Facebook und Twitter zu lotsen, etwas völlig anderes gewesen als die bisherige eher technikfokussierte Herangehensweise, die für Gründer und Produktentwickler Lumma vorher im Vordergrund stand. Nach drei Jahren und viel neuer Erfahrung im Umgang mit großen Unternehmen trennten sich die Wege. Lumma machte sich als Interneterklärer und Berater selbstständig: »Wenn das erste Mal auf deiner Visitenkarte das Wort ›Berater‹ steht, dann löst das schon zwiespältige Gefühle aus.« In dieser Phase erfolgte auch die Gründung von D64 – Zentrum für Digitalen Fortschritt e.V., einem Verein, der progressive Digitalpolitik in Parteien und Gesellschaft verankern will. Später schrieb er für BILD.de eine Kolumne, in der Lumma digitale Themen erklärte und einordnete – nicht ganz unkritisch verfolgt von seiner sozialdemokratischen Fangemeinde. Doch der Erfolg gab ihm recht: Er konnte wichtige Digitalthemen auch denen zugänglich machen, die bis dato unwissend bis ablehnend der Digitalisierung gegenüberstanden.

Von 2015 bis heute schaut sich Lumma beim Next Media Accelerator in Hamburg Medien-Start-ups aus der Perspektive eines Investors an. Damit kann er seine gesammelten Internet- und Netzpolitik-Kenntnisse und Erfahrungen auf die Beurteilung von medialen Geschäftsmodellen übertragen. Seine Aufgabe ist zu schauen, ob Medien- und Contentanbieter bestimmte Lösungen suchen und ob die Lösungen, die ein Start-up bietet, aktuell eine Chance auf dem Markt haben. Da es in Deutschland nicht genügend Start-ups gibt, die sich in diesem Feld bewegen, hat sich der Next Media Accelerator schon sehr bald in Start-up-Regionen wie Tel Aviv, Skandinavien, Estland und London umgesehen. Die Business-Sprache im NMA ist Englisch, die Kultur offen und divers. Da Netzwerken auch bei Acceleratoren eine große Rolle spielt, hat sich der NMA im Hamburger Coworking Space im betahaus gegründet und sich an das Start-up-Feeling gewöhnt. »Coworking festigt das Netzwerk«, erläutert Lumma. Der Next Media Accelerator ist nicht umsonst in Hamburg angesiedelt. Hamburg sieht sich als wichtige Medienstadt, hier residieren Gruner + Jahr, der Zeitverlag, Spiegel, Bauer und dpa. In Hamburg sind Agenturen wie achtung!, Faktor 3, SinnerSchrader und die Online Marketing Rockstars zu Hause, dort sitzen die ARD und der NDR, der auch die *Tagesschau* produziert, sowie mediale Weiterbildungsträger wie die Hamburg Media School und die Akademie für Publizistik. »Next Media« heißt die Initiative der Stadt Hamburg, die alle Medienakteure zwischen Alster und Elbe vernetzen will. Der Vorteil der Heimat der Pfeffersäcke liegt auf der Hand: »Hamburg ist Kreativwirtschaft für Erwachsene«, sagte Wolf Lotter einst und will damit zum Ausdruck bringen, dass die Berliner Gründungen Firma spielen, während die Hamburger Geld verdienen.

Noch 2018 wird der Next Media Accelerator weiter in die Hafencity ziehen, wo sich der Medien-Accelerator ein Loft-Büro in einem alten Speicher mit einem Logistik- und einem Commerce-Accelerator teilt. Da sind natürlich auch Netzwerke und standortpolitische Interessen im Hintergrund, die Netzpolitiker und SPD-Mann Lumma sicherlich mit Spaß bespielen wird.

Mainstream als Erfolgskriterium

Doch zum Schluss noch einmal zurück zur Frage, wann eine Geschäftsidee fliegt. Für Inverstor Lumma ist die Beurteilung von potenziellem Start-up-Erfolg eine Frage des gesunden Menschenverstands. Um zu erfahren, ob die Idee fliegen wird, also massenkompatibel und damit finanziell einträglich ist, muss man komplementär vorgehen und seinen Innovationskosmos verlassen. Die drei Fs werden natürlich die eine Start-up-Idee, die sie unterstützen, super finden. Wenn Lumma wissen will, was »die da draußen« zu einer Idee sagen, spricht er mit seinem Bruder.

»Brudi lebt so richtig im Mainstream. Er hat Skype, Flickr und Spotify auf seinem Handy«, erklärt der Mann, der von sich behauptet, dass er bei jeder neuen App als Erster angemeldet war. In Lummas Realitycheck fließen natürlich auch seine Erfahrungen als Tester ein und seine Kenntnisse über das von Wolfgang Wopperer-Beholz und anderen im betahaus entwickelte Product Field. Das Product Field ist ein Tool, das Start-ups dabei unterstützt, die eigene Produktidee konkreter zu fassen, Schwächen und Potenziale aufzudecken und vor allem präzise zu erkennen, wo im Entwicklungsprozess sie gerade stehen und was sie dort benötigen. Parallel dazu geht es um die immer gleichen Fragen: Gibt es einen Markt? Wer sind die Nutzer? Wer ist bereit, wie viel dafür zu bezahlen?

An dieser Stelle des Gesprächs sagt Lumma etwas für einen New Worker wirklich Erstaunliches: »Ich ermutige unsere Gründer immer gern, doch mal das Handy zum Telefonieren in die Hand zu nehmen. Einfach bei einem Nutzer oder Kunden anzurufen und zu fragen: ›Wie findest du das?‹, ›Was würdest du dafür bezahlen?‹ Telefonieren ist doch viel besser als Schreiben. Im direkten Gespräch gibt es weniger Missverständnisse, denn da kann man auch die Zwischentöne mitbekommen.« Auch damit ist er dem Mainstream näher, als manche vielleicht denken.

Playmobil oder Lego? Das Nico-Modell

Nico Lumma macht den Eindruck, als sei er auf seiner Heldenreise von der alten in die neue Welt angekommen. »Ich bin Impulsgeber, ein freies Radikal. Ich brauche alle fünf Jahre einen Tapetenwechsel. Im Accelerator-Modell kann ich auch länger bleiben. Alle sechs Monate kommen neue Batches aus immer neuen Ländern, neue Partner, neue Kooperationen und neue Mentoren. Und auch die Trends verändern sich schnell. Der Ad-Tech-Bereich, mit dem wir 2015 angefangen haben, ist durch. Heute punkten KI, Blockchain, Natural Language Processing und Machine Learning.«

Und so hat er vom Göttinger Studentenwerk über Ströer, Scholz & Friends und Selbstständigkeit im NMA einen Arbeitsrahmen gefunden, der seiner Mentalität entspricht. »Ich bin nicht Playmobil, sondern Lego.« Er baut sich die Welt, die ihm gefällt. Um dann fortzufahren: »Meine Jobsicherheit liegt in New Work! Mein Kapital liegt in meinem Netzwerk und im Allianzen-Schmieden.« Er ist Politikersohn, gibt sich ein Profil und nutzt Social Media als Intro.

»Profilieren heißt, man gibt sich ein Profil. Es war noch nie so leicht, eigene Kenntnisse und Fähigkeiten darzustellen, sich ohne Druck zu exponieren. Wer das nicht tut, handelt fahrlässig.« Lumma hat seinen Blog als Visitenkarte genutzt, das eigene Ego zurückgestellt und den Dialog gestartet. Dabei kann man seine Ecken und Kanten zu einer Marke machen. Und wenn es mal kompliziert wird und zu einem Flamewar kommt, empfiehlt auch Lumma, der Internetpionier: »Staub abschütteln, Krone richten, weitermachen.«

Infoboxen in diesem Kapitel

➤ *Business-Model oder Geschäftsmodell*

➤ *Business Model Canvas*

➤ *Crowdfunding*

Business-Model oder Geschäftsmodell

Was ist ein Business-Model und wofür ist es gut?

Ein Business-Model, zu Deutsch Geschäftsmodell, beschreibt die Funktionsweise eines Unternehmens. Je durchdachter und marktorientierter ein Business-Modell ist, desto größer sind die Chancen auf Erfolg.

Heute, im digitalen Zeitalter, beantwortet das Geschäftsmodell vor allem die Frage nach dem Nutzen eines Angebots für den Kunden und welches Problem das innovative Angebot lösen möchte. Damit kommen wir zur Frage nach dem Alleinstellungsmerkmal: Je höher der Nutzen und je weniger verzichtbar ein Angebot ist, desto solider und damit sicherer ist die Geschäftsgrundlage.

Ein Business-Modell zeigt ferner das Ertragsmodell auf, also welche Kosten wann und wo entstehen und wie die Einnahmen generiert werden können. Dabei spielen die Wertschöpfung und Skalierbarkeit eine große Rolle. Wertschöpfung findet dann statt, wenn der Preis, den man am Markt erzielen kann, die Ausgaben deckt und zusätzlich einen Gewinn ermöglicht. Die Skalierbarkeit von Geschäftsmodellen ohne zusätzliche Investitionen und Fixkosten ist vor allem für Investoren interessant. Sie mögen es, wenn eine Produktion effizient und ohne höhere Kosten erweitert werden kann. Das ist logischerweise insbesondere im digitalen Bereich und in der Internetwirtschaft möglich.

So funktioniert ein Business-Model

Wie ein Business-Model genau funktioniert, beschreiben wir in der Infobox *Business Model Canvas*.

Ein Geschäftsmodell hilft allen Beteiligten, die sich aus unterschiedlichen Perspektiven mit allen wichtigen Aspekten der Unternehmensplanung und -führung beschäftigen, das Vorhaben besser zu verstehen. So kann das Alleinstellungsmerkmal besser ausgearbeitet und das Produkt besser am Markt positioniert werden. Auch die Faktoren für eine bessere Skalierbarkeit lassen sich mit einem Business-Modell schneller erkennen und entwickeln.

Reflexion und Motivation

Eine große Herausforderung von neuen Geschäftsideen wird sein, den Spagat zwischen Skalierbarkeit (maschinelle Digitalisierung) und Uniqueness (menschliche Kreativität) hinzubekommen. Wahrscheinlich werden die Preise für hochwertige, originäre Produkte steigen, während mit maschineller Massenproduktion keine großen Margen mehr erzielt werden können. Damit ist es die Aufgabe von uns Menschen, Fertigkeiten zu entwickeln, die Maschinen nicht darstellen können, und dafür einen Markt zu kreieren.

Journaling-Fragen

> ➤ Welchen Kundenutzen bringt mein persönliches Projekt?

> ➤ Habe ich alle Antworten, die ich für mein Geschäftsmodell benötige?

> ➤ Welche Menschen kann ich als Sparringspartner nutzen, um mein Geschäftsmodell zu testen?

Wenn Sie mehr über Business-Modelle erfahren möchten

> ➤ Dark Horse Innovation (2016): *Digital Innovation Playbook. Das unverzichtbare Arbeitsbuch für Gründer, Macher und Manager.*

> ➤ Hoffmeister, Christian (2017): *Digital Business Modelling. Digitale Geschäftsmodelle entwickeln und strategisch verankern.*

> ➤ Lennarz, Hendrik (2017): *Growth Hacking mit Strategie. Wie erfolgreiche Startups und Unternehmen mit Growth Hacking ihr Wachstum beschleunigen.*

> ➤ Geffroy, Edgar K.(2018): *Das Ende der Geschäftsmodelle. Neue Strategien für eine disruptive Welt.*

> ➤ Frahm, Klaus-Peter; Schieben, Michael; Wopperer-Beholz, Wolfgang (2017): *Product Field – Die Referenz. Das kognitive Medium für Innovation und gemeinschaftliches Product Thinking.*

Business Model Canvas

Was ist eine Business Model Canvas und wofür ist sie gut?

Die Business Model Canvas wurde von Alexander Osterwalder und Yves Pigneur im Jahr 2008 entwickelt. Sie ist Ausdruck der Lean-Start-up-Philosophie, die darauf abzielt, Geschäftsideen und Businesspläne nicht mehr lange im Verborgenen und auf vielen Seiten zu planen, sondern eine Projektidee schnellstmöglich und in verschlankter Form an den Markt zu bringen.

Bevor hohe Summen möglicherweise verbrannt werden, soll mittels der Business Model Canvas erkennbar sein, ob das Business in die richtige Richtung geht oder Anpassungsbedarf besteht. Die einzelnen Aspekte des Businessplans werden dabei transparent auf einer Canvas dargestellt, sodass die Elemente für das ganze Projektteam und Interessierte sichtbar und gestaltbar sind.

Grundsätzlich wird eine Business Model Canvas in offenen Workshops ausgefüllt und nicht in gepflegten Räumen mit dicken Teppichen, zu denen nur der Inner Circle einer Organisation Zutritt hat. Wenn man mit einer Canvas arbeitet, wird diese möglichst im DIN-A1-Format an eine Wand geheftet. Damit jederzeit Änderungen in einem oder mehreren Feldern durchdacht und dargestellt werden können, werden alle Ideen als Stichworte auf schmalen Post-its notiert und in das passende Feld geheftet. So kann man auf einem Blick erkennen, welche Auswirkungen Änderungen in einem Feld auf die Aktivitäten in anderen Felder haben. Denn in einem Gesamtbild auf einem Poster werden logische Abhängigkeiten schneller sichtbar als in einem mehrseitigen, geschriebenen Businessplan.

So funktioniert eine Business Model Canvas

Eine Business Model Canvas besteht aus neun Elementen, denen Themen zugeordnet sind.

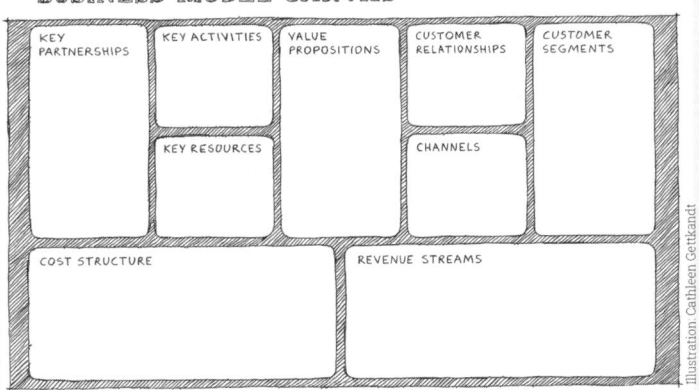

Alexander Osterwalder und Yves Pigneur: Business Model Generation. *Ein Handbuch für Visionäre, Spielveränderer und Herausforderer.*

So heißen die einzelnen Felder:

1. Kundensegmente (Customer Segments)

Zunächst werden die möglichen Nutzer definiert. *Für wen hat meine Geschäftsidee einen Wert? Wer ist die Zielgruppe?*

2. Kundennutzen (Value Proposition)

Die Value Proposition ist der Nutzen des Produkts oder der Dienstleistung für die Zielgruppe, das Werteversprechen also. *Für welches Problem braucht der Kunde eine Lösung? Welchen Nutzen oder Wert hat es für ihn?*

3. Vertriebskanäle (Channels)

Nun gilt es, die passenden Kanäle zu finden, über die man mit dem Kunden in Kontakt tritt und welcher den versprochenen Wert einlösen, sprich liefern kann. *Wie erfahren die Kunden von unserem Angebot? Und über welche Kanäle gelangt unser Produkt oder unsere Dienstleistung am besten zum Kunden?*

4. Kundenbeziehungen (Customer Relationships)

Im vierten Segment geht es um die Form der Beziehung, die mit den Kunden gepflegt werden soll. Das können neue oder Bestandskunden sein. *Wie gewinnen, halten und erweitern wir unsere Kunden? Was kostet uns das?*

5. Erlösquellen (Revenue Streams)

Hier wird geklärt, womit Geld verdient werden soll oder kann, also welche Erlös- und Preisstrategie verfolgt wird, zum Beispiel einmalige Bezahlung oder Abos oder die erwartete Zahlungsbereitschaft der Zielgruppe für das Angebot. *Wie und wie viel würden unsere Kunden gern zahlen?*

6. Schlüsselressourcen (Key Resources)

Hier wird geplant, welche Ressourcen für das Business benötigt werden. Bei großen Unternehmen sind sie vielleicht schon vorhanden und werden nun für die Innovation bereitgestellt, bei Neugründungen muss eine Infrastruktur erst geschaffen werden. *Welche physischen Ressourcen (Maschinen, Räume), welche Menschen und wie viel Kapital benötigen wir?*

7. Schlüsselaktivitäten (Key Activities)

Hier geht es um die konkreten Aktivitäten, die für die Leistungserbringung nötig sind, einschließlich Marketing und Vertrieb. *Was müssen wir tun, um unser Business am Laufen zu halten?*

8. Schlüsselpartner (Key Partners)

Hier wird geprüft, ob Partnerschaften eingegangen werden können, beispielsweise um sich Ressourcen zu teilen oder bekannter zu werden. *Wer kann unser Geschäftsmodell unterstützen? Welche Abhängigkeiten entstehen dadurch?*

9. Kostenstruktur (Cost Structure)

Hier werden die relevanten Kosten erfasst, die meist bei den Schlüsselressourcen, Schlüsselaktivitäten und Schlüsselpartnerschaften entstehen. *Was sind unsere größten und wichtigsten Ausgaben?*

Reflexion und Motivation

Die Business Model Canvas kann bei Gründungen jederzeit als Roadmap und Checkliste eingesetzt werden, auch für die Präsentation des Geschäftsmodells vor Unterstützern, potenziellen Kunden und Investoren. Deshalb finden New Worker und Innovationsexperten, dass die Arbeit mit einer Canvas die wegweisende Methode ist, um unternehmerische Vorhaben mit unterschiedlichen Beteiligten innovativ zu durchdenken, gemeinsam zu entwickeln und bereits in der Konzeptionsphase zu vermarkten.

Die Business Model Canvas kann aber auch für die Weiterentwicklung bestehender Geschäftsmodelle durch Innovationen verwendet werden. Für Führungskräfte bietet sie die Möglichkeit, auch ansonsten nur operativ arbeitende Mitarbeiter aller Ebenen in den Entwicklungsprozess einzubinden. So können viel mehr Ideen, aber auch realistische Begrenzungen diskutiert werden, von denen in den Chefetagen von Konzernen oder Investoren oft nur wenig Kenntnis herrscht. Dies muss allerdings auch gewollt sein, denn eine machtorientierte Herangehensweise an Innovationen, bei der es vorrangig darum geht, den eigenen Ruf zu stärken und persönliche Interessen durchzudrücken, funktioniert mit einer Business Model Canvas nicht.

Journaling-Fragen:

➤ Welche Innovationen und Projekte wurden in meinem Arbeitsleben viel zu lange unter Verschluss gehalten?

➤ Gibt es eine Idee – vielleicht nur eine ganz kleine –, die ich schon lange mal umsetzen wollte?

➤ Könnte mir die Business Model Canvas dabei helfen, meine Idee konkreter zu entwickeln?

Wenn Sie mehr über die Business Model Canvas erfahren möchten

➤ Osterwalder, Alexander; Pigneur, Yves (2011): *Business Model Generation. Ein Handbuch für Visionäre, Spielveränderer und Herausforderer.*

Crowdfunding

Was ist Crowdfunding und wofür ist es gut?

Wussten Sie, dass die Finanzierung des Aufbaus der Statue of Liberty 1885 in New York als das weltweit erste Crowdfunding-Projekt gilt? Oder einige Waldorfschulen von engagierten Eltern per Crowdfunding ins Leben gerufen worden sind? Per Crowdfunding können Macher, Gründer, Freelancer und Organisationen für Projekte und Produkte in frühen Phasen von der Crowd, also einer großen Menschenmenge, Geld für ihre teilweise recht spleenigen Vorhaben einsammeln. Es liegt an der Crowd, ob der im Vorfeld bestimmte Betrag innerhalb einer festgelegten Zeit eingesammelt werden kann – oder eben nicht. Jeder gibt so viel, wie er kann beziehungsweise was ihm die Unternehmung wert ist. Wenn das ganz viele Menschen tun, entsteht oft etwas Ungewöhnliches, auf jeden Fall etwas Neues. Haben Sie schon mal etwas von Locomore, dem ersten crowdgefundeten Bahnunternehmen gehört? Oder dem kabellosen Kopfhörer Dash des Münchner Start-ups Bragi? Sicherlich kennen Sie das Onlinemagazin *Edition F, Stromberg – Der Film*, die

Naturkostsafterei Voelkel und das Franciseunternehmen L'Osteria – sie alle wurden mit unterschiedlichen Crowdfunding-Formen finanziert.

Crowdfunding ist sehr beliebt, da es sich um eine bankenunabhängige Finanzierungsforme handelt, die sich hervorragend für erste Markttests eignet.

So funktioniert Crowdfunding

Crowdfunding wird meist über das Internet organisiert. Es gibt eine Vielzahl von Websites, die zu unterschiedlichen Konditionen unterschiedliche Arten von Crowdfunding anbieten. International erfolgreich sind kickstarter.com und indiegogo.com. Doch auch in Deutschland und in der Schweiz sind eine Vielzahl von Crowdfundern zu Hause, die sich ganz unterschiedlich aufgestellt haben. Eine der bekanntesten und größten deutschen Plattformen ist startnext.de, gefolgt von VisionBakery aus Leipzig, die auf kreative Projekte spezialisiert sind. Seedmatch hat sich als Community für junge Unternehmer positioniert und auf Investments für Start-ups spezialisiert. Auf Pling sammeln Menschen Geld für kreative Projekte aus Theater, Fotografie, Sport und Technologie. Respekt.net bietet seinen Service für Investitionen in die Zivilgesellschaft an und mit SellaBand können Bands Gigs, Studioalben und Touren finanzieren. Ferner gibt es Angebote, die eigentlich kein klassisches Crowdfunding anbieten, aber auch etwas mit der gemeinsamen Finanzierung von Dingen zu tun haben. Auf better.org kann man Geld für gemeinnützige Projekte und Initiativen spenden, und die App leetchi.com bietet Crowdfunding für Privatpersonen, private Spendenaktionen und die einfache Verwaltung von Gemeinschaftskassen an.

Kommen wir nun zu den vier beliebtesten Arten des Crowdfundings:

1. Klassisches Crowdfunding

Diese Art des Crowdfundings ist für jedes Produkt und jede Dienstleistung geeignet, weil sie als Test für das Marktpotenzial einer Idee genutzt werden kann. Die Unterstützer erhalten für ihren finanziellen Beitrag ein Dankeschön, was meist mit dem Produkt in Zusammenhang steht. Das kann ein T-Shirt, eine Einladung zu einer Dankeschön-Party oder eine Leistung sein, die mit der Produktentwicklung in Zusammenhang steht.

2. Crowdinvesting

Crowdinvesting wird auch als equity-based Crowdfunding bezeichnet, weil die Crowd am Erfolg des Projektes beteiligt wird. Diese Mikro- oder

Kleinstinvestitionen werden wie Eigenkapital behandelt und auf Platt-formen in Deutschland meist über nachrangige Darlehen abgewickelt. Diese Beteiligung ist insbesondere für Start-ups, KMU sowie solche Pro-jekte geeignet, in die auch Fonds investieren würden, also Immobilien-, Film- und Nachhaltige-Energie-Projekte.

3. Crowdlending

Hier vergibt die Crowd einen Kredit mit einer festen Laufzeit zu einer vereinbarten Zinskondition. Der finanzielle Beitrag wird als Fremdkapi-tal eingestuft und ist damit eine Alternative zum klassischen Bankkre-dit. Deshalb wird Crowdlending auch P2P-Kredit (Peer to Peer) genannt und ist besonders geeignet für KMU, Privatpersonen und Selbstständi-ge, die nicht so leicht Bankkredite bekommen.

4. Spenden-Crowdfunding

Beim Spenden-Crowdfunding, auch Crowddonating genannt, be-kommt die Crowd für ihren Beitrag keine Gegenleistung. In der Regel wird den Spendern öffentlich gedankt, auf der Website des Crowdfun-ding-Betreibers und/oder des Projekts. Diese Onlinespendensammlun-gen, die insbesondere für soziale und gemeinnützige Projekte geeignet sind, haben meist eine feste Laufzeit mit einem festen Finanzierungs-ziel und funktionieren nach dem Alles-oder-nichts-Prinzip.

Reflexion und Motivation

Crowdfunding ist insbesondere für gemeinnützige Projekte und Start-ups interessant. Die Konditionen der Crowdfinanzierung sind oftmals günstig, da keine Zwischenhändler wie Banken beteiligt sind. Weiterhin ist eine Crowdfunding-Kampagne zeitlich gut planbar, sodass sie sich zur Vorfinanzierung einer Produktion oder des Einkaufs von Material eignet.

Doch beim Crowdfunding geht es nicht nur um günstiges und leicht zu beschaffendes Geld. »The Beauty of Crowdfunding« ist, dass die Crowd das neue Projekt auf so vielen Ebenen unterstützt. »The first follower is what transforms a lone nut into a leader «, erklärt der Musiker-Pro-ducer-Gründer-Autor Derek Sievers in seinem viel beachteten TED Talk mit dem Titel »How to start a movement«.[62] Dabei hat Sievers den Fo-kus vom Gründer einer Bewegung auf den ersten Follower verschoben. Sein Mut macht eine spinnerte Idee zu etwas Reellem. Erst wenn die ersten Follower da sind und ein Crowdfunding-Projekt unterstützen, erst dann hat es eine Chance, erfolgreich zu werden. Mit dem Vorstellen des Projekts in der Öffentlichkeit wird also nicht nur Geld eingesammelt, sondern auch der gesellschaftliche Bedarf und die Marktrelevanz getestet – ein Zusatzservice, den klassische Finanzierungsformen und staatliche Förderungen nicht leisten können.

Wie wir in den Kapiteln »Netzwerken« und »Geschäftsmodelle« gesehen haben, ist der Aufbau einer Community – und nichts anderes ist die begeisterte Crowd – für die Reputation einer neuen Unternehmung unerlässlich. Weil Crowdfunder an »ihren« Projekten emotional beteiligt sind, posten sie ihr finanzielles Engagement auf Social Media und motivieren damit auch andere, es ihnen gleichzutun. Wer sichergehen will, dass die Crowdfunding-Kampagne auch kommunikativ erfolgreich ist, sollte sich nicht auf das freiwillige Social-Media-Engagement der Unterstützer verlassen, sondern im Vorfeld begleitende Social-Media- und Media-Relations-Maßnahmen planen, entsprechenden Content vorproduzieren und täglich in die Welt tragen. Der erste Follower, die begeisterte Crowd, sollten hierbei unbedingt als Impulsgeber und Multiplikatoren eingesetzt werden. Nicht selten starten erste Follower ein eigenes Projekt, ihr eigenes Movement, haben also ein großes Potenzial, Influencer zu werden. So entsteht Hypervernetzung (siehe Infobox **Hypervernetzung** in Kapitel 5).

Journaling-Fragen

➤ Ist Crowdfunding ein gangbarer Weg für die Erstfinanzierung meiner Unternehmung?

➤ Habe ich genügend Energie und Kapazitäten für eine begleitende Social-Media- und Marketingkampagne?

➤ Was würde ich meiner Crowd als Goodie zum Dank geben können?

Wenn Sie mehr über Crowdfunding erfahren wollen

➤ Beck, Ralf (2017): *Crowdinvesting: Die Investition der Vielen.*

➤ Steilmann, Lars (2017): *Crowdfunding. Ein Überblick zu den Bereichen Finanzierung, Marketing und Vertrieb bei Startups* (Studienarbeit an der FOM Hochschule für Oekonomie & Management).

Ausblick, Chancen und Risiken

Erzählen wir von unserem Leben in der digitalisierten Arbeitswelt und von unserem Buch über »New Work«, werden wir immer wieder gefragt: »Was ist denn nun das eigentlich Neue an der heutigen und künftigen Arbeitswelt?« Diese Frage in Twitter-Länge zu beantworten, fällt uns naturgemäß schwer. Vielleicht geht es so:

Durch die Digitalisierung und die damit einhergehenden notwendigen Veränderungen von Arbeitsprozessen werden in den Jahrzehnten vor dem menschliche Handlungen, Haltungen und Fähigkeiten wichtiger, die vor dem Internetzeitalter eine eher untergeordnete Rolle für Erfolg gespielt haben. Vernetzung, Volatilität und hohe Innovationsgeschwindigkeit erfordern kurze Planungsprozesse und schnelle Entscheidungen, die Unsicherheit und Veränderung von vornherein einkalkulieren. Dies wiederum funktioniert nur, wenn die Mitarbeitende ermächtigt und beteiligt werden. Wenn die effizienten, digitalisierten Prozesse durch differenzierte Führung und reflektierender Selbstführung gesteuert werden. Ausprobieren und testen statt Bürokratie. Gemeinsam entscheiden statt Machtdemonstration. Die eigenen Motive hinterfragen statt egozentrischer Rechthaberei. Ein risikofreudiges, offenes und bewegliches Mindset – in den vergangenen Jahrzehnten für Erfolg eher hinderlich – ist dafür eine Grundvoraussetzung. Insgesamt entsteht so ein werteorientiertes Arbeiten, das den ursprünglichen New-Work-Gedanken von Frithjof Bergmann widerspiegelt: die Konzentration auf das, was wir »wirklich wirklich wollen« auch, um daraus Wertschöpfung zu generieren.

Das heißt aber nicht, dass Arbeiten beliebig wird oder chaotisch. Oder, dass egoistische Selbstverwirklichung Struktur schlagen darf und klare Entscheidungen sowie Umsetzungskompetenz unwichtig werden. Es geht eher um Rollen als um Funktionen, um flexible, aber definierte Entscheidungsstrukturen und den stetigen Wechsel zwischen öffnenden und schließenden Händen im Leadership. Organisationsrebellen sind künftig ebenso wichtig wie gründliche (Wissens-)Arbeiter, Innovationen ebenso entscheidend für wirtschaftlichen Erfolg wie die Sicherung des Kerngeschäfts. Für den einzelnen Menschen bedeutet die neue Arbeitswelt vor allem eines: Das System sorgt nicht mehr für uns. In einer fluiden Welt, wie wir sie im ersten Kapitel beschrieben haben, ist jeder für sich selbst verantwortlich. Diese zunehmenden Veränderungsdynamiken halten wir nur aus, wenn wir uns auf sie einstellen und gleichzeitig wissen, wo unsere Grenzen sind.

Im ersten Kapitel des Buches hat Daniel Barke beschrieben, warum Leistungsbereitschaft und Skills immer bedeutender werden und der nachhaltige Wille, konstant dazuzulernen. Die Heldenreise Tobias Kremkaus im zweiten Kapitel hat gezeigt, wie wichtig es ist zu wissen, in welcher Umgebung und an welchem Ort wir besonders zufrieden und leistungsfähig sind. In Kapitel 3 hat Svenja Hofert anschaulich erläutert, wie sehr uns unsere Wurzeln und Persönlichkeitsmerkmale steuern, ohne dass Letztere statisch wären – und wie wichtig ein stetiger Kontakt zu uns selbst ist. Andreas Ollmann und David Cummins haben im vierten Kapitel lebendig geschildert, dass gut gemeint nicht immer gut gemacht bedeutet und wir einander Raum und Zeit geben sollten, um uns bewusst weiterzuentwickeln. Von Kerstin Hoffmann können wir im fünften Kapitel lernen, dass es die Aufgabe eines jeden selbst ist, die eigenen Stärken sichtbar zu machen, und wir nicht mehr wie eine Prinzessin darauf warten sollten, erobert zu werden. Im sechsten Kapitel hat uns Stephan Grabmeier gezeigt, dass der Umgang mit Macht auch soziale Kompetenzen erfordert, die lange nicht als Leadership-Qualitäten angesehen wurde. Und im letzten Kapitel haben wir von Nico Lumma erfahren, dass jede (berufliche) Leidenschaft funktioniert, wenn das Geschäftsmodell dahinter stimmt.

Starten Sie Ihre eigene New-Work-Reise

Wer noch mehr über New Work lernen möchte, darf nun auf Entdeckungstour gehen. Mit den Heldenreisen unserer Protagonisten, ihren Erfahrungen und Erkenntnissen haben wir Ihnen Know-how und Inspirationen an die Hand gegeben, mit denen Sie sich selbst entdecken können. Wir können Sie jetzt nur noch dazu ermuntern, ihre eigene Heldenreise wie eine Learning Journey aufzuschreiben.

Beschreiben Sie zuerst das Bekannte. Die (Arbeits-)Welt, in der Sie leben. Und überlegen Sie sich dann, was Ihnen fehlt und was Sie wirklich wirklich wollen. Bevor Sie den schweren Schritt über die Schwelle nehmen, können Sie Ihre Vision, Ihren Purpose mit der Digital Leadership Canvas ermitteln. Hier können Sie auch Ihre eigenen Ressourcen wie Ihre Leadership-Stärken, Ihr Netzwerk und das, was andere Menschen an Ihnen schätzen, in die entsprechenden Felder eintragen. Schreiben Sie dann in Ihr Erfolgsbarometer, welche Etappen Ihre Meilensteine sind – und wie Sie diese feiern werden. Damit Sie schon eine Idee von den Gefahren haben, die unterwegs im Unbekannten auf Sie lauern könnten, haben Sie die Chance, Herausforderungen zu formulieren und Lösungsansätze zu skizzieren. Haben Sie die Digital Leadership Canvas ausgefüllt, können Sie sich nun für alles bedanken, was die bekannte Welt Ihnen mit auf den Weg geben kann. Wenn es für Sie hilfreich ist, können Sie auf einem Flipchart oder Blatt Papier einen Kreis aufmalen, bei dem die obere Hälfte die Ihnen bekannte Welt darstellt und die untere Hälfte die Unbekannte. Sie wandern nun von oben nach unten. Tragen Sie in Ihre Heldenreise auch Ihr neu erworbenes Wissen ein, das Ihnen dabei hilft, Lösungen für Themen zu finden, die Ihnen unterwegs begegnen. Niemand meldet sich bei Ihnen? Dann arbeiten Sie an Ihrem Personal Branding. Sie verfallen wieder in alte Muster? Dann überprüfen Sie Ihre Glaubenssätze. Sie verdienen nicht genügend Geld, um davon leben zu können? Dann arbeiten Sie – vielleicht zusammen mit anderen, denen es ähnlich geht – an Ihrem Geschäftsmodell. Wir können üben, uns zu öffnen und dann wieder zu fokussieren. Demut, Mut und Selbstvertrauen sind gute Voraussetzungen, um New Work für sich nutzbar zu machen, anstatt darin unterzugehen.

Zusammenarbeit

Jetzt fragen Sie sich vielleicht, warum wir – die Autorinnen – uns trauen, Ihnen Tipps zu geben? Ganz ehrlich, weil auch wir als Lernende unterwegs sind. Weil wir beide so verschiedene Menschen sind und ein klitzekleines bisschen Angst hatten, dass wir dieses Buchprojekt nicht zusammen stemmen werden. Christiane mit ihren innovativen Ideen und ihrem Mut, das Unmögliche möglich zu machen. Und Susanne mit ihrem untrüglichen Gefühl für das Machbare und ihrer Goldgräbermentalität. Die eine schaut nach oben zu den Sternen und verbindet sie, wie wir es von Darstellungen der Sternzeichen kennen, zu neuen Bildern. Die andere versenkt sich in die Tiefen und findet die relevanten Informationen, die notwendig sind, um die Reisen in die Ferne zu ermöglichen. Genau diese unterschiedlichen Herangehensweisen haben wir durch das Buchprojekt aneinander schätzen gelernt. Dafür sind wir dankbar.

Apropos Zusammenarbeit. Sie ist beim New Work das A und O: Immer wieder haben wir über neue Formen der Zusammenarbeit berichtet, die aufgrund neuer Technologie möglich oder begünstigt werden. Blended Working etwa ist ein Resultat aus der Möglichkeit, zeit- und raumunabhängig miteinander zu arbeiten. Aber auch in eher klassischen Arbeitsstrukturen können Prozesse in Echtzeit technologisch abgebildet, reproduziert und verbreitet werden. Die Möglichkeiten der Vernetzung sind grenzenlos, Kommunikation kann unabhängig von Status und Funktion zwischen Kolleginnen und Kollegen, Vorgesetzten, Kunden, Unternehmenslenkern, Freelancern, Konzernspitzen, Jugendlichen und erfahrenen Experten weltweit stattfinden. Collaboration-Tools, also internetbasierte Anwendungen, Cloud Computing und Big Data sind nur einige Beispiele, die dies ermöglichen. Digitale Tools und Apps sind selbstverständlich ein entscheidender Faktor für New Work. In diesem Buch spielen sie aber kaum eine Rolle, ganz bewusst nicht. Zu schnell verändern sich diese Werkzeuge, die uns über das Internet oder die Cloud bei New Work helfen.

Chancen und Risiken

Und doch, New Work ist weder eine schöne neue Welt, in der alles gelingen kann, wenn man nur neugierig bleibt, noch ist es ein Schreckensszenario, in dem jeder untergeht, der nicht schnell genug »Hier!« schreit oder jede Veränderung freudig umarmt. New Work ist eine sich ständig weiterentwickelnde Arbeitswelt, die für jeden Einzelnen riesige Chancen birgt – und Risiken, wie beispielsweise Überforderung durch Informationsflut und Geschwindigkeit, aber auch durch die Notwendigkeit, stets offen für Fremdes und Neues zu sein. Die Voraussetzung, sich selbst eine Struktur zu geben, anstatt sie vorzufinden – alles das kann für Menschen große Hürden darstellen, die sie vielleicht auch gar nicht überwinden wollen.

Für jeden gilt, einerseits auf sich aufzupassen, andererseits zu prüfen, was ihm hilft und was ihm guttut. Vielleicht sind die Kritischen und Vorsichtigen bessere New Worker, als sie denken.

Ausblick

Unseraller Reise in Richtung New Work geht gerade erst los. Weitere große Umwälzungen stehen uns noch bevor oder passieren schon für viele fast unbemerkt. Künstliche Intelligenz, die Realitäten der von Menschen fehlgefütterten Algorithmen, die Veränderung unseres Realitätsbegriffs und die Frage, wer oder was unsere Kollegen sind, werden unser künftiges Arbeitsleben bestimmen. Was bedeutet Diversity, also Vielfalt, in einer Arbeitswelt, in der

Menschen und intelligente Roboter zusammenarbeiten? Science-Fiction ist schon da, wir müssen nun hineinwachsen.

Und noch etwas liegt uns, den Autorinnen, sehr am Herzen: New Work heißt auch, die Welt zu beschützen, nachhaltig zu agieren, sich über Klima und Rohstoffe Bewusstheit zu verschaffen, auf sich und die eigene Ernährung achtzugeben und ein globales und vielfältiges Verständnis des Weltgeschehens zu haben. Letztlich ist New Work vielleicht eine neue Philosophie, die Menschen in diesem Jahrtausend brauchen, um sich zu orientieren. Wir alle sind aufgefordert, unseren Beitrag dazu zu leisten. Denn eines ist klar: Wenn das Weltbild von Lenkern wie Trump oder Orban und ihresgleichen gewinnt, findet New Work auf dieser Welt nicht statt.

Über die Autoren

 Die Kommunikationswissenschaftlerin Christiane Brandes-Visbeck gehört zu den Vordenkern im Bereich Führung im digitalen Zeitalter. Sie leitet die von ihr gegründete Beratungsagentur Ahoi Consulting | Kommunikation und Leadership im digitalen Zeitalter, hält Vorträge und bietet Workshops an. Zuvor hat sie bei der Bertelsmann AG die Digitalisierung in den Medien aktiv vorangetrieben. Sie hat viele Jahre das Hamburger Quartier des bundesweiten Digitalnetzwerkes Digital Media Women e.V. geleitet und ist heute im Beirat des jungen Female Businessclubs Nushu. Darüber hinaus ist sie Co-Autorin des Buches *Netzwerk schlägt Hierarchie. Neue Führung mit digital Leadership.*

 Susanne Thielecke ist Diplomkauffrau, zertifizierte Prosci® Change Managerin und MBTI®-Trainerin und Coach. Sie verfügt über 20 Jahre Berufserfahrung in der Personalarbeit und hat unter anderem 15 Jahre im Bereich Human Resources bei Warner Bros. Entertainment GmbH gearbeitet. Als Inhaberin von LaRenzow Personal berät Susanne Thielecke Firmen aller Größen und Branchen – vom Startup bis zum Großkonzern. Seit August 2018 ist sie Principal People & Culture bei der Digitalagentur SinnerSchrader.

Anmerkungen

1 https://www.businessinsider.de/microsoft-ceo-brilliant-career-advice-2017-5?r=US&IR=T

2 http://www.faz.net/aktuell/wirtschaft/unternehmen/wohnungsver-mittlungsportal-airbnb-verdreifacht-wert-14376535.html

3 http://newwork.global/deutsch/

4 http://newwork.global/deutsch/

5 https://hbr.org/2014/06/the-power-of-meeting-your-employees-needs

6 https://soulworx.de/new-work-sei-teil-von-etwas-groesserem/

7 Die hier angegebenen Zahlen können auf http://www.gallup.de/183104/engagement-index-deutschland.aspx unter »Pressemittei-lung Engagement Index 2016« als PDF heruntergeladen werden.

8 Maslow, Abraham H. (1954): Motivation und Persönlichkeit.

9 https://www.kluge-consulting.net/berlindwm-angst-in-organisatio-nen-schattenseiten-der-digitalen-transformationseuphorie/

10 Van Yperen, Nico W.; Rietzschel, Eric F.; De Jonge, Kiki M. M. (2014): »Blended Working: For Whom It May (Not) Work«, erschienen in PLoS ONE (http://journals.plos.org/plosone/).

11 https://hbr.org/2013/06/work-life-balance-isnt-the-poi

12 https://www.tuc.org.uk/news/15-cent-increase-people-wor-king-more-48-hours-week-risks-return-%E2%80%98burnout-britain%E2%80%99-warns-tuc

13 https://www.gfk-verein.org/forschung/studien/voices-leaders-tomor-row/voices-leaders-tomorrow

14 https://www.welt.de/debatte/kommentare/article119592671/Tren-nung-von-Arbeit-und-Leben-fuehrt-in-die-Irre.html

15 https://medium.com/taking-note/forget-work-life-balance-its-all-about-the-blend-ad3115ed1fa4

16 https://leadershipgarage.de/einmal-silicon-valley-und-zurueck

17 Vodafone Institute for Society and Communications (2014): Talking about a Revolution: Europe's Young Generation on Their Opportunities in a Digitized World.

18 https://www.compasso.ch/cm_data/de_Gesunde_Fuehrung_-_Wie_Unternehmen_eines_gesunde_Performancelkultur_entwickeln.pdf, S. 6.

19 Schein, Edgar H. (1985): Organizational Culture and Leadership.

20 https://www.youtube.com/watch?v=oyo_oGUEH-I

21 https://karriereblog.svenja-hofert.de/2017/04/alles-eine-frage-des-richtigen-mindsets-wie-sie-ihr-denken-entscheidend-aendern-und-gluecklicher-werden/

22 https://t3n.de/news/traut-euch-unperfekt-sein-1096701/

23 https://www.ted.com/talks/simon_sinek_how_great_leaders_inspire_action#t-145338

24 http://agilemanifesto.org/iso/de/manifesto.html

25 https://spielraum.xing.com/2017/05/interview-mit-uwe-luebbermann-premium-cola/

26 Vgl. hierzu zum Beispiel: https://digitaler-mittelstand.de/business/ratgeber/change-management-8-phasen-nach-john-p-kotter-7090

27 Die vollständigen Prinzipien können nachgelesen werden unter: http://agilemanifesto.org/iso/de/principles.html

28 https://www.hs-koblenz.de/rmc/fachbereiche/wirtschaft/forschung-projekte-weiterbildung/forschungsprojekte/status-quo-agile-201617/

29 https://www.braintime.de/methoden/ueberblick-kanban-beratung/kanban-grundlagen-kompakt/

30 https://www.personal-schweiz.ch/experten-interviews/article/motivation-alles-motivieren-ist-demotivieren/

31 Lepper, M. R.; Greene, D.; Nisbett, R. E. (1973). Undermining children's intrinsic interest with extrinsic reward: A test of the »overjustification« hypothesis. Journal of Personality and Social Psychology, 28 (1), S. 129–137.

32 https://medium.com/@jurgenappelo/the-7-levels-of-delegation-672ec2a48103

33 https://www.gruenderszene.de/lexikon/begriffe/design-thinking?interstitial

34 https://www.gezeitenraum.com/2017/07/design-thinking-geh-mir-weg-mit-kreativitaet/

35 http://workingoutloud.de/die-fuenf-kernelemente/

36 https://netzwirtschaft.net/interview-mit-marie-von-den-benken-model-autorin-influencerin/

37 https://www.kerstin-hoffmann.de/pr-doktor/10-jahre-pr-doktor/

38 https://www.kerstin-hoffmann.de/pr-doktor/10-jahre-pr-doktor/

39 https://www.kerstin-hoffmann.de/pr-doktor/10-jahre-pr-doktor/

40 https://it-onlinemagazin.de/otto-schell-fuer-digitale-geschaefte-braucht-man-einen-neuen-ansatz/

41 https://it-onlinemagazin.de/otto-schell-fuer-digitale-geschaefte-braucht-man-einen-neuen-ansatz/

42 http://www.manager-magazin.de/unternehmen/artikel/wie-wework-mitarbeiter-zum-vegetarismus-erzieht-a-1218714.html

43 https://en.oxforddictionaries.com/definition/digital_detox

44 https://www.wiwo.de/erfolg/thomas-sattelberger-teilhaben-ist-die-neue-wertschoepfung/11237572.html

45 https://de.linkedin.com/pulse/wie-ich-meine-f%C3%BChrungskompetenz-verbesserte-indem-als-hermann-arnold

46 Moore, Geoffrey A. (2015): Crossing the Chasm. Marketing and Selling Disruptive Products to Mainstream Customers.

47 Müller, Günter F. (2009): Selbstführung. Wege zu einem erfolgreichen und erfüllten Berufs- und Arbeitsleben. S. 27f.

48 Janssen, Bodo; Grün, Anselm (2017: Stark in stürmischen Zeiten. Die Kunst, sich selbst und andere zu führen. S. 13.

49 http://www.russellreynolds.com/insights/thought-leadership/productive-disruptors-five-characteristics-that-differentiate-transformational-leaders

50 http://www.russellreynolds.com/insights/thought-leadership/productive-disruptors-five-characteristics-that-differentiate-transformational-leaders

51 https://www.willistowerswatson.com/de-DE/press/2016/10/Deutsche-Manager-bekommen-Bestnoten-im-Business-aber-nicht-in-Fuehrungskompetenz

52 https://www.businessinsider.de/studie-management-ueberschaetzt-sich-bei-digitalisierung-oft-selbst-2016-6

53 https://www.linkedin.com/pulse/managementverantwortung-agilit%C3%A4t-oder-die-gardner-hype-guido-bosbach/

54 https://spielraum.xing.com/2018/03/das-sind-die-gewinner-des-new-work-awards-2018/

55 https://newmanagement.haufe.de/organisation/organisationsentwicklung-mit-machern-und-querdenkern

56 https://www.greenleaf.org/what-is-servant-leadership/

57 https://www.youtube.com/watch?v=J6DAYfd-3qA

58 https://grabmeier.kienbaum.com/2017/12/07/mit-dem-haufe-quadranten-check-change-prozesse-einleiten-und-begleiten-2/

59 https://www.crowdmedia.de/blog/von-werbebotschaften-zum-story-telling-unterstutzt-durch-die-facebook-timeline/

60 http://www.sparkcanvas.de/

61 Internet World Business vom 2. Februar 2009, Menschen und Karriere, S. 38

62 https://www.ted.com/talks/derek_sivers_how_to_start_a_movement/transcript#t-170620

Register

Richtig führen in digitalen Zeiten

Die digitale Transformation ist in fast allen Unternehmen angekommen. Dort wird sie jedoch noch viel zu oft ignoriert oder gar mit Digitalisierung verwechselt. Doch Digital Leadership hat keinesfalls mit der Smartphone-Nutzung zu tun. Sie ist eine neue Art der Führung.

Gefragt sind sozial kompetente Führungskräfte, die eine Brücke zwischen Hierarchie und Netzwerkorganisation bauen, Probleme anpacken und im Team lösen. Ein Digital Leader führt auf Augenhöhe und pflegt eine positive Fehlerkultur. Die Autorinnen zeigen, was digitale Führung ausmacht – mit konkreten Tipps, vielen Praxisbeispielen, O-Tönen von Top-Führungskräften und einer Leadership-Roadmap, mit der jeder seine eigene Führungsstrategie festlegen kann.

208 Seiten
Softcover
24,99 € (D) | 25,30 € (A)
ISBN 978-3-86881-682-2

www.redline-verlag.de

REDLINE | VERLAG

Über das Glück, das zu machen, was man liebt

Bewundert, besprochen und manchmal belächelt – der Beruf »Influencer« hat Konjunktur. Tatsache ist: Viele Unternehmen und Agenturen greifen nur allzu gerne auf diese Multiplikatoren und Markenbotschafter zurück. So manche oder mancher spielt daher mit dem Gedanken, seine Social-Media-Aktivitäten und Reichweite zum Beruf zu machen und etwa mit Instagram seinen Lebensunterhalt zu bestreiten.

Dass das jedoch weit mehr bedeutet, als gekaufte Produkte möglichst unauffällig im Netz zu platzieren, erklärt Marie Luise Ritter. In *So wird man Influencer!* zeigt sie Neulingen Schritt für Schritt, was zu beachten ist, damit sich das Geschäftsmodell auch trägt. Vom Blog zum Business – die Expertin für Influencer-Markting zeigt, wie man seinen Traumberuf verwirklicht.

240 Seiten
Softcover
16,99 € (D) | 17,30 € (A)
ISBN 978-3-86881-714-0

Unübersehbar erfolgreich

Hermann H. Wala, Autor des Bestsellers von *Meine Marke*, half mit seinem bewährten Erfolgskonzept der WIR-MARKEN einer Vielzahl an Unternehmen, ihre Produkte in den Köpfen und Herzen der Kunden zu etablieren.

In seinem neuen Buch *Ich, endlich einzigartig* wendet sich der Markenexperte nun an jeden Einzelnen – und zeigt, wie sich jeder systematisch als Marke positionieren kann. Er erklärt, warum es gerade in der heutigen Zeit so wichtig ist, die eigene Person als authentische ICH-MARKE zu präsentieren und das eigene Profil zu schärfen: im Beruf, beim Kunden, als Dienstleister, im Social Media, ja selbst im Privatleben.

Lesen Sie, wie Sie mit mehr Selbstvertrauen und einer begehrten und starken Personal Brand von sich überzeugen! Darüber hinaus geben acht prominente Markenbotschafter in Interviews Auskunft über Ihre Erfolgsstrategien.

224 Seiten
Hardcover
19,99 € (D) | 20,60 € (A)
ISBN 978-3-86881-711-9

www.redline-verlag.de

REDLINE | VERLAG